1日10分でぐんぐんわかる!

土屋和人［著］

Excel 自動化の入門教室

ナツメ社

はじめに

現在、Microsoft Excel（以下、Excel）は、さまざまな会社の、さまざまな部署で利用されています。言うまでもなくExcelは非常に多機能なソフトで、利用される業務も広い範囲にわたっています。基本的には「表計算」という呼び名のとおり、表形式で入力したデータの計算処理が主な用途ですが、各種ビジネス文書の作成や、データベース的な利用も可能です。最近は、学校などでExcelに触れる機会も増え、その入り口のハードルはかなり低くなってきています。

Excelで作業をしていると、「この作業は地道で面倒くさいな」とか、「この操作がもっとかんたんにできればいいのに」と思うことがいろいろと出てきます。そんなときはまず、ヘルプなどで、Excelの機能をもう一度よく調べてみてください。あなたが知らなかっただけで、その問題をかんたんに解決できる機能が見つかる可能性は決して低くないと思います。

しかし、Excelの機能をある程度使いこなしても、それでもどうしても乗り越えられない問題に直面するかもしれません。たとえば、Excelの「オートフィル」の機能では、一連のデータをセル範囲に自動入力することが可能ですが、入力できるデータの種類には限度があります。また、「置換」機能を利用すれば、ワークシート上の特定のデータを一括で別のデータに変更するといったこともできますが、設定した条件に応じて変更内容を切り替えるといったことは不可能です。

本書の目的は、Excel本来の機能の限界を超えて、あなたがさまざまな作業を自動化し、より効率化・省力化していけるようにサポートをすることです。その具体的な方法として、本書で解説しているのが「マクロ」と「VBA」です。

マクロとVBAについては、Excelユーザーなら、そして本書を手に取った人なら、どのようなものなのか、たぶんある程度はわかっているでしょう。マクロとは、ソフトの一連の操作を自動化する機能です。そして、Excelのマクロの実体がVBAであり、Excelの操作を自動化できる一種のプログラミング言語です。

「プログラミング」というと、最初は、何かわけのわからない呪文のようなものに思えるかもしれません。しかし、とりあえず、本書で紹介するさまざまなプログラムに、実際に触れてみてください。VBAのベースは英語なので、予備知識なしに眺めても、多少は意味がわかります。さらに、本書の解説を読みながらいくつものプログラムを実際に書いたり使ったりしていけば、そのルールや使いこなしのコツも、次第に理解できていくはずです。

VBAによってこれまでExcelの作業を便利にできたら、あなたがExcelを活用できる範囲も、そしてあなたのビジネスの可能性も、さらに広がっていくことでしょう。

最後に、本書執筆の機会を与えていただいたナツメ出版企画株式会社の小高真梨さん、株式会社リンクアップの冨増寛和さん、そして各章の導入となる楽しいマンガを描いてくださったナナペンさんに、この場を借りて御礼申し上げます。

最後に、本書執筆の機会を与えていただいたナツメ出版企画株式会社の小高真梨さん、株式会社リンクアップの冨増寛和さん、そして各章の導入となる楽しいマンガを描いてくださったナナペンさんに、この場を借りて御礼申し上げます。

土屋　和人

本書内のコードについて

本書に掲載しているコードの長文行では、必要に応じて行継続文字（P.43 参照）による仮の改行を行っております。また、仮の改行をせずに行の折り返しを行う場合は、⮐を付けております。

サンプルデータのダウンロードについて

本書に掲載しているサンプルデータは、弊社ホームページよりダウンロードできます。

https://www.natsume.co.jp/

上記の弊社ホームページ内の本書のページより、ダウンロードしてください。

注意事項

■本書は、2020 年 1 月現在の情報をもとに編集しています。

■本書では以下の環境で動作確認を行っています。ご利用の環境によっては手順や画面が異なる場合があります。

・Windows 10

・Excel 2019

目次

第1章

マクロとVBAの基本

まずは、マクロと VBA がどのようなものなのかを押さえましょう。マクロの基本的な入力方法なども解説しますが、本格的なコードには立ち入らないため、リラックスして読み進めてください。

確かこれがこうで…
カタ カタ
何とか就活戦線を乗りきって就職できたはいいけれど
学校でちょっと習っただけのエクセルの作業が多くて四苦八苦

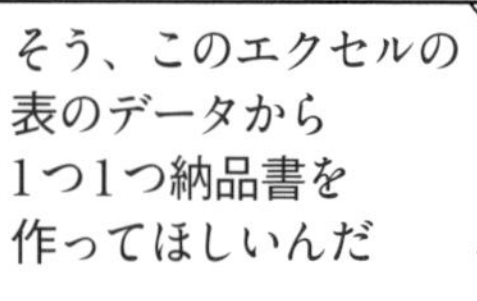

基本操作ぐらいはそれなりにできるんだけど…
おーい鹿島さん ちょっと頼みたいことがあるんだが

え…あ、はい！ 何でしょう 山崎部長！
納品書を20点ほど作成してもらいたいんだ
納品書を20点…
デースカ
ドキドキ

そう、このエクセルの表のデータから1つ1つ納品書を作ってほしいんだ
前任者がエクセルで作ったフォーマットがあるから、それを使えばかんたんでしょ？

A1 納品データ一覧

納品データ一覧

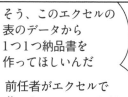

番号	納品日	取引先名	部署名	担当者名	件名	金額	当社担当者
1101	2019/11/20	株式会社夏目物産	総務部	山田健一	Webプログラミング	300000	鈴木真由美
1102	2019/11/22	株式会社MSXL	営業部	伊藤良子	ページ制作	450000	西山圭太
1103	2019/11/25	椎戸電子株式会社	開発部	鈴木俊彦	Web用部品制作	120000	水野康弘
1104	2019/12/2	株式会社MSXL	営業部	田中晴美	Webプログラミング	800000	鈴木真由美
1105	2019/12/5	氷慶産業株式会社	企画開発部	吉田幸助	ページデザイン	50000	青島礼次
1106	2019/12/10	株式会社仏久工業	広報部	佐藤隆	Webプログラミング	420000	鈴木真由美
1107	2019/12/10	株式会社夏目物産	総務部	山田健一	ページ制作	200000	西山圭太
1108	2019/12/16	幕路食品株式会社	システム室	高橋裕司	ページ制作	70000	竹原克也
1109	2019/12/19	株式会社MSXL	広報室	松田直也	ページ制作	580000	西山圭太
1110	2019/12/20	椎戸電子株式会社	開発部	鈴木俊彦	Webプログラミング	250000	鈴木真由美
1111	2019/12/23	株式会社夏目物産	総務部	山田健一	ページデザイン	180000	青島礼次
1112	2019/12/25	株式会社仏久工業	広報部	佐藤隆	Web用部品制作	60000	水野康弘
1113	2019/12/25	幕路食品株式会社	システム室	高橋裕司	Webプログラミング	150000	鈴木真由美
1114	2019/12/27	氷慶産業株式会社	企画開発部	吉田幸助	Webプログラミング	900000	鈴木真由美
1115	2019/12/27	株式会社MSXL	広報室	[illegible]	ページ制[illegible]	[illegible]60000	竹原克也

納品データ

えーっと、この
フォーマットかな

表のデータを
コピーして
1つ1つ個別のブック
として作ればいい
…のかな

カタカタ

カチ

…最後に
これを
コピーして

やっと完成!
疲れた〜〜っ

山崎部長
できました

…ん!?

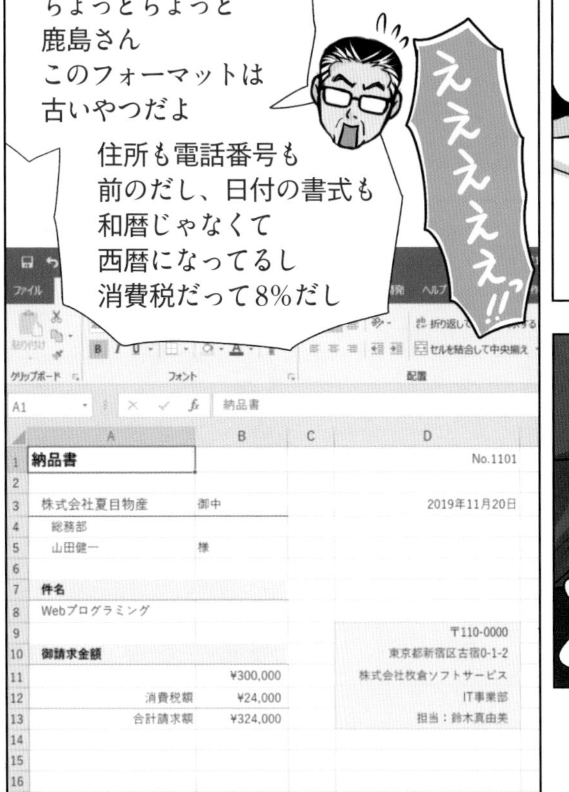

	A	B	C	D
1	納品書			No.1101
2				
3	株式会社夏目物産	御中		2019年11月20日
4	総務部			
5	山田健一	様		
6				
7	件名			
8	Webプログラミング			
9				〒110-0000
10	御請求金額			東京都新宿区古宿0-1-2
11		¥300,000		株式会社牧倉ソフトサービス
12	消費税額	¥24,000		IT事業部
13	合計請求額	¥324,000		担当：鈴木真由美
14				
15				
16				
17				

鹿島さん
そんなに慌ててどうしたの？
速水センパイ～！助けてください～！
あーで こーで こーやー ことで

なあんだ
そんなことか！
時間がないなら
マクロを使えば？
…えっ
マクロ??

複数の手順の操作を
記録してすぐ実行できる
ようにするエクセルの
機能のことだよ
ちょっと見ててね
まずはこうやってマクロの
記録を開始するんだ

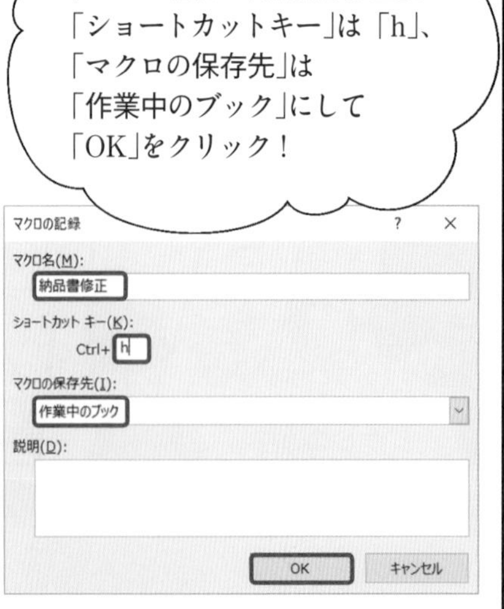
「マクロ名」は「納品書修正」、
「ショートカットキー」は「h」、
「マクロの保存先」は
「作業中のブック」にして
「OK」をクリック！
マクロの記録
マクロ名(M):
納品書修正
ショートカット キー(K):
Ctrl+ h
マクロの保存先(I):
作業中のブック
説明(D):
OK
キャンセル

じゃあまず
このブックで実際に
間違っているところを
1つ1つ修正してみて
は、はい…！
終わったら
マクロの記録を
終了してね

…あれ？
このブックの修正
終わってる？
ナヌッ!?

まあまあ
次のブックを開いて
Ctrlキーを押しながら
Hキーを押してみて
おいおい、そんな
調子で1つ1つ
修正してたら
間に合わないぞ！

Ctrlキーを
押しながら
Hキー…っと

山崎部長！
できました！
うーむ…
こりゃホントに
速いな
速水センパイ
助かりました！
マクロって
すごいんですね！

この要領で
全部のブックに
対してマクロを
実行すれば
いいんだ
はい！
すごい！
超カンタン！

STEP 01

Excelの作業を自動化しよう

Excelは便利なソフトですが、入力や編集などで地道な作業が必要になることもよくあります。機械的な作業であれば、手順を「マクロ」化して自動的に実行できます。

マクロとは？

マクロとは、Excelに限らず、**ソフトの一連の操作を登録しておき、必要なときにその全操作を自動実行させる便利な機能**の総称です。

マクロに操作を登録する方法は、使用するソフトによってさまざまです。たとえば、設定用の画面（ダイアログボックス）を表示して機能を1つずつ選んで登録していったり、ソフト上で実際に実行した手順をレコーダーのような「記録機能」でそのまま記録したり、あるいは一種の「言語」を使ってプログラムのように直接記述したりといった方法です。そのように登録した各操作を、「マクロを実行する」という1つの操作だけで、すべて自動実行することができます。Excelの場合、たとえば「セルの選択」や「数値などのデータ入力」、「塗りつぶしやフォントなどの書式設定」、「ワークシートの印刷」といった一連の操作を登録し、自動的に実行することができます。

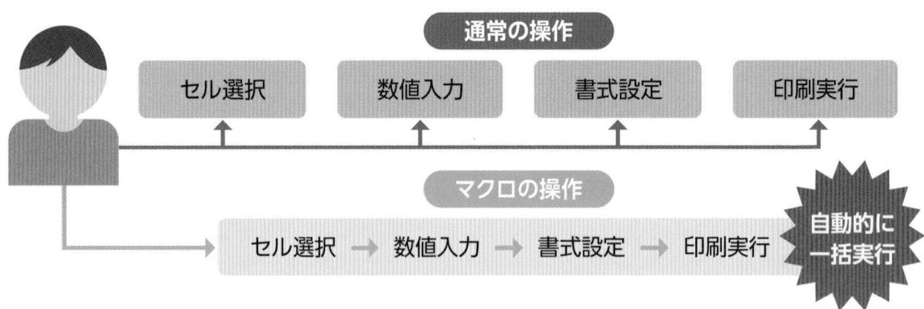

マクロを活用すれば手間が省けるだけでなく、コンピューターが自動処理することで、人間がやるよりも、**作業時間を大幅に短縮できます**。また、人間の作業では、操作内容を間違えたり操作対象を見落としたりといったことも起こりがちです。それに対してマクロの場合、マクロを作成する段階でミスがなければ、**すべての作業を確実・正確に実行できます**。

Excelの自動化機能とマクロ

Excelには機械的な作業を効率化するための機能もいろいろと用意されています。たとえば、規則性のあるデータを連続入力したり、入力済みのデータを一括変更したり、計算の結果を数式で自動表示したり、条件に応じて書式を変更したりする操作は、マクロを使わなくてもある程度自動的に実現可能です。とはいえ、それら一つ一つの機能について理解していなければ、それらの機能を使いこなすことはできません。便利な機能になるほど、使い方もそれなりに複雑になってくるのです。

Excelに用意されているマクロ機能を利用すれば、**こうした機能も含め、複数の作業を組み合わせたマクロを作成することが可能**です。このようなマクロを実行することで、ユーザーは、個々の機能を直接使用することなく、複数の作業を短時間で完了することができます。

■ Excelの機能は不要？

それでは、マクロを利用すれば、Excelのこうした個々の機能に関する知識は必要なくなるのでしょうか？――答えはNOです。

Excelでマクロを作成するには、**「記録機能による記録」と「言語によるプログラミング」という2つの方法**がありますが、そのどちらも、**Excelそのものに関する知識が不可欠**だからです。そのため、マクロの作成には少なくとも、Excelの各種の機能について、ある程度理解している必要があります。もともと便利な機能を理解していれば、よりかんたんに自動化の処理に組み込むことが可能になりますし、一見マクロ化するのが難しそうな処理でも、Excelの便利な機能を利用することで、意外とあっさり実現できてしまうこともあります。マクロと一緒に、こうした便利機能も覚えていきましょう。

なお、マクロ化した作業をほかの人に実行させる場合であれば、その実際の作業担当者は、そこまでExcelに詳しくなくてもかまいません。つまりマクロには、**うまく設計すれば不慣れな人にも気軽に作業を任せられる**というメリットもあります。

Excelの便利な機能とマクロを組み合わせれば、作業がもっと快適になるのね！

STEP 02

マクロとVBAの関係

Excelのマクロは、実際にはどのような形でExcelに記録されているのでしょうか。ここではその正体を明らかにし、本書で何を学ぶかを説明します。

Excelのマクロの正体

先に述べたように、Excelでは記録機能で、実際に実行した操作をそのままマクロとして記録することができます。記録時には必ず何らかの名前を付け、その名前でマクロを管理します。そして記録したマクロは、そのマクロ名で指定して実行します。

このように記録機能で作成されたマクロの正体は、**VBAと呼ばれる一種の言語**で記述されたプログラムです。VBA（Visual Basic for Applications）とは「アプリケーション用のVisual Basic」という意味で、プログラミング言語のVisual Basicと共通の仕様を備えた本格的な言語なのです。Excelだけでなく、Wordなどほかの Office ソフトにも採用されています。

言い換えれば、記録機能を使用すると、Excel上での操作がVBAに翻訳されて、マクロとして記録されるのです。**マクロが記録される場所は、通常は作業中のブックの中**です。ブックを保存すると、そのファイルにマクロもあわせて保存されます。

マクロが設定されたブックを自動で動く人形にたとえるなら、マクロとはいわば、それを動かすために人形の内部に仕込まれたからくり仕掛けのようなものです。

記録機能から始めるプログラミング

記録されたマクロのプログラムは、**専用の編集画面**（P.36参照）で確認することができます。記録されたマクロは通常、特定のセルまたはセル範囲に対して常に同じ操作を実行するだけの、シンプルな構造になっています。また多くの場合、実際に実行した操作だけではなく、関連する機能も含めてプログラム化されているため、無駄な部分も少なくありません。編集画面では、そのようなプログラムに手を加え、**必要に応じて処理の内容を変更したり、無駄な部分を省いたりすることが可能**です。VBAには独自のルールがあるため、最初はそれを理解するのが大変かもしれませんが、使用されている用語のベースは英語であり、読めば何となく意味もつかめます。目的の動作にするために、どこをどのように直せばいいかも、ある程度推測できるでしょう。

まだVBAに慣れていないうちは、まずこの記録機能で新しいマクロを作成し、それをより便利で実用的なマクロプログラムにブラッシュアップしていくとよいでしょう。

■新しいマクロを一から作成する

VBAのプログラムの書き方がある程度つかめてきたら、記録機能を使わず、一から新しいプログラムを作成することにも挑戦してみましょう。いわゆる「プログラム」とは、設定された一連の操作を順番に実行するだけのものではありません。条件に応じて処理の内容を変更したり、対象を変えて同じ処理を何度もくり返したりというように、**処理の流れをアレンジ**することも可能です。**こうしたプログラムは、記録機能では作成できないため、編集画面で直接記述する**必要があります。高度なプログラムを作れるようになれば、最終的に、Excel上で動作する一種の「アプリケーション」を作り上げることもできるようになるのです。これができると作業はグッと楽になります。

なお、新しいVBAのプログラムを直接作成できるようになった後でも、記録機能がまったく不要になるわけではありません。Excelの特定の操作をVBAでどう記述するかわからないときに、**その方法を調べるためのツールとしても記録機能は役立ちます**。そのためにも、まずはしっかりと記録機能をマスターしておきましょう。

まずは記録機能でプログラムを作成して、
編集するところから始めよう！
慣れてきたら一から作成してみようね。

STEP 03

まずはプログラミングの環境を整えよう

マクロ関連の機能は最初はリボンに最小限しか表示されていません。本格的にVBAのプログラミングをするために、まずリボンに「開発」タブを表示させましょう。

「開発」タブを使用可能にする

マクロに関連した機能（コマンド）は、初期状態では**「表示」タブの「マクロ」**ボタンに含まれています。

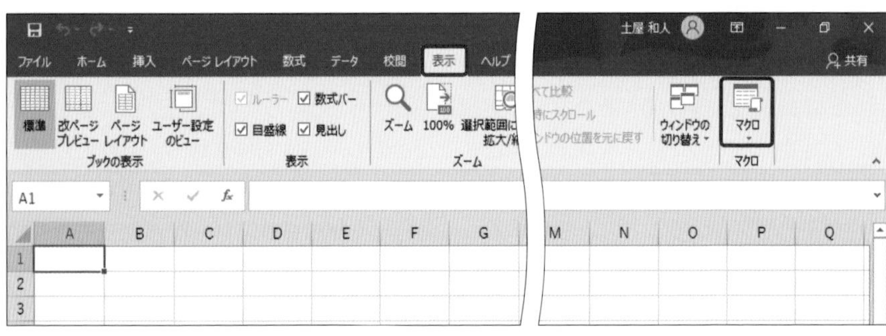

ただし、このボタンから実行できるコマンドは、マクロの記録や、作成済みマクロの表示と実行など、限られたものだけです。これから本格的にマクロ関連の作業をしていくのであれば、下記の手順で**リボンに「開発」タブを表示させておく**とよいでしょう。

❶ リボン上で右クリックする
❷「リボンのユーザー設定」をクリックする

❸「開発」をクリックしてチェックを付ける
❹「OK」をクリックする

One POINT

「ファイル」タブで「オプション」をクリックし、表示される「Excelのオプション」ダイアログボックスで「リボンのユーザー設定」をクリックしても、この画面を表示することができます。

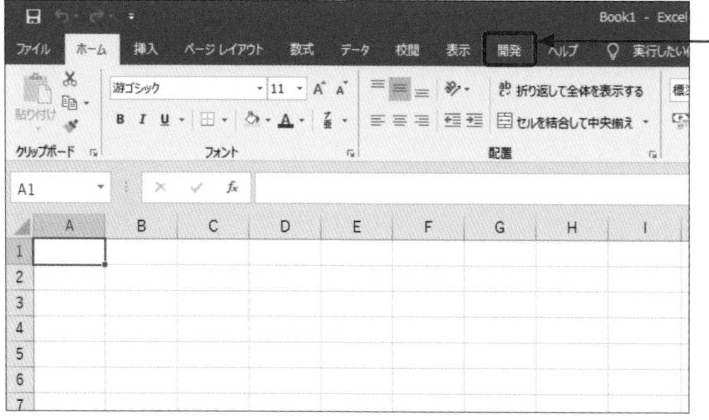

「開発」タブが表示される

なるほど……本格的にマクロの作業をするなら、「開発」タブを表示させておく必要があるのね。

「開発」タブの内容を確認する

ここでは、リボンに追加された「開発」タブをクリックして開き、その内容をかんたんに確認しておきましょう。後に解説しますが、まずは「コード」と「コントロール」を中心に覚えておくとよいでしょう。

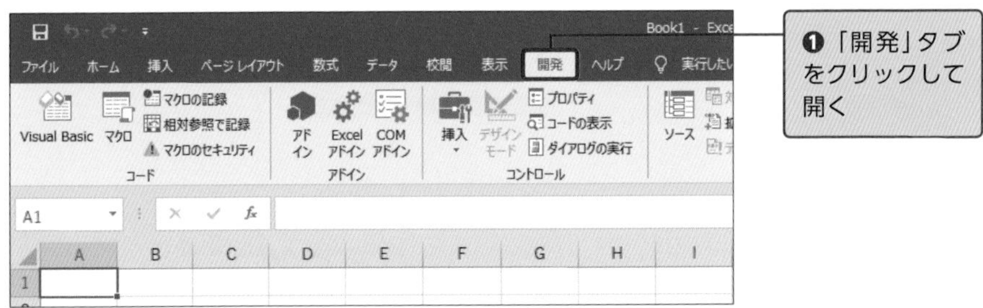

「コード」グループ

記述されたプログラムのことを「コード」といいます。「開発」タブの**「コード」グループには、VBAのプログラム作成に直接関係するコマンドが集められています**。

具体的には、プログラムを編集するためのVisual Basic Editorという画面を開いたり、マクロの記録を開始したり、作成したマクロの一覧を表示して実行したりするコマンドがあります。

「アドイン」グループ

「アドイン」とは、Excelに機能を追加する外部的なプログラムの総称です。ここでは3種類のアドインをそれぞれ管理する画面を表示し、Excelにアドインを追加したり、追加済みのアドインを無効にしたりする操作を行うことができます。

ただ、VBAの学習を始めたばかりの段階では、アドインについてはあまり気にしなくてもよいでしょう。

■「コントロール」グループ

「コントロール」とは、設定などの操作をユーザーにわかりやすく実行させるための部品のことです。具体的には、コマンド実行用のボタン、チェックボックス、オプションボタン、ドロップダウンリストといった部品があります。

このグループには、VBA で使用可能な 2 種類のコントロールをワークシート上に配置したり、コントロールの設定を変更したりするためのコマンドがまとめられています。本書では、「ActiveX コントロール」について、P.296 で解説します。

■「XML」グループ

「XML」とは、文字データを記録する形式（約束事）の一種です。Excel では外部の XML データを読み込んだり XML 形式で書き出したりすることができ、「XML」グループにはそのためのコマンドがまとめられています。VBA の操作には直接関係ないため、本書では解説しません。

MEMO 「表示」タブの「マクロ」について

P.22 でも解説したとおり、「開発」タブを表示していない状態でも、マクロに関連する機能のいくつかは、「表示」タブの「マクロ」から実行可能です。このボタンから実行できるのは、マクロの記録の開始と終了、「マクロ」ダイアログボックスの表示などです。

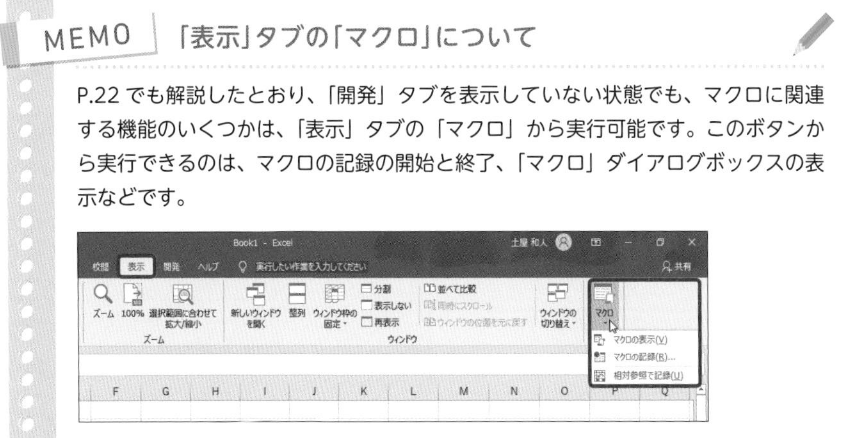

STEP 04

記録機能でマクロを自動作成しよう

Excel で実際に操作した一連の手順を、そのままマクロとして記録することができます。まずはこの記録機能を利用して、マクロのプログラムを自動的に作成してみましょう。

一連の操作をマクロとして記録する

ここでは「開発」タブが表示されているという前提で、このタブからマクロの記録を実行してみましょう。作成するマクロの名前は「得点表作成 1」とし、データの入力や書式設定などの操作をマクロ化していきます。

■マクロの記録を開始する

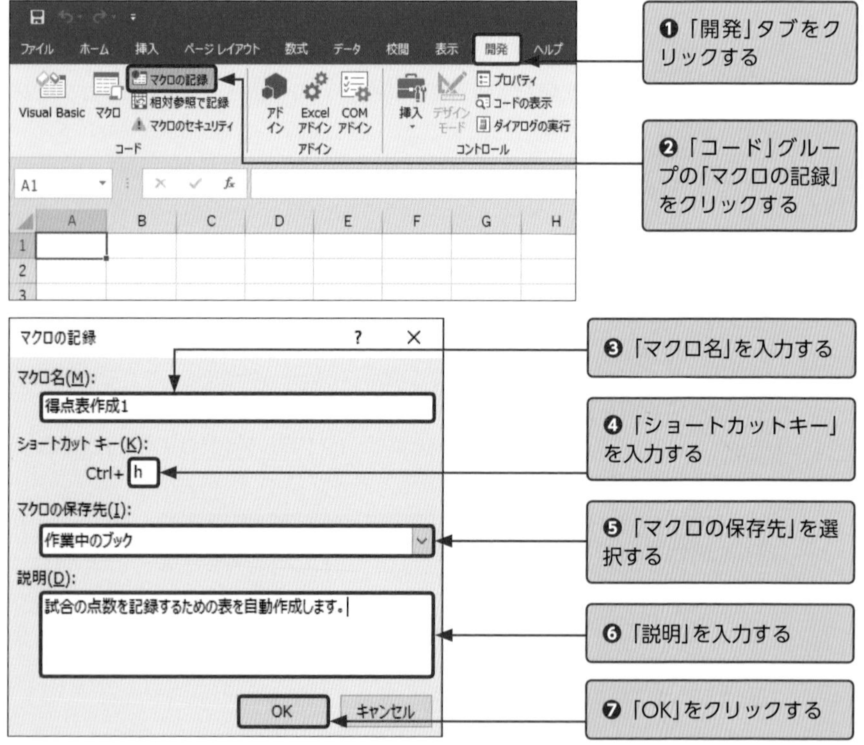

マクロ名	マクロを管理するための名前を指定します(必須)
ショートカットキー	マクロ実行用のキーを指定します(省略可)
マクロの保存先	マクロを保存する場所(ブック)を選択します(P.31参照)
説明	マクロに関する説明を指定します(省略可)

マクロ名は任意です。ただしマクロ名には、「_」(アンダースコア) などの例外を除いて記号が使用できないほか、先頭の文字を数字や「_」にすることもできません。スペースを使用することもできません。一方、日本語は問題なく使用できます。

ショートカットキーに指定できるのは、**小文字または大文字のアルファベット 1文字**です。小文字の場合は「Ctrl」 キーと文字のキー、大文字の場合は「Ctrl」 +「Shift」 キーと文字のキーを同時に押すことで、マクロを実行することができます。

なお、「開発」 タブを表示していない場合、「表示」 タブの「マクロ」 グループの「マクロ」 の「▼」 →「マクロの記録」 をクリックすることで、「マクロの記録」 ダイアログボックスを表示できます。また、画面左下の▣をクリックすることでも、「マクロの記録」ダイアログボックスを表示できます。基本的には常に「開発」 タブを表示させておいたほうがよいでしょう。

■記録したい操作を実行する

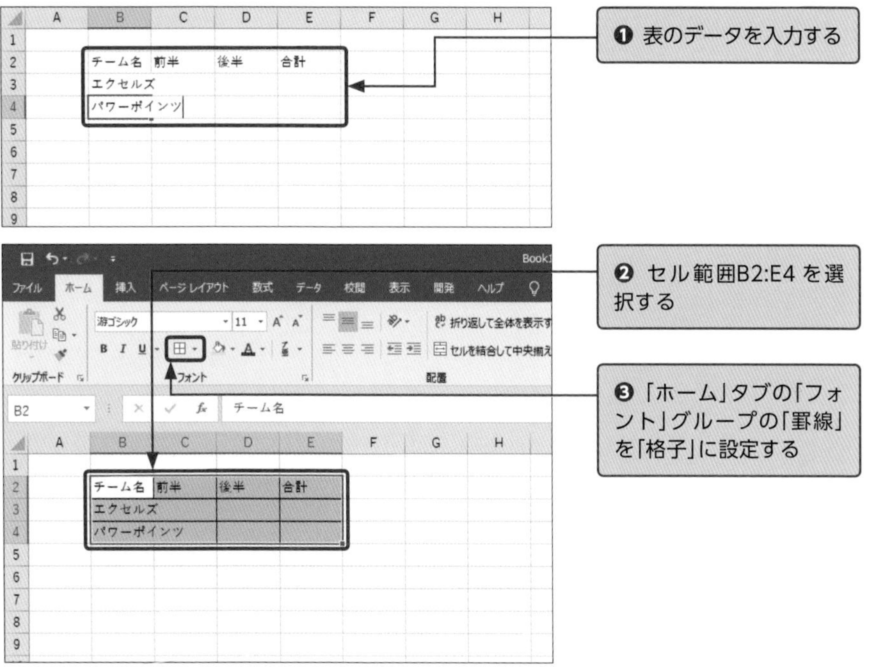
❶ 表のデータを入力する
チーム名 前半 後半 合計
エクセルズ
パワーポインツ
❷ セル範囲B2:E4 を選択する
❸ 「ホーム」タブの「フォント」グループの「罫線」を「格子」に設定する
B2
チーム名

第1章 マクロとVBAの基本

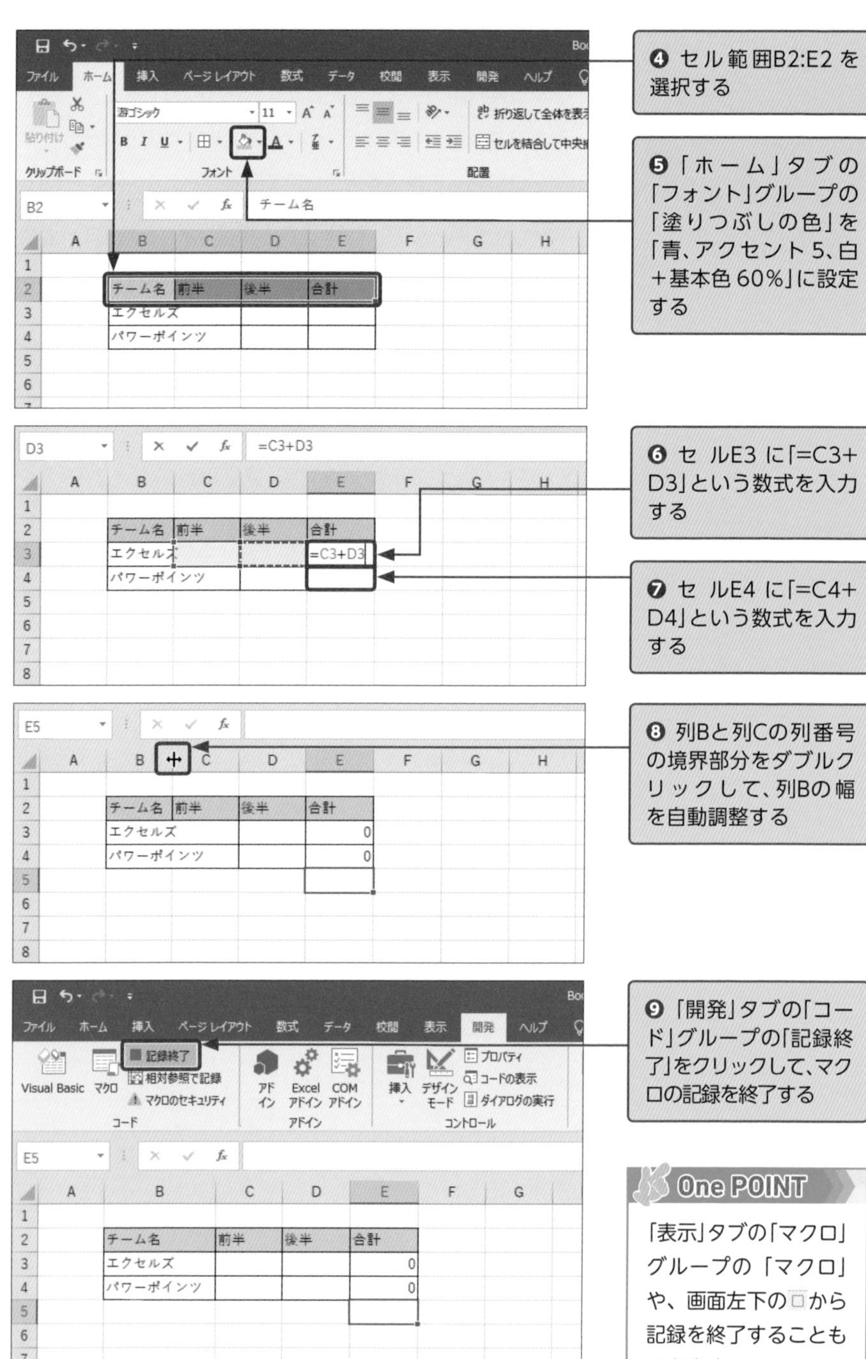

❹ セル範囲B2:E2を選択する
❺「ホーム」タブの「フォント」グループの「塗りつぶしの色」を「青、アクセント5、白+基本色60%」に設定する
❻ セルE3に「=C3+D3」という数式を入力する
❼ セルE4に「=C4+D4」という数式を入力する
❽ 列Bと列Cの列番号の境界部分をダブルクリックして、列Bの幅を自動調整する
❾「開発」タブの「コード」グループの「記録終了」をクリックして、マクロの記録を終了する
チーム名
前半
後半
合計
エクセルズ
パワーポインツ
=C3+D3
記録終了

One POINT

「表示」タブの「マクロ」グループの「マクロ」や、画面左下の□から記録を終了することもできます。

相対参照で記録する

前述の方法で作成したマクロは、どのセルが選択されている状態で実行しても常に同じセル範囲 B2:E4 に表が作成されるため、用途が限られてしまいます。**状況に応じて、異なるセル（範囲）を対象に操作を自動実行するマクロを作成したい場合は、相対参照で記録**します。ここでは、マクロを実行したときのアクティブセルを起点（左上端）とする位置に同様の表を作成する、「得点表作成 2」という名前のマクロを作成してみます。

■アクティブセルを基準としてマクロを記録する

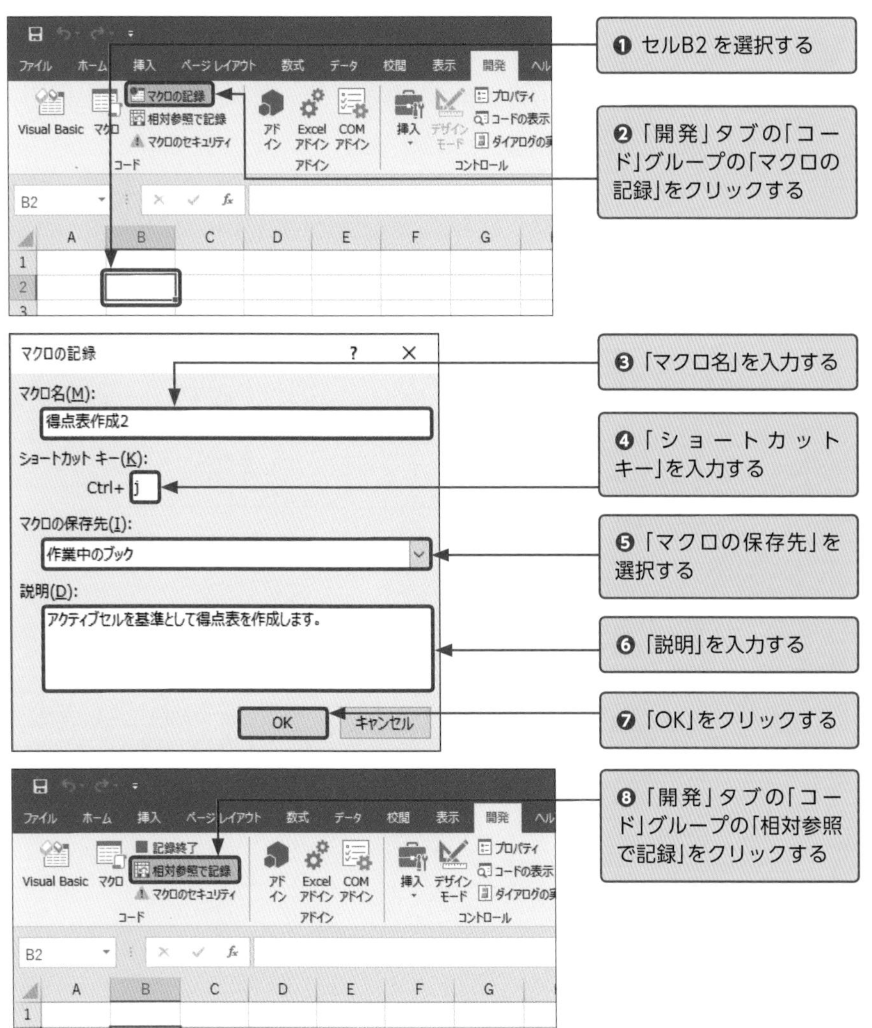

❶ セルB2を選択する
❷「開発」タブの「コード」グループの「マクロの記録」をクリックする
❸「マクロ名」を入力する
❹「ショートカットキー」を入力する
❺「マクロの保存先」を選択する
❻「説明」を入力する
❼「OK」をクリックする
❽「開発」タブの「コード」グループの「相対参照で記録」をクリックする
マクロの記録
マクロ名(M):
得点表作成2
ショートカット キー(K):
Ctrl+ j
マクロの保存先(I):
作業中のブック
説明(D):
アクティブセルを基準として得点表を作成します。
OK
キャンセル

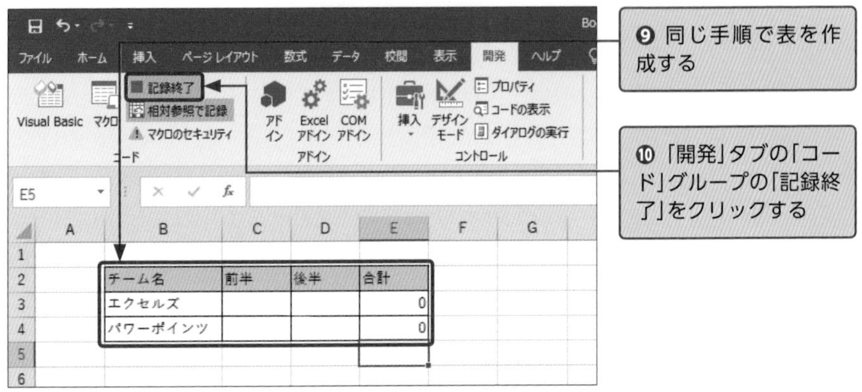

■絶対参照と相対参照で記録したマクロの実行例

ここでは、2 通りの方法で記録したマクロを、同じセルを選択した状態でそれぞれ実行した結果を示すので、その違いを確認してみましょう。マクロを実行する方法については、P.32 を参照してください。

「相対参照で記録」がオフになっている状態で記録した「得点表作成 1」の実行結果は、次のようになります。

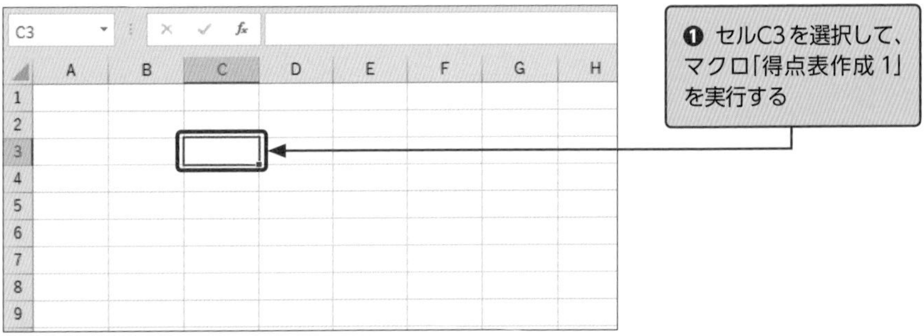

❶ セルC3を選択して、マクロ「得点表作成 1」を実行する

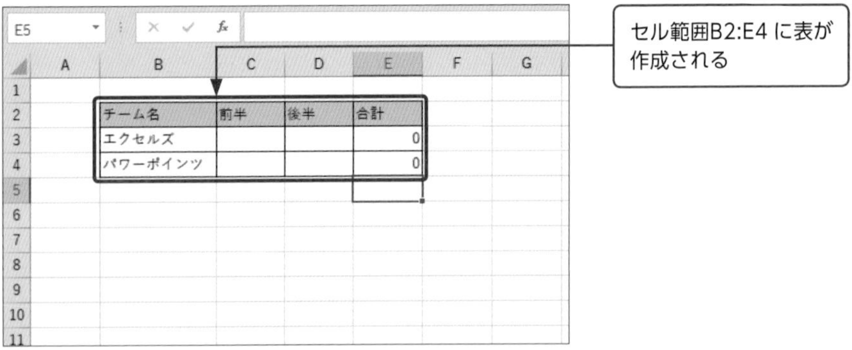

セル範囲B2:E4 に表が作成される

チーム名	前半	後半	合計
エクセルズ			0
パワーポインツ			0

「相対参照で記録」がオンの状態で記録した「得点表作成 2」の実行結果は、次のようになります。このように、より自由度の高いマクロ作成には「相対参照」が欠かせません。

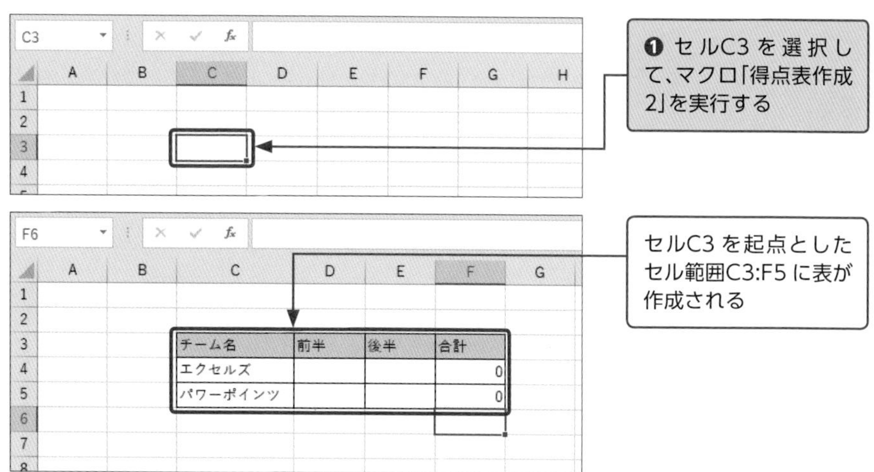
❶ セルC3 を選択して、マクロ「得点表作成 2」を実行する
セルC3 を起点としたセル範囲C3:F5 に表が作成される
チーム名
前半
後半
合計
エクセルズ
パワーポインツ

第1章 マクロとVBAの基本

MEMO マクロの保存先について

マクロの記録を開始するときに表示される「マクロの記録」ダイアログボックスの設定項目の 1 つとして、「マクロの保存先」があります。マクロは最終的にブックのファイルに保存されますが、目的に応じて次の 3 種類のブックのうちのいずれかを選択できます。

①作業中のブック　②新しいブック　③個人用マクロブック

「作業中のブック」は、まさに現在表示し、作業しているブックです。このブックでの特定の業務に必要で、このブック以外では使用しないマクロであれば、この項目を選択しておけばよいでしょう。
「新しいブック」は、自動的に新しいブックを作成し、その中にマクロを保存する設定です。新規ブックで新しい作業を始めると同時に、そこで使用するマクロを作成したい場合は、この項目を選択します。
また、さまざまなブックで使用したい汎用的なマクロを作成するときは、「個人用マクロブック」を選べばよいでしょう。ここに保存したマクロは、この Excel で開いたすべてのブックで使用可能になります。なお、「個人用マクロブック」についてはP.52 も参照してください。

STEP 05

作成したマクロを実行しよう

作成したマクロを実行する方法を覚えましょう。ダイアログボックスからの実行のほか、ショートカットキーやメニューでの実行など、さまざまな方法があります。

「マクロ」ダイアログボックスから実行する

作成したマクロの名前は「マクロ」ダイアログボックスに表示されます。**このダイアログボックスからもマクロを選択し、実行することができます**。また、このダイアログボックスでは、それ以外にもマクロの削除や編集など、各種の操作を行うことが可能です。

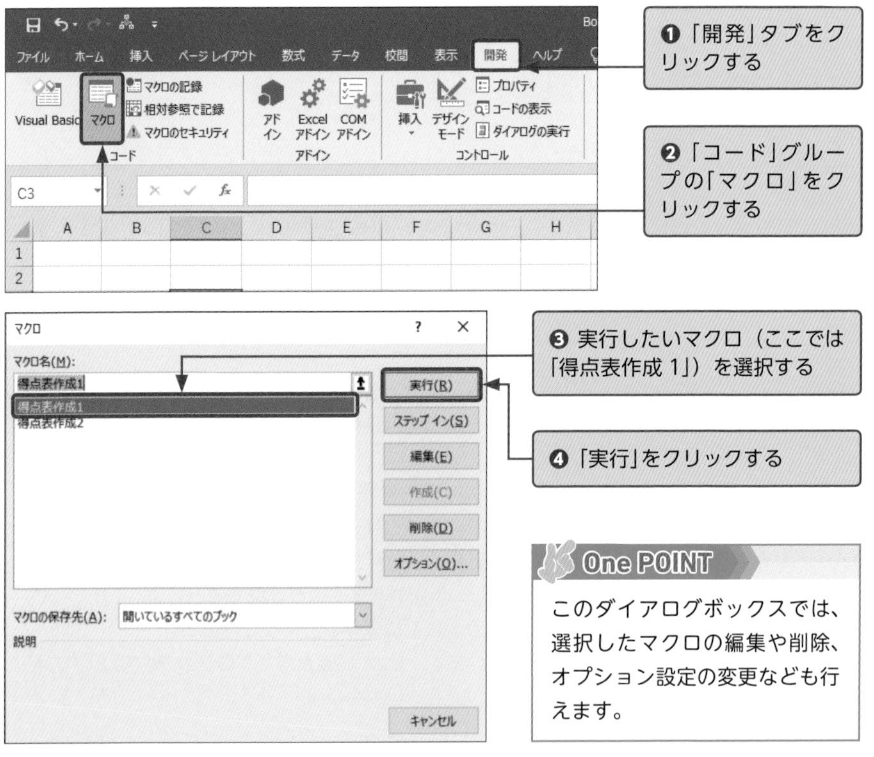

One POINT

このダイアログボックスでは、選択したマクロの編集や削除、オプション設定の変更なども行えます。

セル範囲B2:E4に表が作成される

ショートカットキーから実行する

マクロの記録時にショートカットキーを登録していた場合、そのマクロをキー操作だけで実行することができます。

P.27でも述べましたが、ショートカットキーはアルファベットの大文字または小文字の1文字で登録します。小文字を登録した場合、「Ctrl」キーとその文字キーを同時に押せば、マクロが実行されます。また、大文字を登録した場合、「Ctrl」キーと「Shift」キーを押しながらその文字キーを押せば、マクロが実行されます。

ここでは、マクロ「得点表作成 2」を、ショートカットキーを使って実行してみましょう。

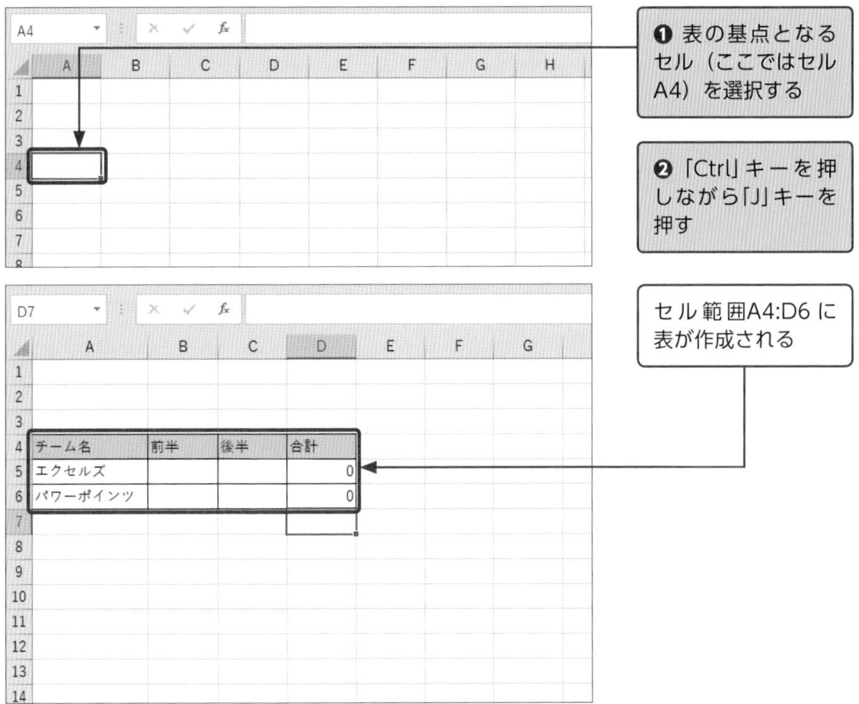
❶ 表の基点となるセル（ここではセルA4）を選択する
❷「Ctrl」キーを押しながら「J」キーを押す
セル範囲A4:D6に表が作成される
チーム名
前半
後半
合計
エクセルズ
パワーポインツ

クイックアクセスツールバーからマクロを実行する

マクロを**クイックアクセスツールバーやリボンに登録して、クリックだけで実行することも可能**です。ここでは、クイックアクセスツールバーにマクロ「得点表作成 2」を登録する手順を紹介しましょう。

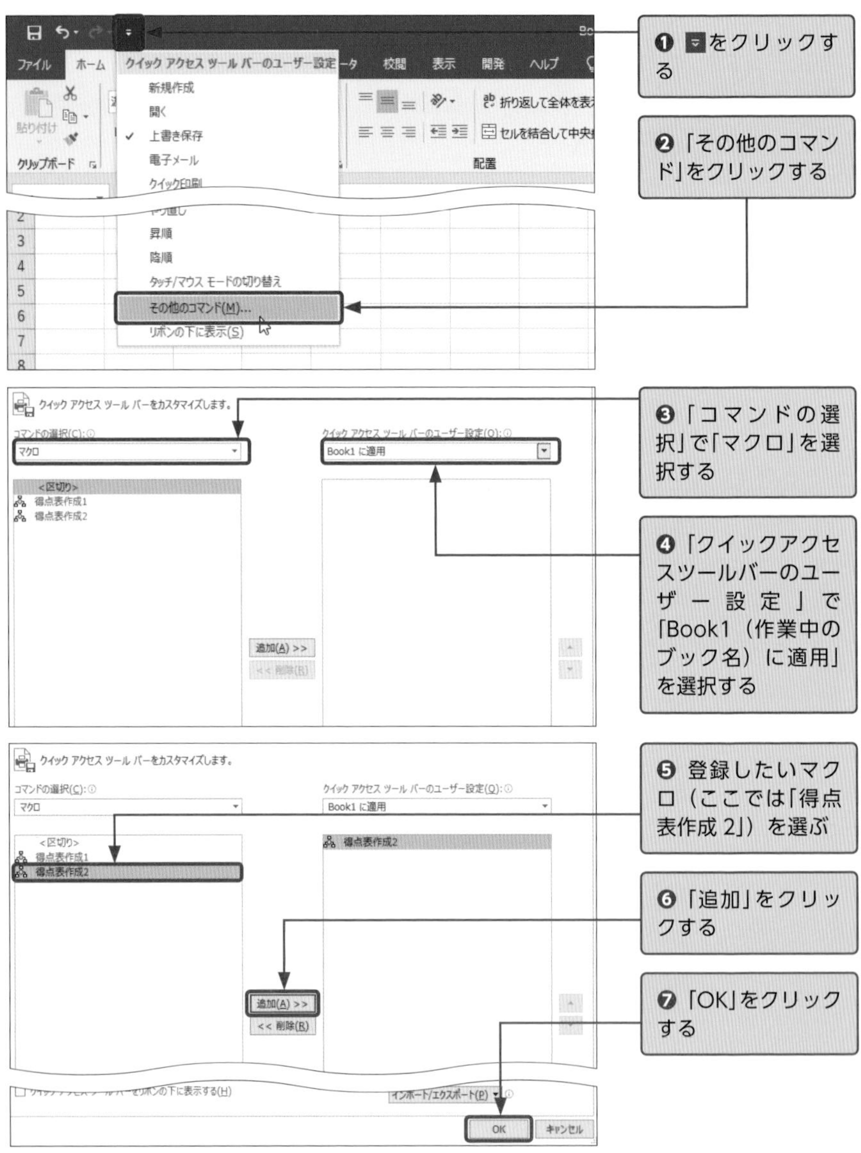

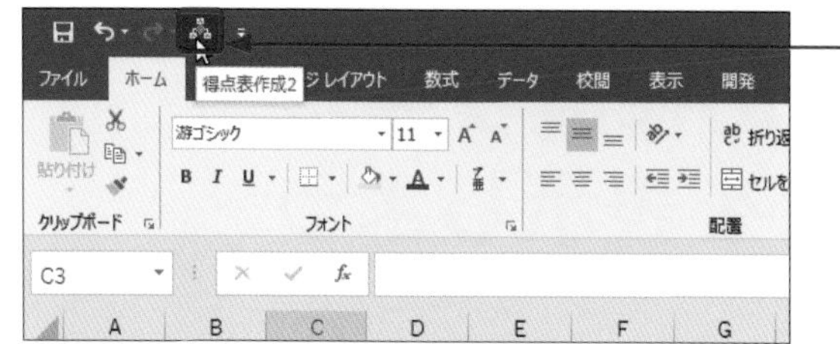

❽ 追加された🖧をクリックするとマクロが実行される

■ 図形からマクロを実行する

図形やグラフなどの描画オブジェクトにマクロを登録し、クリックして実行することも可能です。ここでは、図形にマクロを登録する手順を紹介します。

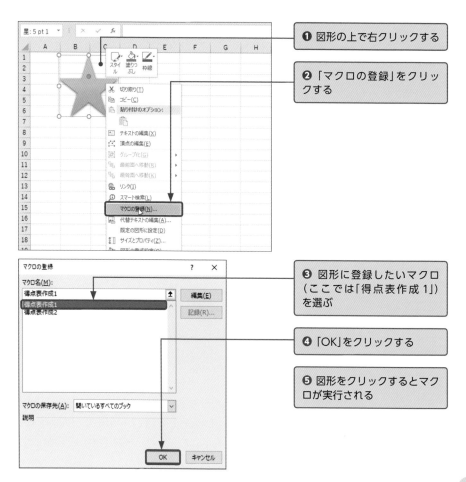

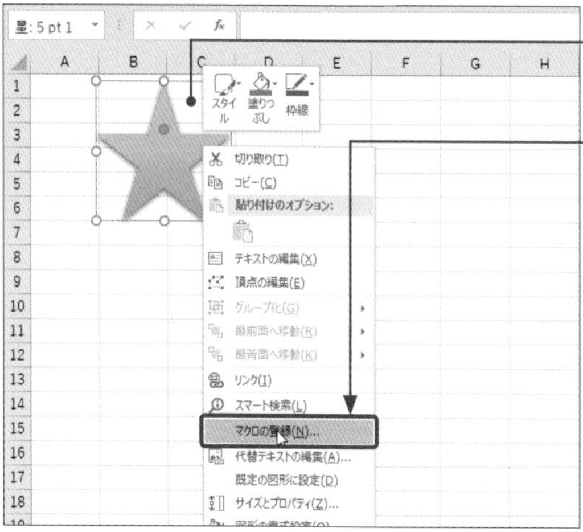

❶ 図形の上で右クリックする

❷「マクロの登録」をクリックする

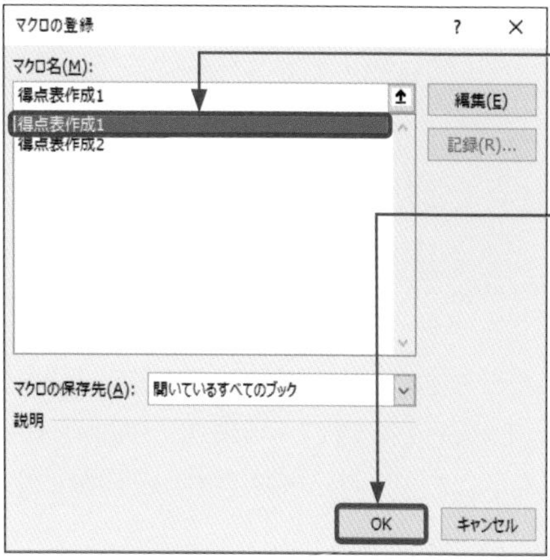

❸ 図形に登録したいマクロ（ここでは「得点表作成 1」）を選ぶ

❹「OK」をクリックする

❺ 図形をクリックするとマクロが実行される

STEP 06

マクロの作成ツール「VBE」を表示しよう

VBAのプログラムの作成・編集には、専用ツールであるVisual Basic Editor（VBE）を使用します。ここでは、VBEを表示する方法と、その基本的な使用方法を紹介します。

Visual Basic Editorを開く

記録機能で作成したマクロの実体である「VBA」のプログラムを編集したり、新しいプログラムを一から作成したりしたい場合は、**「Visual Basic Editor」（VBE）を表示する**必要があります。

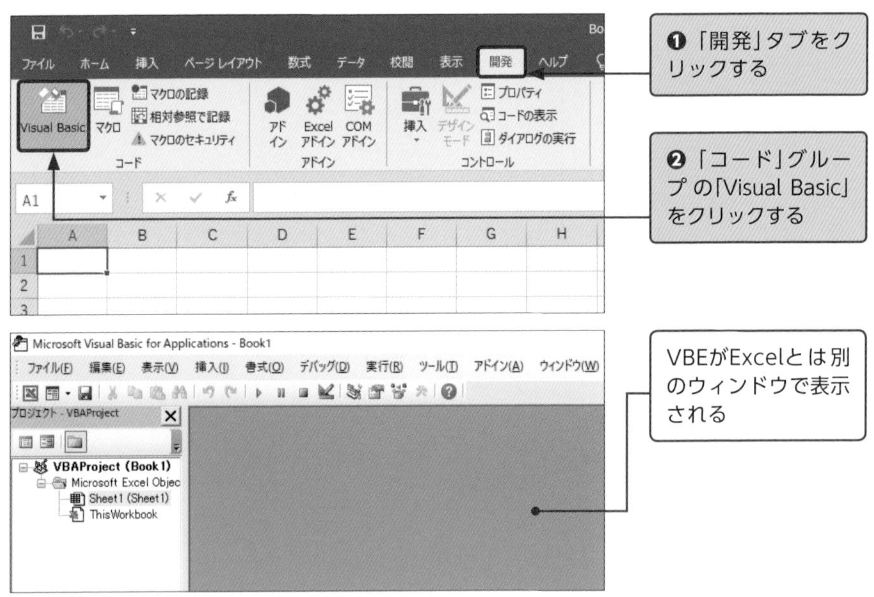
❶「開発」タブをクリックする
❷「コード」グループの「Visual Basic」をクリックする
VBEがExcelとは別のウィンドウで表示される

VBEは、Excelとは別のウィンドウで、あたかも別のアプリケーションであるかのように表示されます。実際にはVBEの機能はExcelに含まれているので、Windowsのタスクバーでは Excelのアイコンの中に表示され、Excelを終了すると自動的にVBEのウィンドウも閉じます。

Visual Basic Editorの画面構成

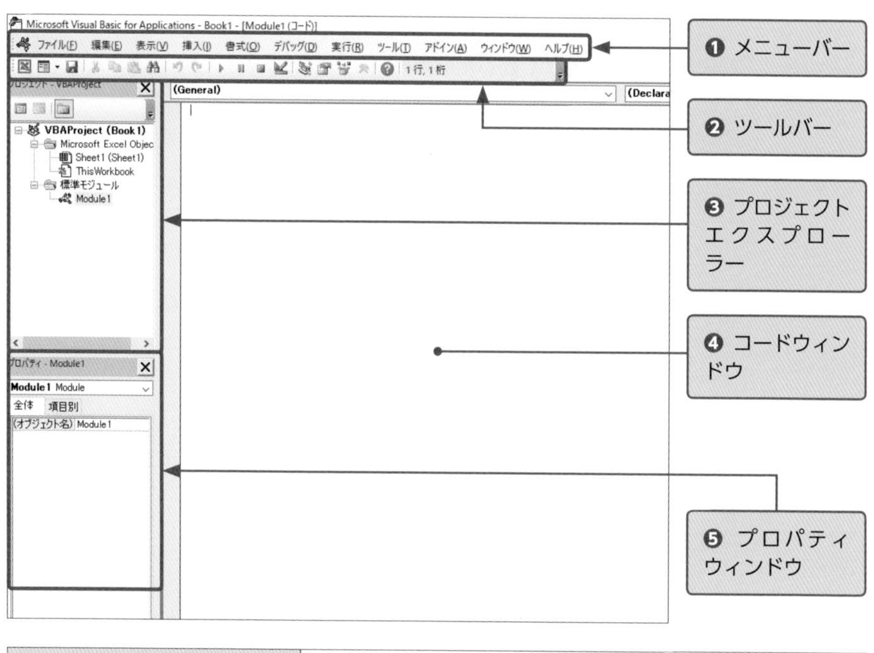

❶メニューバー	メニューからコマンドを実行します
❷ツールバー	ボタンなどでコマンドを実行します
❸プロジェクトエクスプローラー	プロジェクトとモジュールを管理します
❹コードウィンドウ	コード(プログラム)を記述します
❺プロパティウィンドウ	プロパティを表示・変更します

VBEでは、各種の操作(コマンド)を、Excelのような「リボン UI」ではなく、「メニューバー」と「ツールバー」から実行します。

「プロジェクトエクスプローラー」は、VBAのプログラムの保管場所を表す「プロジェクト」と「モジュール」(P.38～39参照)を管理するためのウィンドウです。「コードウィンドウ」は、実際に VBAのプログラムを記述するためのウィンドウで、モジュールの内容を表しています。「プロパティウィンドウ」では、操作の対象である「オブジェクト」(P.58参照)の属性や設定を表す「プロパティ」(P.62参照)とその現在の値を一覧表示します。

なお VBEには、これ以外にも各種の機能を持ったウィンドウがいくつか用意されており、必要に応じて表示することが可能です。

プロジェクトとモジュールを理解する

VBA のプログラムは、最終的にブック（Excel のファイル）に保存されます。**そのブックを VBA の保管場所の単位として表したものが「プロジェクト」**です。また、プロジェクトを建物とすると、**「モジュール」は、実際にプログラム（コード）を種類ごとに保管する部屋のようなもの**です。

VBE を表示すると、作業中の Excel で開いているすべてのブックに対応するプロジェクトが、プロジェクトエクスプローラーに表示されます。各プロジェクトには、そのブック内の各シートを表すモジュールと、ブックそのものを表す「ThisWorkbook」というモジュールが含まれています。モジュールにはいくつかの種類があり、それぞれフォルダーで分類されて表示されますが、これらはいずれも「Microsoft Excel Objects」というフォルダーに含まれています。

また、マクロを作成したブックには、そのプログラムが記述された「Module1」などの「標準モジュール」も含まれており、やはりフォルダーで分類されています。

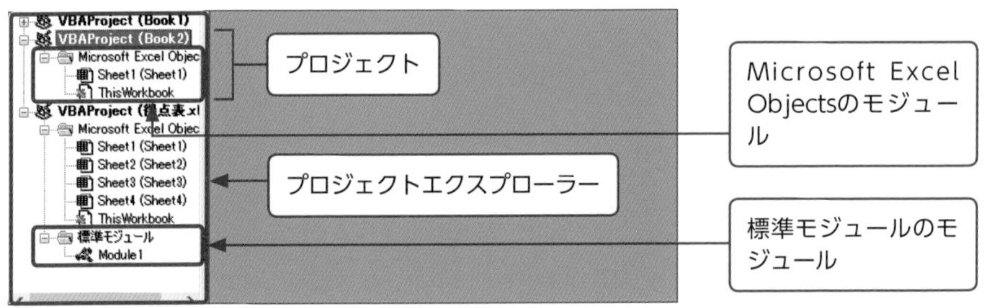

各モジュールの内容は、コードウィンドウで確認・変更できます。モジュールのコードウィンドウは、以下の手順で開くことができます。

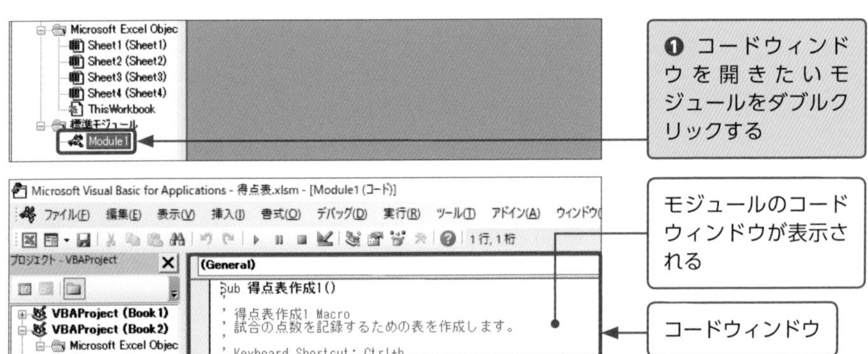

標準モジュールを作成する

Excelの**一般的なマクロのプログラムは、標準モジュールの中に記述します**。記録機能でマクロを作成した場合は自動的に標準モジュールが作成されますが、一からマクロプログラムを記述する場合は、最初に自分で標準モジュールを作成する必要があります。

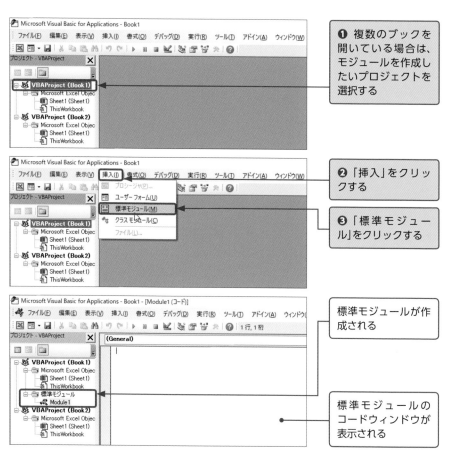

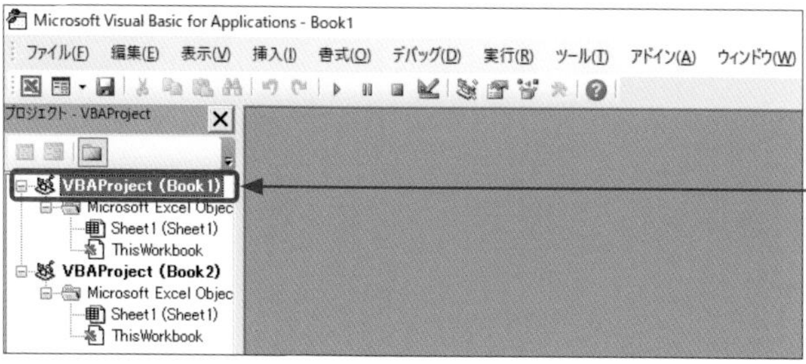

Microsoft Visual Basic for Applications - Book1

ファイル(F) 編集(E) 表示(V) 挿入(I) 書式(O) デバッグ(D) 実行(R) ツール(T) アドイン(A) ウィンドウ(W)

プロジェクト - VBAProject

- VBAProject (Book1)
  - Microsoft Excel Objec
    - Sheet1 (Sheet1)
    - ThisWorkbook
- VBAProject (Book2)
  - Microsoft Excel Objec
    - Sheet1 (Sheet1)
    - ThisWorkbook

❶ 複数のブックを開いている場合は、モジュールを作成したいプロジェクトを選択する

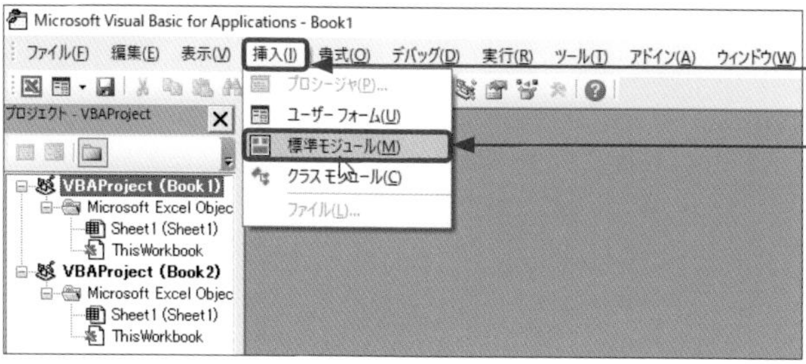

Microsoft Visual Basic for Applications - Book1

ファイル(F) 編集(E) 表示(V) 挿入(I) 書式(O) デバッグ(D) 実行(R) ツール(T) アドイン(A) ウィンドウ(W)

プロシージャ(P)...
ユーザー フォーム(U)
標準モジュール(M)
クラス モジュール(C)
ファイル(L)...

❷「挿入」をクリックする

❸「標準モジュール」をクリックする

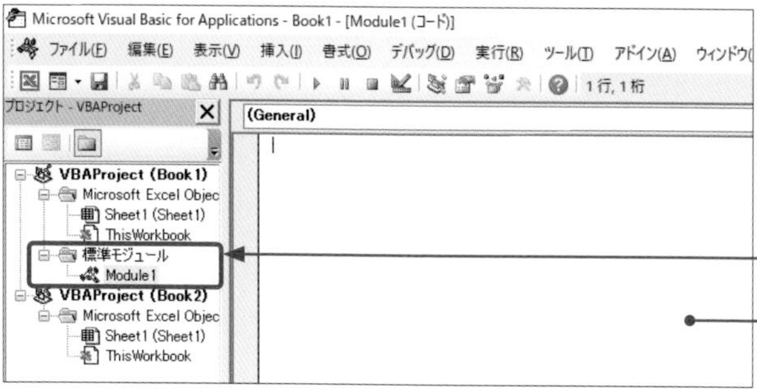

Microsoft Visual Basic for Applications - Book1 - [Module1 (コード)]

ファイル(F) 編集(E) 表示(V) 挿入(I) 書式(O) デバッグ(D) 実行(R) ツール(T) アドイン(A) ウィンドウ(

1 行, 1 桁

(General)

- VBAProject (Book1)
  - Microsoft Excel Objec
    - Sheet1 (Sheet1)
    - ThisWorkbook
  - 標準モジュール
    - Module1
- VBAProject (Book2)
  - Microsoft Excel Objec
    - Sheet1 (Sheet1)
    - ThisWorkbook

標準モジュールが作成される

標準モジュールのコードウィンドウが表示される

プロジェクトが建物で、モジュールが部屋のようなものね。複雑になってきたから、ちゃんと整理しておかなきゃ……。

STEP 07

マクロのコードを書いてみよう

VBEで、新たにマクロプログラムを作成してみましょう。最初はどう書けばいいかわからないものですが、まずは記録機能で自動作成されたマクロを参考にします。

マクロの実体を理解する

実際にマクロプログラムを作成する前に、P.26～30の手順で作成したマクロがどのようなVBAのプログラム（コード）になっているかを確認してみましょう。プログラムを確認するにはVBEを開き、このマクロを作成したブックの標準モジュールをダブルクリックして、そのコードウィンドウを表示します。

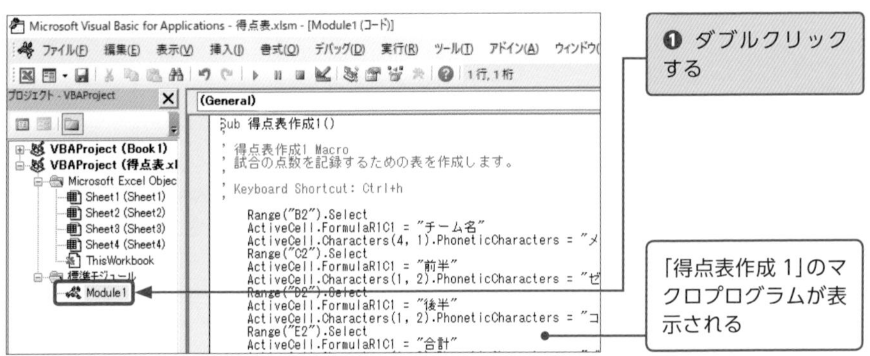

まずはコードを一通り眺めてみてください。使われている単語（VBAの用語）は基本的に英語ベースのため、記録時に実行した操作を思い浮かべれば、それぞれの行が何の操作に対応しているのか、なんとなく推測できると思います。最後まで見ていくと、「Sub 得点表作成1()」という行から「End Sub」という行までの一連のコードが、「得点表作成1」というマクロに対応していることがわかるでしょう。その下には、同様に「Sub 得点表作成2()」から「End Sub」までの一連のコードもあります。

つまり、**Excelのマクロの実体は、標準モジュールに記述された「Sub マクロ名()」から「End Sub」までの一連のコード**です。このような一連のコードを**Subプロシージャ**と呼びます。

Subプロシージャを作成する

ここからは、新しいブックに作成した標準モジュールのコードウィンドウに、実際にSub プロシージャを記述していきましょう。まずはマクロ名を記述します。

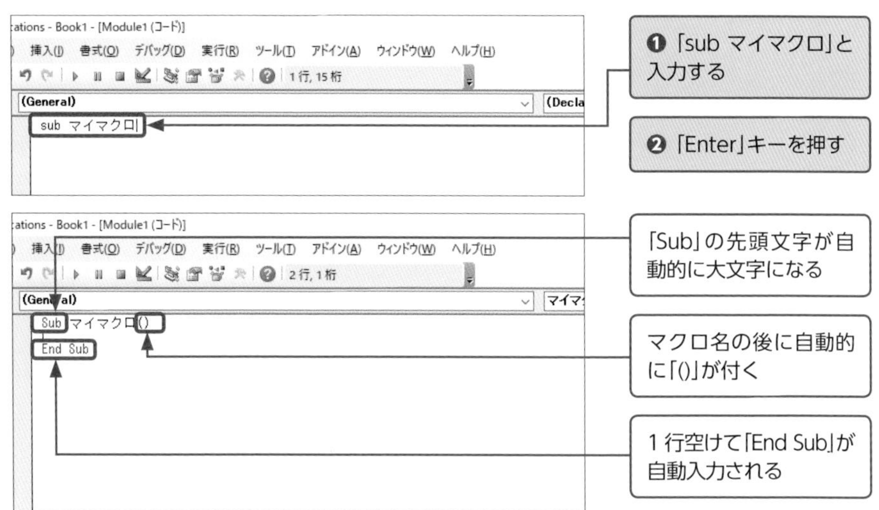

sub マイマクロ
❶「sub マイマクロ」と入力する
❷「Enter」キーを押す
Sub マイマクロ()
End Sub
「Sub」の先頭文字が自動的に大文字になる
マクロ名の後に自動的に「()」が付く
1 行空けて「End Sub」が自動入力される

VBA にあらかじめ登録されている用語をコードウィンドウに入力すると、改行などのタイミングで、**自動的に大文字と小文字が適切な形に修正されます**。そのため、「sub」をすべて小文字で入力しても、自動的に「Sub」に修正されるのです。さらに、自動的に「()」と「End Sub」の行が追加され、その間にカーソルが点滅している状態になります。**この 2 行の間に、Sub プロシージャの実際の処理のコードを入力していきます**。入力された処理は、このマクロを実行すると、基本的には上から順番に、1 行ずつ実行されていきます。

なお、ここではマクロ名を「マイマクロ」としましたが、P.27 で解説したようなルールに従って、任意の名前を付けることができます。

MEMO　メニューからSubプロシージャを作成する 

Sub プロシージャは、VBE のメニューから作成することもできます。「挿入」→「プロシージャ」をクリックし、表示される「プロシージャの追加」ダイアログボックスで名前などを指定します。

VBAのコード入力の基礎知識

実際にSubプロシージャ「マイマクロ」を作成しながら、VBAのコードを記述するときの便利な機能や、一般的なルールを紹介していきます。ここでは、記録機能で自動的に作成されたマクロ「得点表作成1」のコードを流用します。あくまで機能などの紹介が目的のため、それらのコードが具体的にどのような処理なのかはここでは解説しません。

まず、「Sub マクロ名 ()」と「End Sub」の間の行は、1段階**インデント**（字下げ）します。インデントは必須ではありませんが、プログラムの構造をわかりやすくするために行います。具体的には、「Tab」キーを押すことで、一定の間隔だけ、自動的に空白が挿入されます。

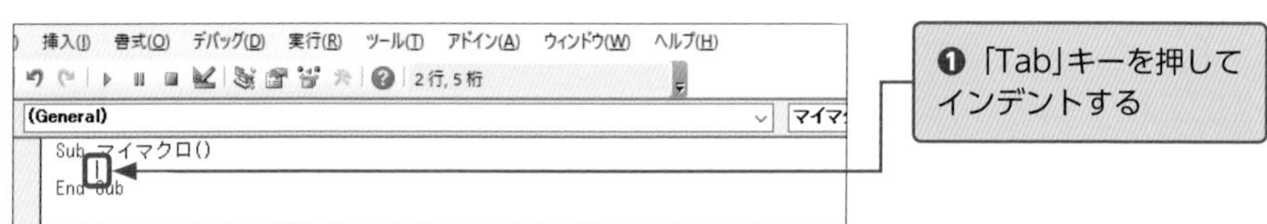

VBEには**入力支援機能**があります。たとえば、VBAの用語の区切りである「.」（ピリオド）を入力すると、使用可能な用語のリストが自動的に表示されます。さらに続けて何文字か入力すると、リストの内容が、その文字で始まる用語に絞り込まれます。このリストから、目的の用語をダブルクリック、または方向キーで選択して「Tab」キーを押すと、選んだ用語が入力されます。

```
(General)                                   マイマ
Sub マイマクロ()
    range("B2").Select
End Sub
```

「Select」と入力される

1 行のコードが長くなりすぎた場合、読みやすいように、行の途中で「仮の改行」をすることができます。折り返したい位置に「 _」（半角スペースとアンダースコア）を入力して改行すると、VBA のコード上、その行はつながっているとみなされます。この「 _」を**行継続文字**と呼びます。行継続文字の次の行は、1 段階インデントするのが一般的です。

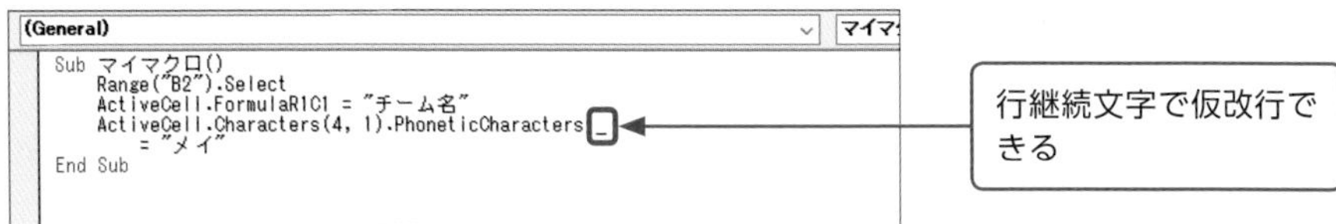

VBA では、「Sub マクロ名 ()」と「End Sub」のほかにも、開始行と終了行がセットになった**ブロック単位の処理**がいろいろとあります。このような部分では、やはりその間の行を 1 段階インデントします。ここでは「With ○○」と「End With」の例 (P.70 参照) を挙げています。

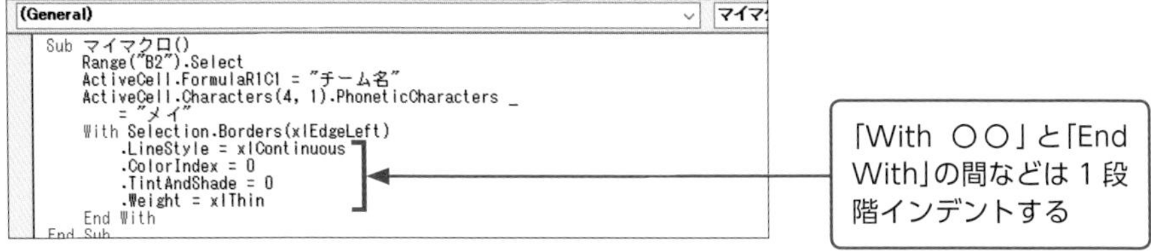

「'」（シングルクォート）から行末までは**コメント**と見なされ、VBA のコードとしては実行されません。コメントには、コードに説明を付けたり、一部のコードを一時的に実行されないようにしたりといった利用法があります。行の途中からコメントにすることも可能です。コメントは通常、緑の文字で表されます。

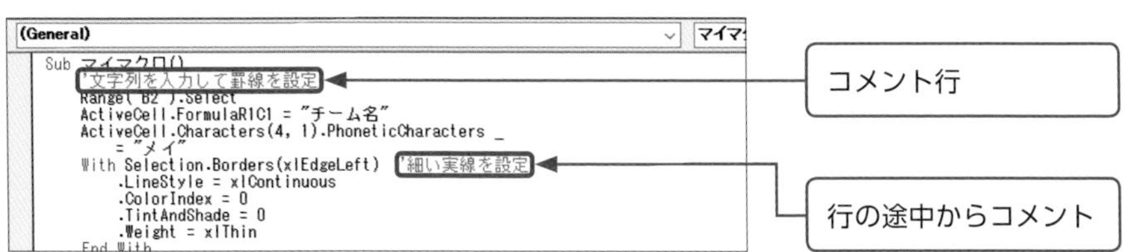

STEP 08

マクロを含むブックを保存しよう

Excel の通常のファイル形式である「Excel ブック」形式（XLSX 形式）では、マクロを含めて保存することはできません。マクロを含むブックの保存方法を覚えましょう。

「Excelマクロ有効ブック」形式で保存する

VBA のプログラムを含めてブックを保存するには、**「Excel マクロ有効ブック」形式（XLSM 形式）で保存**する必要があります。Excel 2019 の場合、次の手順で「名前を付けて保存」を実行します。

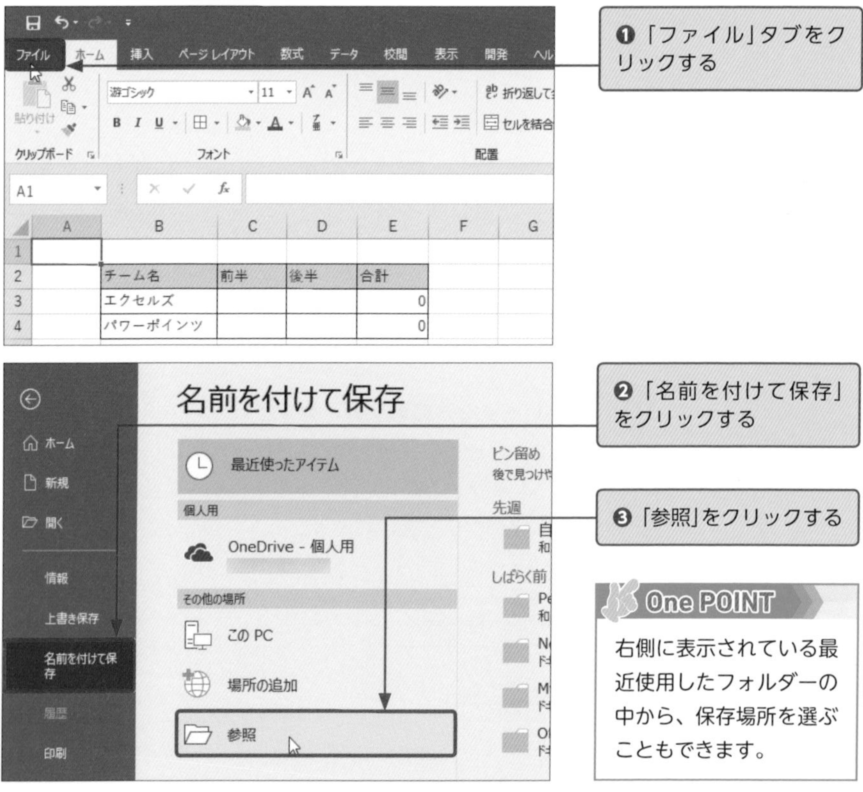
❶「ファイル」タブをクリックする
❷「名前を付けて保存」をクリックする
❸「参照」をクリックする
名前を付けて保存
最近使ったアイテム
OneDrive - 個人用
この PC
場所の追加
参照

One POINT

右側に表示されている最近使用したフォルダーの中から、保存場所を選ぶこともできます。

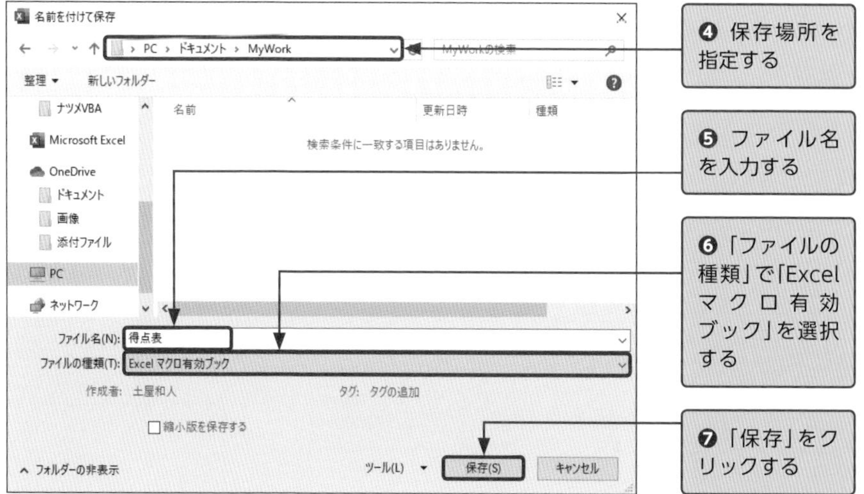

■Office 365版Excelの場合

「名前を付けて保存」の設定画面は、Excelのバージョンによって異なります。本書執筆時のOffice 365版Excelの場合、ここで説明した操作でも保存はできますが、「ファイル」タブの「名前を付けて保存」の画面でそのまま「Excelマクロ有効ブック」形式で保存することが可能です。

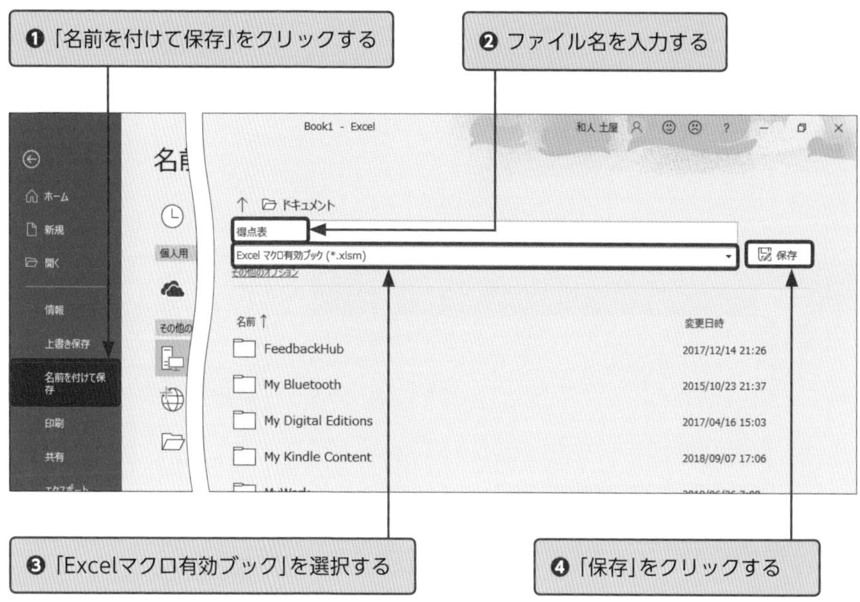

第1章 マクロとVBAの基本

マクロを含むブックを開く

「Excel マクロ有効ブック」形式で保存したブックを一度閉じ、再び Excel で開くと、**通常のセキュリティの設定では、マクロが無効な状態で開きます**。これは、マクロウィルスなどの悪意あるプログラムの被害を防ぐための仕様です。そのブックのマクロに問題がないことがわかっていれば、ごくかんたんな操作でマクロを有効にすることができます。

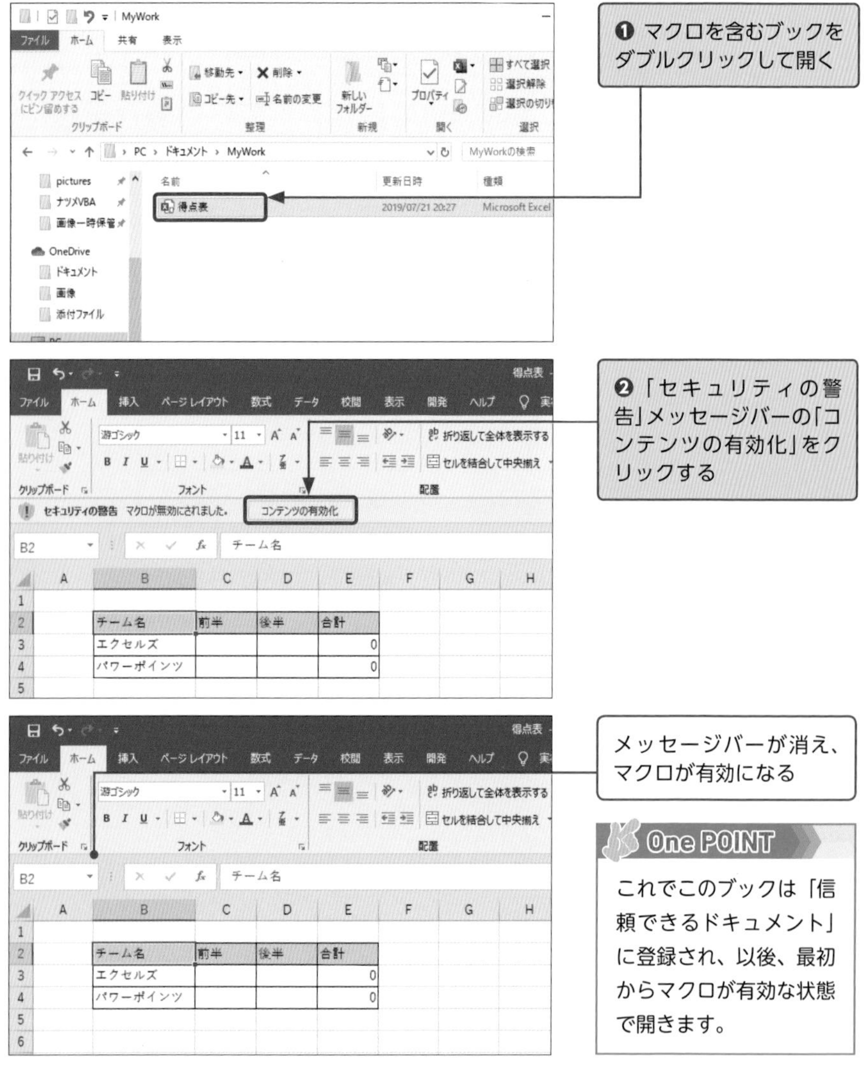

❶ マクロを含むブックをダブルクリックして開く
❷「セキュリティの警告」メッセージバーの「コンテンツの有効化」をクリックする
メッセージバーが消え、マクロが有効になる
One POINT
これでこのブックは「信頼できるドキュメント」に登録され、以後、最初からマクロが有効な状態で開きます。

MEMO セキュリティの設定について

P.46で解説したとおり、標準的な設定では、マクロを含むブックを開くとマクロが無効な状態であることを告げる「セキュリティの警告」メッセージバーが表示されます。このような動作にならない場合は、セキュリティの設定を確認してみましょう。

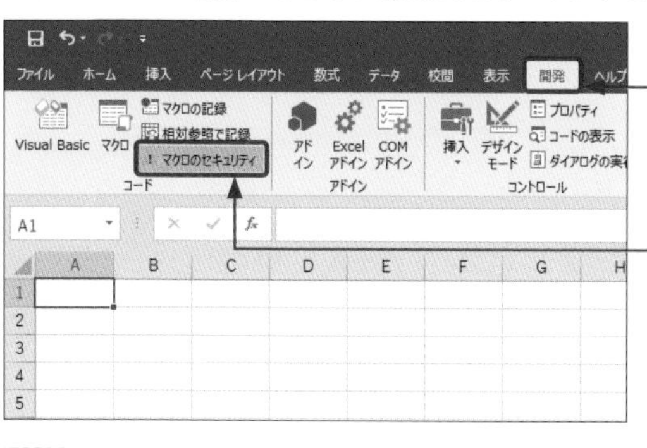

❶「開発」タブをクリックする

❷「マクロのセキュリティ」をクリックする

❸「警告を表示してすべてのマクロを無効にする」が選択されていることを確認する

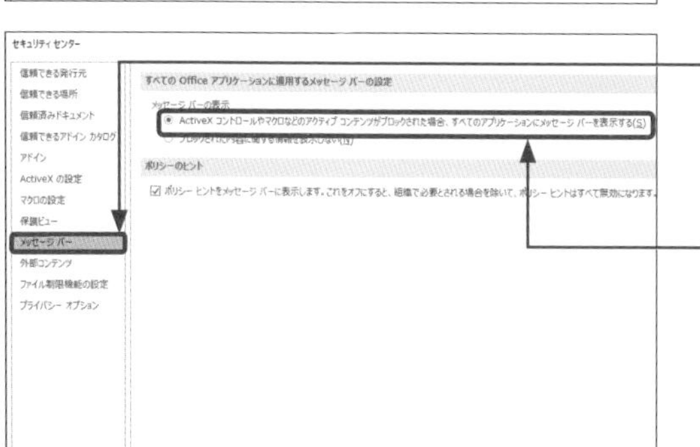

❹「メッセージバー」をクリックする

❺「ActiveXコントロールやマクロなどのアクティブコンテンツがブロックされた場合…」が選択されていることを確認する

なお、左ページの手順でマクロを有効にすると、このブックは「信頼できるドキュメント」に登録されます。ただし、登録されているのは保存場所とファイル名なので、このファイルを別のフォルダーへ移動したりファイル名を変えたりすると、やはりマクロが無効な状態で開きます。

STEP 09

使わなくなったマクロは削除しておこう

マクロが不要になった場合は、誤使用を防ぐためにも削除しておくとよいでしょう。ここでは、「マクロ」ダイアログボックスとVBEでマクロを削除する方法を紹介します。

「マクロ」ダイアログボックスで削除する

記録機能やVBEで作成したマクロを削除する方法はいくつかあります。まず、「マクロ」ダイアログボックスを使って特定のマクロを削除する方法を紹介しましょう。

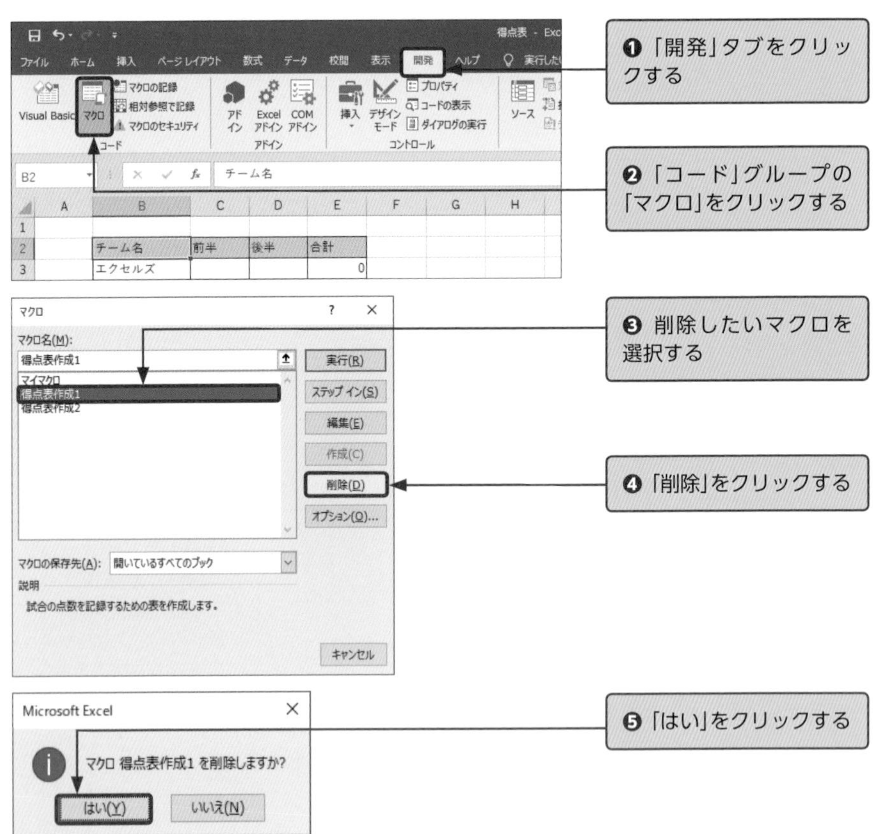

Visual Basic Editorで削除する

「マクロ」ダイアログボックスを使う方法では、マクロを1つずつしか削除できません。また、このダイアログボックスに表示されないVBAのプログラムは削除できません。しかし、VBEの画面で、記述されているプログラムの行を直接削除すれば、そのようなマクロもまとめて削除することができます。

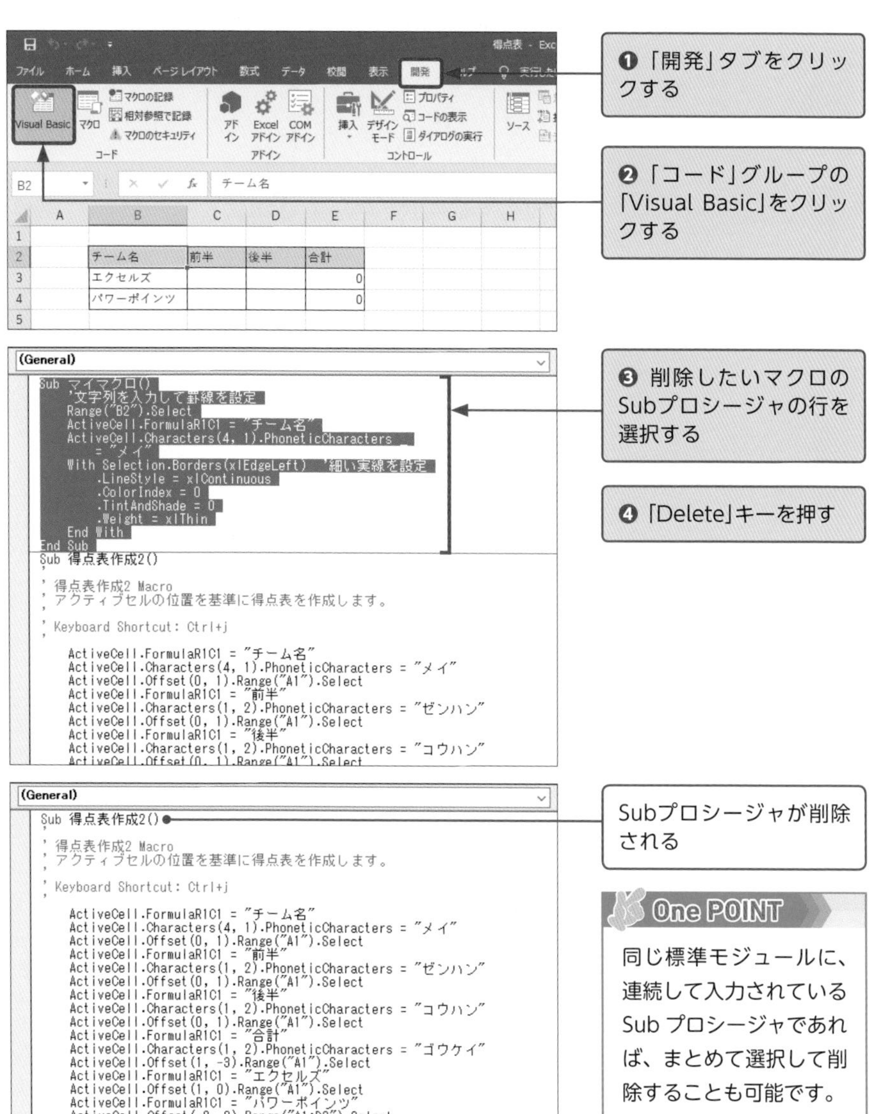

❶「開発」タブをクリックする
❷「コード」グループの「Visual Basic」をクリックする
❸ 削除したいマクロのSubプロシージャの行を選択する
❹「Delete」キーを押す
Subプロシージャが削除される

One POINT

同じ標準モジュールに、連続して入力されているSubプロシージャであれば、まとめて選択して削除することも可能です。

標準モジュールを解放する

すべてのマクロを削除したとしても、そのマクロを記述するために作成された標準モジュールまでは削除されません。不要な標準モジュールを削除したい場合は、VBE を表示し、**そのモジュールを解放する**必要があります。

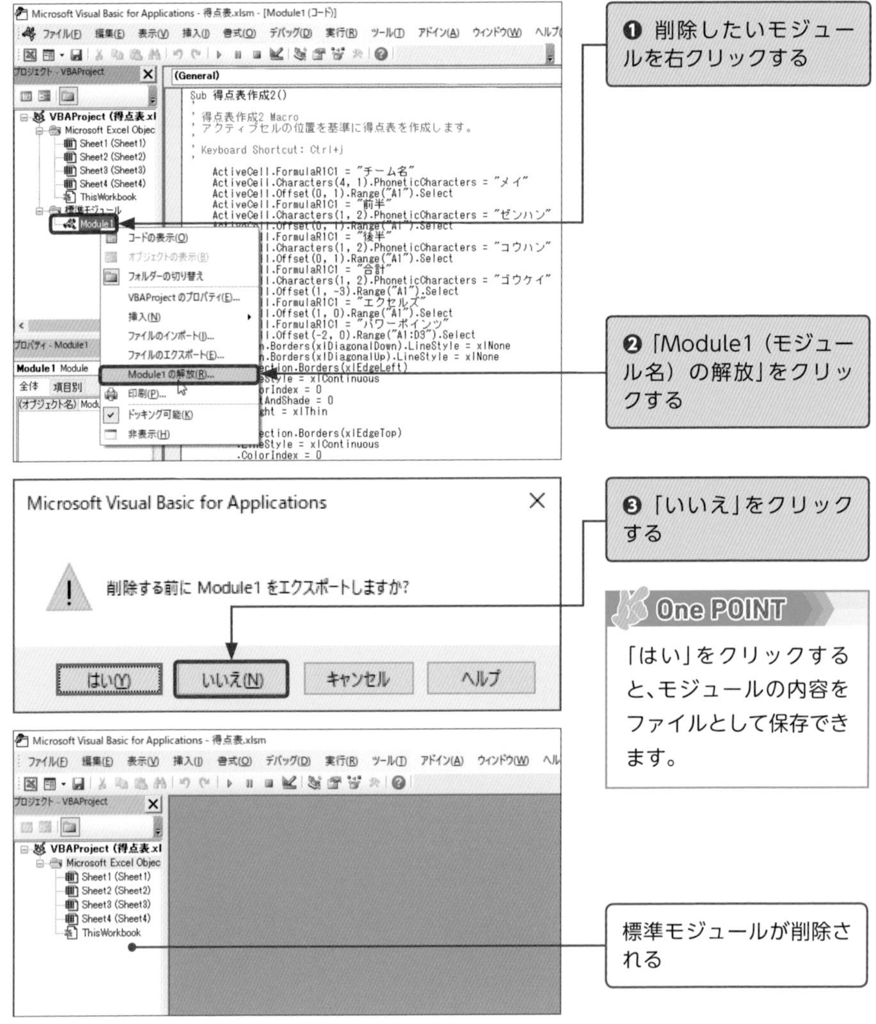

❶ 削除したいモジュールを右クリックする
❷「Module1（モジュール名）の解放」をクリックする
❸「いいえ」をクリックする
One POINT
「はい」をクリックすると、モジュールの内容をファイルとして保存できます。
標準モジュールが削除される
Microsoft Visual Basic for Applications
削除する前に Module1 をエクスポートしますか?
はい(Y)
いいえ(N)
キャンセル
ヘルプ

なお、解放することが可能なモジュールは、後から追加した標準モジュールなどです。最初から存在しているシートやブックのモジュールを解放することはできません。

すべてのVBA要素を取り除く

ブックに保存できるVBAの要素は、マクロ、つまり標準モジュールに入力されたSubプロシージャだけではありません。「マクロ」ダイアログボックスに表示されない種類のプログラムもありますし、標準モジュールではなくシートやブックのモジュールに記述するタイプのプログラムもあります。また、VBAのプログラムと組み合わせて独自のダイアログボックスや作業画面を作成できる「ユーザーフォーム」といった機能もあります。

しかし、こうしたブックは予期せぬトラブルを引き起こすこともあります。そのため、VBA要素を一切含まない形でほかのユーザーに提供したい場合などもあるでしょう。そのようなときは、**ブックを通常の「Excelブック」形式で保存する**だけで、VBA要素をすべて削除できます。P.44と同様の手順で「名前を付けて保存」ダイアログボックスを表示し、「ファイルの種類」で「Excelブック」を選択して保存します。これで完了です。

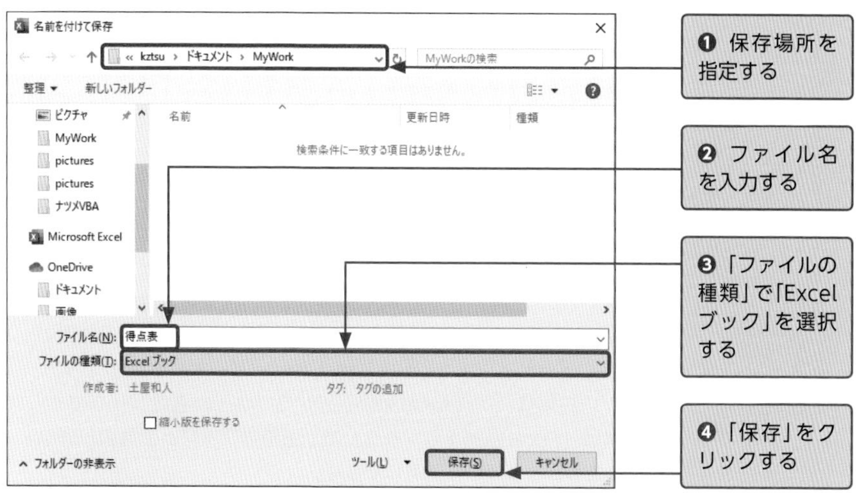

必要のないVBA要素がブックに含まれたままだと、思わぬトラブルにつながる恐れがあるから、しっかりと削除しておこうね。

MEMO 個人用マクロブックについて

ブックに保存された一般的なマクロは、そのブックを開いている間、別のブック上でも使用することができます。つまり、複数のブックの作業に使用したい汎用的なマクロは、1つのブックにまとめて作成しておき、そのブックを常に開いておけば、かんたんに流用できます。「マクロの記録」ダイアログボックスで「マクロの保存先」として表示される「個人用マクロブック」は、このような場合に使える、いわば公式の「マクロライブラリ」用ブックです。

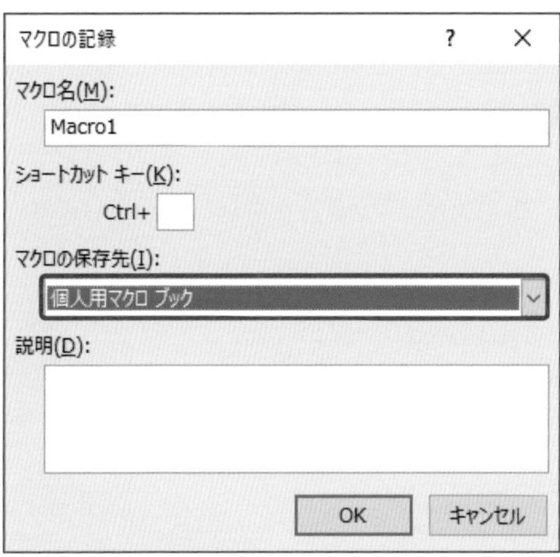

このブックは非表示になっていますが、Excelを終了しようとするとき、保存するかどうかを確認されます。ここで「保存」を選ぶと、記録したマクロがこのブックに保存されます。またこのブックは、Excelを起動すると自動的に開かれるため、以後、このExcelにおけるすべての作業で、このブックに記録したマクロを使用できるようになります。

個人用マクロブックの正体は、「Personal.xlsb」というファイル名のブックです。このファイルの形式は「Excelバイナリブック」で、通常のブックとは構造が異なりますが、ブックであることに変わりはありません。

このブックは、「表示」タブの「ウィンドウ」グループの「再表示」から表示させることも可能です。処理で利用したいがユーザーの目には触れさせたくないデータなどを、このブックのワークシートに入力しておくといった利用法もあります。再び非表示にするには、「表示」タブの「ウィンドウ」グループの「表示しない」をクリックします。

なお個人用マクロブックは、「XLSTART」というやや見つけにくいところにあるフォルダーに保存されています。このブックが不要になった場合は、ファイル名で検索してフォルダーから取り除くとよいでしょう。

第2章

VBAプログラミングの基礎知識

この章では、VBAのプログラミングに必要な要素やルールについて解説します。それぞれの要素やルールが互いに関係し合ってプログラムが成り立っているため、個々の要素やルールの解説だけではよくわからない部分も出てくるでしょう。そのような部分は、この章全体を読み終えてから、振り返って確認してみてください。

鹿島さん
ちょっと…
オホン

これも
頼むよ
えーっと
これは…

	A	B	C	D
1	請求書			No.2001
2				
3	株式会社オート佐武	御中		2020年1月20日
4	製造部			
5	中村由香子	様		
6				
7	件名			
8	Webページ制作			
9				〒110-0000
10	御請求金額			東京都新宿区古宿0-1-2
11		¥450,000		株式会社牧倉ソフトサービス
12	消費税額	¥36,000		IT事業部
13	合計請求額	¥486,000		担当：千葉信二

納品書

実は私も、間違った
フォーマットで
大量の請求書を
作成してしまってね
30個ほどブックが
あるんだが…
何とか頼むよ
あはは…

うーん
とりあえず
前みたいに
マクロの記録は
作ったけど…
30個のブックを
1つずつショート
カットキーで
実行していくのは
大変だな～

はぁ〜っ
自分の仕事も
あるのに…

なるほどね
じゃあ、そのマクロの
プログラムを少し
改良して“くり返し処理”
にしよう

あれ鹿島さん
また何か
あったの？
それがあ…
あーで
こーで
こーなんです

そうすれば
一瞬で終わるよ
ちょっと
パソコンいい？
ドゾドゾ…！

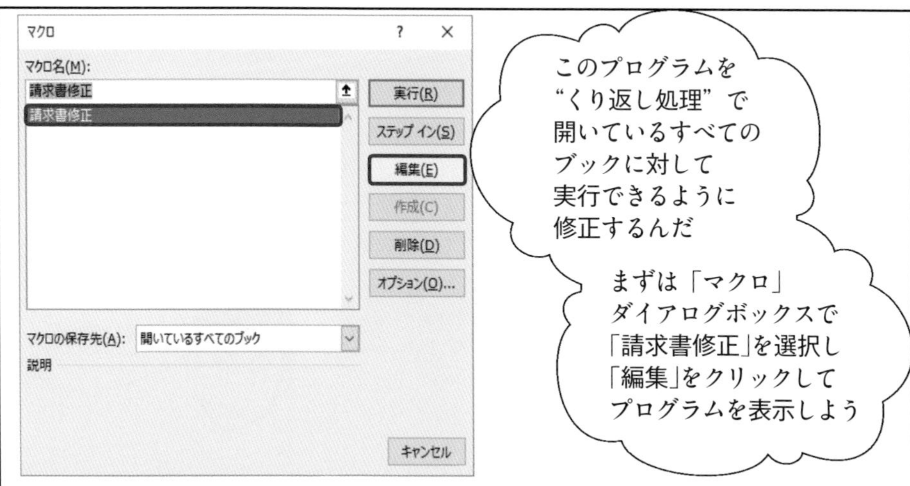
マクロ
マクロ名(M):
請求書修正
請求書修正
実行(R)
ステップ イン(S)
編集(E)
作成(C)
削除(D)
オプション(O)...
マクロの保存先(A):
開いているすべてのブック
説明
キャンセル
このプログラムを
“くり返し処理”で
開いているすべての
ブックに対して
実行できるように
修正するんだ
まずは「マクロ」
ダイアログボックスで
「請求書修正」を選択し
「編集」をクリックして
プログラムを表示しよう

```
Sub 請求書修正()
'
' 請求書修正 Macro
'
' Keyboard Shortcut: Ctrl+m
'
    Dim wb As Workbook
    For Each wb In Workbooks
        wb.Activate
        Range("D3").Select
        Selection.NumberFormatLocal = "[$-ja-JP]ggge""年""m""月""d""日"";@"
        Range("D9").Select
        ActiveCell.FormulaR1C1 = "〒111-0000"
        Range("D10").Select
        ActiveCell.FormulaR1C1 = "東京都新宿区未宿100-5-0"
        ActiveCell.Characters(1, 3).PhoneticCharacters = "トウキョウト"
        ActiveCell.Characters(4, 3).PhoneticCharacters = "シンジュクク"
        ActiveCell.Characters(7, 1).PhoneticCharacters = "ミ"
        ActiveCell.Characters(8, 1).PhoneticCharacters = "ヤド"
        Range("D11").Select
        ActiveCell.FormulaR1C1 = "株式会社枚倉システムサービス"
        ActiveCell.Characters(1, 4).PhoneticCharacters = "カブシキガイシャ"
        ActiveCell.Characters(5, 1).PhoneticCharacters = "マイ"
        ActiveCell.Characters(6, 1).PhoneticCharacters = "クラ"
        Range("D12").Select
        ActiveCell.FormulaR1C1 = "システム事業部"
        ActiveCell.Characters(5, 2).PhoneticCharacters = "ジギョウ"
        ActiveCell.Characters(7, 1).PhoneticCharacters = "ブ"
        Range("B12").Select
        ActiveCell.FormulaR1C1 = "=R[-1]C*0.1"
        Range("B13").Select
    Next wb
End Sub
```

「For Each wb In Workbooks」と
「Next wb」で挟んで
「wb.Activate」を
処理部分の先頭に付けて…

カタカタ

ふむふむ

```
Sub 請求書修正()
'
' 請求書修正 Macro
'
' Keyboard Shortcut: Ctrl+m
'
    Dim wb As Workbook
    For Each wb In Workbooks
        wb.Activate
        If wb.Name <> ThisWorkbook.Name Then
            Range("D3").Select
            Selection.NumberFormatLocal = "[$-ja-JP]ggge""年""m""月""d""日"";@"
            Range("D9").Select
            ActiveCell.FormulaR1C1 = "〒111-0000"
            Range("D10").Select
            ActiveCell.FormulaR1C1 = "東京都新宿区未宿100-5-0"
            ActiveCell.Characters(1, 3).PhoneticCharacters = "トウキョウト"
            ActiveCell.Characters(4, 3).PhoneticCharacters = "シンジュクク"
            ActiveCell.Characters(7, 1).PhoneticCharacters = "ミ"
            ActiveCell.Characters(8, 1).PhoneticCharacters = "ヤド"
            Range("D11").Select
            ActiveCell.FormulaR1C1 = "株式会社枚倉システムサービス"
            ActiveCell.Characters(1, 4).PhoneticCharacters = "カブシキガイシャ"
            ActiveCell.Characters(5, 1).PhoneticCharacters = "マイ"
            ActiveCell.Characters(6, 1).PhoneticCharacters = "クラ"
            Range("D12").Select
            ActiveCell.FormulaR1C1 = "システム事業部"
            ActiveCell.Characters(5, 2).PhoneticCharacters = "ジギョウ"
            ActiveCell.Characters(7, 1).PhoneticCharacters = "ブ"
            Range("B12").Select
            ActiveCell.FormulaR1C1 = "=R[-1]C*0.1"
            Range("B13").Select
        End If
    Next wb
End Sub
```

ひょえ〜っ

これだけで
いいんですか？

大丈夫！
処理したいブックを
全部開いてマクロを
実行してみて

ハ
ハイ！

処理したい
ブックを
全部開いて…
マクロを実行、と

あっ
ホントだ！

──5分後

じゃんっ

山崎部長
終わりました！

な、なかなか
速いね

30個もあったのに…

STEP 01

操作対象の「オブジェクト」を理解しよう

「オブジェクト」とは、ひと言でいうと、プログラムの中での操作の対象のことです。まず、VBAにおけるオブジェクトの概念を理解し、扱い方の基本を学びましょう。

オブジェクトとは？

VBAで操作したいセルやワークシートなどは、プログラムの中では、それらの分身ともいえる**オブジェクト**によって表します。オブジェクトに対して、その状態を表す**プロパティ**（P.62参照）に値を設定したり、命令を意味する**メソッド**（P.66参照）を実行したりすることで、そのオブジェクトに対応するセルやワークシートを操作することができます。

ただし、VBAのオブジェクトは、セルやワークシート、ブックのように、具体的な“モノ”としてイメージしやすいものばかりではありません。たとえば、「塗りつぶしの書式」や「検索機能」といった、機能のまとまりを象徴的に表すオブジェクトもあります。

オブジェクトの階層構造

たとえば、セルやセル範囲は、VBAでは**Rangeオブジェクト**として表されます。そのセルの塗りつぶしの書式は、**Interiorオブジェクト**です。そして、このInteriorオブジェクトは、対象のRangeオブジェクトに含まれています。つまり、このInteriorオブジェクトは、対象のRangeオブジェクトの**子オブジェクト**といえます。反対に、このRangeオブジェクトは、Interiorオブジェクトの**親オブジェクト**というわけです。

このように、VBAのオブジェクトの多くは、ほかのオブジェクトと階層的な、すなわち親子のような関係にあります。Rangeオブジェクトには、そのほかのさまざまな書式の設定を表す多くの子オブジェクトがあります。一方、セルを含むワークシートを表す**Worksheetオブジェクト**は、Rangeオブジェクトの親オブジェクトにあたります。

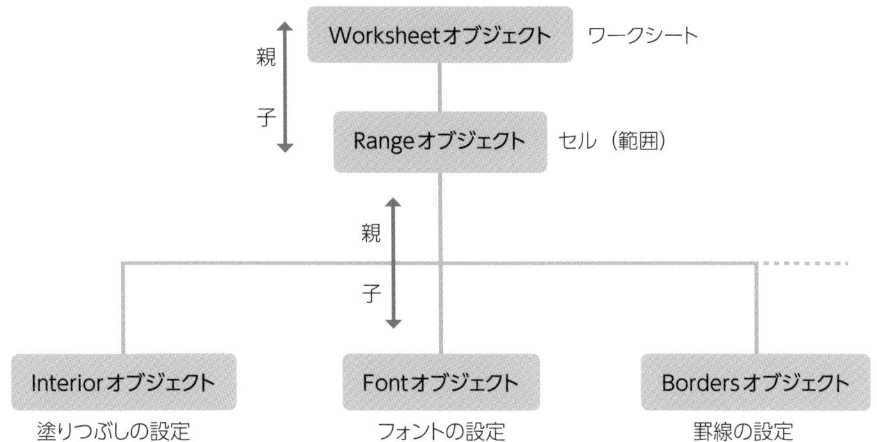

オブジェクトを取得する

VBAのプログラムでは、目的のオブジェクトを名前などで直接指定することはほぼありません。**プロパティやメソッドの実行結果の値「戻り値」として、間接的に指定する**のが一般的です。このようにオブジェクトを戻り値として求めることを、その**オブジェクトを取得する**といいます。また、**オブジェクトと、そのプロパティやメソッドは、「.」（半角ピリオド）でつないで指定します**。詳しくはP.62～65で解説しますが、ここでは1つだけ例を紹介しておきましょう。次のコードは、アクティブセルに「12」という数値を入力するものです。

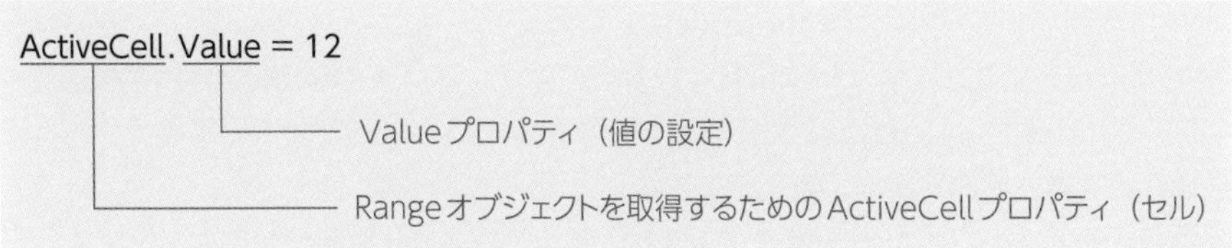

たとえば、「ActiveCell」というプロパティでは、戻り値として、アクティブセル（選択された入力対象のセル）を表すRangeオブジェクトを取得できます。ActiveCellはプロパティですが、対象のオブジェクトは指定せず、このプロパティからプログラムの行を書き始めることができます。VBAの多くのコードでは、このActiveCellのような、**対象オブジェクトを省略できるプロパティから行の記述を始めます**。

このRangeオブジェクトに「Value」というプロパティを指定することで、対象のセルの値を取得・設定する操作が可能になります。ここでは代入演算子「=」を使って「12」を代入することで、対象のセルへの入力の操作を行っています。数値のデータは、この例のように、VBAのコードの中で直接指定できます。

コレクションとは？

Excel で開いているブック、ブックに含まれるシート、ワークシート内のセルなどは、いずれも同じ種類の操作対象が複数存在します。このような操作対象は、個々のオブジェクトとして操作できるだけでなく、それらのすべてをまとめて操作することも可能です。このような同種のオブジェクトのまとまりのことを、**コレクション**と呼びます。コレクションもオブジェクトの一種であり、プロパティやメソッドを使って操作することができます。

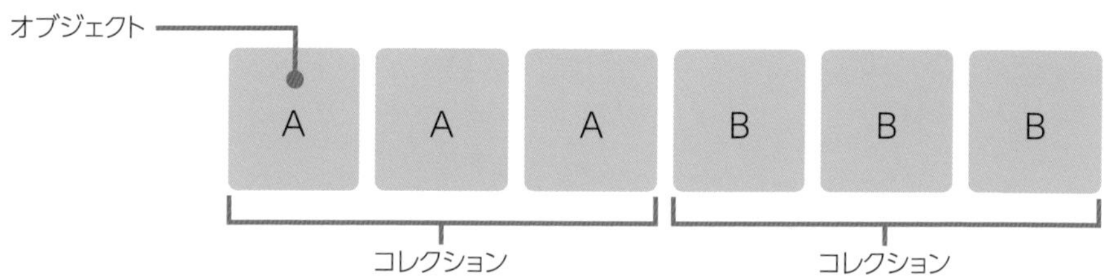

たとえば、1 つのブックを表すのは **Workbook オブジェクト**ですが、その Excel で開いているブックの集合は **Workbooks コレクション**としてまとめて取得・操作が可能です。また、1 つのワークシートは **Worksheet オブジェクト**ですが、1 つのブック内のすべてのワークシートは **Worksheets コレクション**として表されます。

なおセルの場合は、**1 つのセルもセル範囲も、いずれも Range オブジェクトとして表されます**。ただし厳密には、単独セルの場合と複数のセルの場合では、実行できる処理の内容が微妙に異なります。つまり、名前は同じでも、状況に応じて、いわば Range コレクションとして処理されているわけです。さらに、**Range コレクション**は、1 つのセルの集合という意味だけでなく、行単位または列単位のセルのまとまりとして処理される場合もあります。覚えておきましょう。

コレクションとして扱えるオブジェクトには、次のような役割や利用法があります。

①すべてのオブジェクトを一括操作する

コレクションと、その要素であるオブジェクトに対して実行できるプロパティやメソッドの種類は、必ずしも同じではありません。しかし、処理の内容によっては、**コレクションを操作することで、その中に含まれるすべてのオブジェクトの状態をまとめて変更することが可能**です。

たとえば、Worksheets コレクションに含まれるすべてのワークシートの同じ位置に、まとめて改ページを設定することができます。しかし、たとえばすべてのワークシート名の一括変更など、コレクションでは実行できない操作もあります。

②コレクションの各オブジェクトに対して処理をくり返す

VBAのプログラムには、処理の対象を変えて同じ一連の処理をくり返し実行する**くり返し処理**と呼ばれる機能があります（P.104参照）。これにはいくつかの方法がありますが、**For Each ～ Next**を利用することで、コレクションの各要素を対象として処理をくり返すことができます。

この方法を利用すれば、コレクションのプロパティやメソッドで一括処理できない場合でも、**対象の各オブジェクトをまとめて操作することが可能**になります。

③コレクションから特定のオブジェクトを取り出す

複数のオブジェクトの中から特定のオブジェクトを名前などで指定したい場合は、コレクションを利用して取得します。たとえば、特定のブックやワークシートを表すオブジェクトを取得したい場合、Workbooksコレクションや Worksheetsコレクションに、先頭から数えた番号や名前を、**インデックス**として指定します。インデックスは、「Worksheets(3)」などと、コレクションを取得する式のうしろに**「()」**で囲んで指定します。以下は「Sheet3」というオブジェクトを取得するための式とイメージ図です。

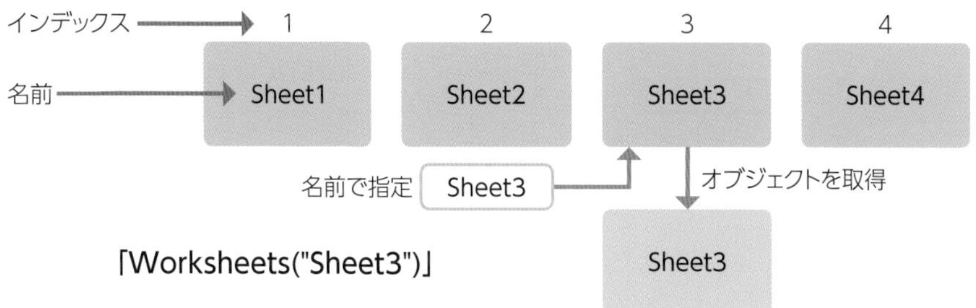

④コレクションに新しいオブジェクトを追加する

新しいブックやワークシートなどを作成したい場合、**そのコレクションに新しいオブジェクトを追加する**という操作を行います。このような操作には、**Addメソッド**がよく使われます。たとえば、WorkbooksコレクションのAddメソッドで新しいブックを作成できますし、WorksheetsコレクションのAddメソッドで新しいワークシートを作成できます。

オブジェクトの種類によっては、コレクションに属するオブジェクトが1つも存在していない状態でも、そのコレクションから新しいオブジェクトを作成することができます。たとえば図形やグラフを表すShapesコレクションなどがその例です。

STEP 02

オブジェクトの状態を表す「プロパティ」

ここでは、「プロパティ」を利用してオブジェクトを操作する方法について説明します。プロパティを使用することで、オブジェクトの状態や設定を変更することができます。

プロパティとは？

プロパティとは、**オブジェクトの特定の属性に名前を付け、その値によってオブジェクトの状態を表すもの**です。VBAのプログラムでは、プロパティの現在の値を取得したり、別の値を設定したりすることが可能です。

たとえば、作業中のExcelのユーザー名は、Excelアプリケーションを表す**Applicationオブジェクト**の**UserNameプロパティ**で、取得・設定できます。現在のユーザー名を求めてコードの中で利用したい場合は、両者を「.」（半角ピリオド）でつないで、次のように指定します。

```
Application.UserName
```

ユーザー名

この結果、「土屋和人」のような文字列が求められます。

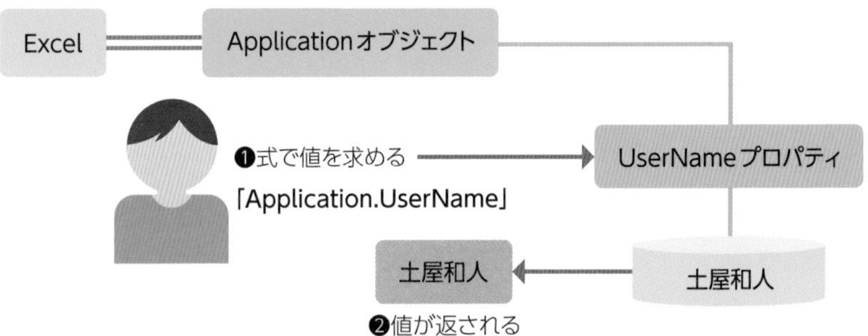

ただし、これだけでは単なる**式**で、**VBAで実行可能な1つの完結したコード「ステートメント」**にはなっていません。そのため、求めた文字列を変数に代入したり（P.80参照）、メッセージボックスに表示したり（P.112参照）、別のプロパティの値として設定したりといった操作を追加する必要があります。たとえば、この式の結果をメッセージボックスに表示するには、次のように記述します。

```
MsgBox Application.UserName
```

メッセージボックスに表示

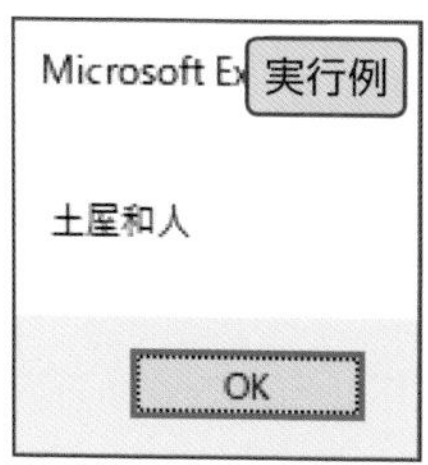

■ プロパティに値を設定する

現在のプロパティの値を変更したい場合は、**代入の演算子「=」**を使って、そのプロパティに値を代入します。プロパティに値を代入する操作はそれだけでステートメントとして成立しているので、1 行のコードとして実行できます。

たとえば、ユーザー名を「鈴木一郎」に変更したい場合は、次のようなコードを実行します。

```
Application.UserName = "鈴木一郎"
```

プロパティの値を変更することで、対象の Application オブジェクトの実体である Excel アプリケーションの設定も変更されます。

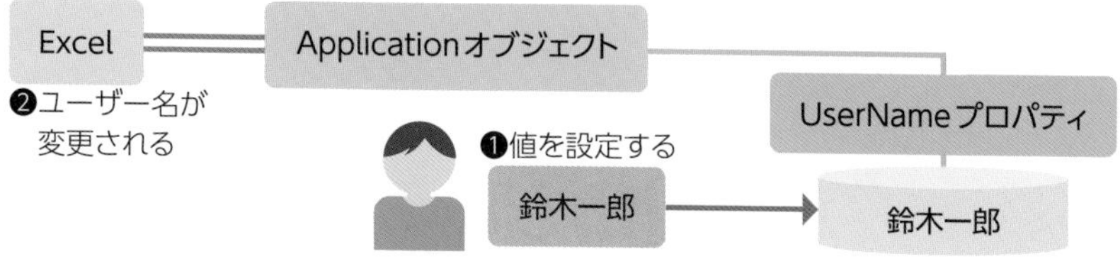

ちなみに、Excel の通常の操作では、ユーザー名は、「ファイル」タブの「オプション」で表示される「Excel のオプション」ダイアログボックスの「全般」画面で、確認や変更ができます。

この UserName プロパティの設定値は、文字列のデータです。**コード中に文字列を指定する場合は、上の式の " 鈴木一郎 " のように、前後を「"」(ダブルクォート)で囲みます**。このようなデータを**文字列リテラル**と呼びます。数値や文字列など、どのような種類のデータが設定されるかは、プロパティによって異なります。

また、プロパティによっては、値の取得のみ可能で、設定ができないものもあります。

このようなプロパティを「読み取り専用のプロパティ」といいます。たとえば、Application オブジェクトの Name プロパティでは「Microsoft Excel」というアプリケーション名が取得できますが、このプロパティの値をユーザーが変更することはできません。

One POINT

「式」とは、何らかの処理を実行し、その結果として値やオブジェクトを求めることができる、VBAの用語や演算子、データの組み合わせのことです。

オブジェクトを返すプロパティ

VBA のプロパティには、その**値としてオブジェクトを持つ**ものも数多く存在します。たとえば、ActiveCell プロパティは、アクティブセルを表す Range オブジェクトを値として返します。また、Range オブジェクトの Interior プロパティは、対象セルの塗りつぶしの設定を表す Interior オブジェクトを返します。実は、P.62 で UserName プロパティのコード例で使用した「Application」も、Application オブジェクトを返す Application プロパティです。こうしたオブジェクトを返すプロパティは、その多くがユーザーが値の設定をすることができない読み取り専用のプロパティです。

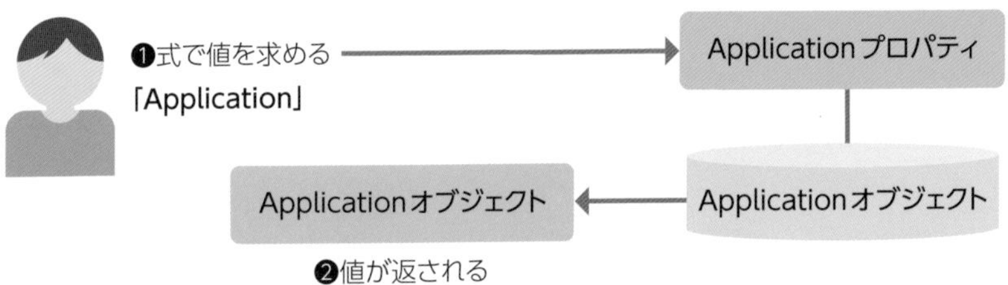

VBA では、この Interior プロパティや Application プロパティのように、**オブジェクトを返すプロパティと、それで取得できるオブジェクトが同じ名前になっているケースが多い**ため、両者を混同しないように注意する必要があります。

対象オブジェクトの指定を省略できるプロパティ

ActiveCell プロパティや Application プロパティは、「プロパティ」とはいいつつ、対象オブジェクトが指定されていません。これらは一体、何のオブジェクトのプロパティなのでしょうか。

このオブジェクトの正体は、Excel の VBA 環境を表す**グローバル**と呼ばれるオブジェクトです。このグローバルオブジェクトと Application オブジェクトは、共通するプロパティやメソッドもありますが、基本的にまったくの別物です。

VBA のコードの多くはグローバルの、つまり、対象オブジェクトの指定を省略できる、オブジェクトを返すプロパティから記述を開始します。

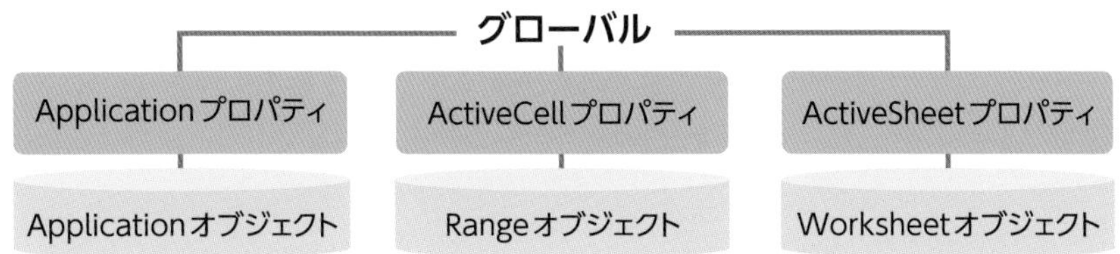

VBA で対象オブジェクトの指定を省略できる、オブジェクトを返すプロパティの代表的な例としては、次のようなものがあります。

プロパティ名	取得できるオブジェクト
Application	作業中のアプリケーションを表すApplicationオブジェクト
Range	引数で指定したセル（範囲）を表すRangeオブジェクト
Cells	すべてのセルを表すRangeコレクション
ActiveCell	アクティブセルを表すRangeオブジェクト
Selection	選択範囲を表すRangeコレクション
Rows	全セルの行単位の集合を表すRangeコレクション
Columns	全セルの列単位の集合を表すRangeコレクション
ActiveSheet	作業中のシートを表すWorksheetオブジェクト
Worksheets	すべてのワークシートを表すWorksheetsコレクション
Sheets	すべてのシートを表すSheetsコレクション
ActiveWorkbook	作業中のブックを表すWorkbookオブジェクト
ThisWorkbook	実行中のコードを含むブックを表すWorkbookオブジェクト
Workbooks	開いているすべてのブックを表すWorkbooksコレクション
ActiveWindow	作業中のブックのウィンドウを表すWindowオブジェクト
Windows	開いているすべてのウィンドウを表すWindowsコレクション

コレクションを返すプロパティの場合、そのコレクション全体に対して操作を実行する使い方だけでなく、インデックスを指定し、そのコレクションに含まれる特定のオブジェクトを取得して操作対象にする使い方もあります（P.61 参照）。

STEP 03 オブジェクトを操作する「メソッド」

ここでは、「メソッド」でオブジェクトを操作する方法について解説します。オブジェクトに対する処理や、オブジェクトの機能を利用した処理が実行できます。

メソッドとは？

メソッドとは、**オブジェクトに対する命令**のことです。

たとえば、作業中のExcelを終了する操作は、Excelアプリケーションを表す**Applicationオブジェクト**の**Quitメソッド**で実行できます。対象のオブジェクトとそのメソッドは、プロパティの場合と同様に、「.」（半角ピリオド）でつないで指定します。

```
Application.Quit
```

プロパティの場合とは異なり、これだけのコードでステートメント（P.62参照）として実行することができます。

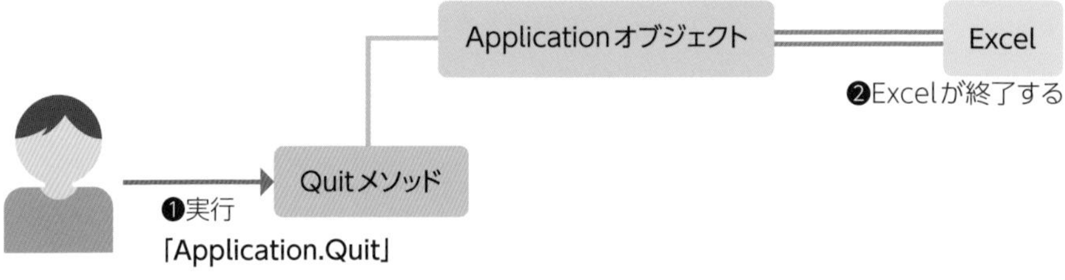

このほか、特定のセル（範囲）を選択したり、ワークシートを印刷したりといった操作も、Rangeオブジェクトや Worksheetオブジェクトに対するメソッドとして実行します。

プロパティはオブジェクトの状態を表すもので、メソッドはオブジェクトに対する命令なんだ。間違えやすいから区別しておこう。

メソッドの引数

メソッドによっては、何らかの**引数**（ひきすう）を必要とする場合もあります。引数とは、Excelの数式で使用する関数（ワークシート関数）の引数と同様、処理対象のデータや、操作のオプションを指定するためのものです。ステートメントとして実行する場合、**引数は、半角スペースを空けて指定します**。

たとえば、コードの実行中、指定時間まで以降の処理を停止する場合は、Applicationオブジェクトの Wait メソッドを使用します。このメソッドでは、実行を再開する時間を指定する引数「Time」を指定します。次のコードでは、午前10時ちょうどになるまで、次のコードを実行するのを待ちます。

```
Application.Wait #10:00:00 AM#
```

半角スペース

VBAのコードの中で日付や時刻のデータを直接指定する場合は、この例のように**「#」（半角シャープ）で囲みます**。このようなデータのことを**日付・時刻リテラル**と呼びます。なお、この方法で日付や時刻を指定すると、自動的にVBAの標準的な日付・時刻の表示形式に変換されます。時刻の場合は、「時:分:秒 AM/PM」という形式です。

複数の引数を指定する場合、各引数は「, 」（半角カンマと半角スペース）で区切って指定します。また、Wait メソッドの引数 Time は必須ですが、メソッドによって、**必須の引数**と**省略可能な引数**が存在します。本書では、必須の引数と省略可能な引数を、次のように表します。

```
対象オブジェクト.メソッド 必須の引数, 省略可能な引数
```

たとえば、セルに入力された特定のデータを検索し、別のデータに変更する「置換」機能をVBAで実行するには、対象のセル範囲を表す Range オブジェクトの **Replace メソッド**（P.249参照）を使用します。このメソッドの場合、検索する文字列を指定する引数「What」と、置換後の文字列を指定する引数「Replacement」だけが必須で、置換の設定を指定する以下7つの引数は、いずれも省略可能です。このメソッドの書式は、次のように表します。

```
Range.Replace What, Replacement, LookAt, SearchOrder, ⮐
MatchCase, MatchByte, SearchFormat, ReplaceFormat, ⮐
FormulaVersion
```

これらの引数を省略した場合、既定の設定またはそれ以前に実行した置換の設定に従って、置換が実行されます。

■引数の指定方法

引数を指定する方法には、①順番通りに並べて指定する、②**名前付き引数**（引数名）で指定する、という 2 つがあります。引数の指定方法は、前述した「プロパティ」や、後述する「関数」でも同様ですが、ここで詳しく解説しておきましょう。

まず、①の例を示します。P.67 の Replace メソッドを例にして、選択範囲を対象に、「OK」という文字列を「YES」という文字列に、大文字と小文字の区別なしに一括置換するコードを考えてみましょう。大文字と小文字を区別しない場合は、引数「MatchCase」に False を指定します。次のように、すべての引数を規定の順番どおりに並べ、**途中の引数を省略する場合はその分だけ「,」を入れます**。

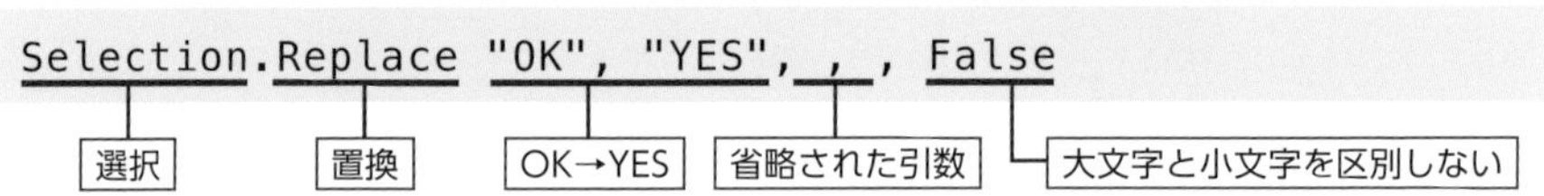

次に、同じ処理を②の方法に書き直してみましょう。名前付き引数を使用する場合、**うしろにスペースを空けずに「:=」（半角コロンとイコール）を付けて引数を指定します**。

```
Selection.Replace What:="OK", Replacement:="YES", ⏎
MatchCase:=False
```

名前付き引数を使用すると、コード自体は若干長くなりますが、その分、処理の内容がわかりやすくなるメリットがあります。また、**本来の順番に関係なく各引数を指定することができるため、省略した引数分の「,」を入れる必要がありません**。たとえば、次のように記述することも可能です。

```
Selection.Replace Replacement:="YES", MatchCase:=False, ⏎
What:="OK"
```

■値を返すメソッド

メソッドの中には、単に処理を実行するだけでなく、処理の結果として何らかの**値を返す**ものもあります。こうした戻り値を使用する場合、メソッドを**式として記述**し、受け取った戻り値を変数に代入したり（P.80 参照）、プロパティの値として設定したり（P.63 参照）、メッセージボックスに表示したり（P.112 参照）する必要があります。

次のコードは、Application オブジェクトの CentimetersToPoints メソッドを使用し、20cm が何ポイントなのかをメッセージボックスに表示する例です。CentimetersToPoints メソッドでは、引数「Centimeters」に指定したセンチメートル単位の数値をポイント単位に変換した数値を返します。なお、冒頭の「MsgBox」はメッセージボックスに表示するためのものです（P.112 参照）。

```
MsgBox Application.CentimetersToPoints(20)
```

このメソッドのように、引数として与えた数値や文字列のデータに何らかの処理を行い、その結果の戻り値を返すメソッドは、ほかにもいろいろと用意されています。このようなメソッドの使い方は、関数（P.78 参照）に近いといえるでしょう。

戻り値を取得する場合、P.67 のような戻り値を取得しないステートメントとは引数の指定方法も異なり、スペースを空けて指定するのではなく、この例のように「( )」の中に指定します。複数の引数は「, 」で区切って指定することや、名前付き引数が使用できることなどは、ステートメントとして使用する場合と同様です。

なお、前述の Replace メソッドも、実は戻り値を取得することが可能です。ただし、このメソッドの戻り値は置換処理が正常に終了したことを表すもので、基本的に True を返します。

■オブジェクトを返すメソッド

論理値、数値、文字列といったデータ以外に、戻り値としてオブジェクトを返すメソッドもあります。その代表的な例が、ブックやシートのコレクションに新しいオブジェクトを追加する Add メソッドです。Add メソッドでは、戻り値として、追加されたブックやシートを表す Workbook オブジェクトや Worksheet オブジェクトを返します。これを利用して、新規作成したブックやシートに対して、続けて処理を実行することができるわけです。

たとえば次のコードでは、新しいブックを作成し、作成されたブックを表す Workbook オブジェクトを、オブジェクト変数 wb（P.84 参照）にセットします。

```
Set wb = Workbooks.Add
```

Workbookオブジェクトをwbにセットする

戻り値を取得する場合は、ステートメントの場合とは区別して、「( )」で引数を指定するのね。

STEP 04

同じオブジェクトに対する処理をまとめよう

同じオブジェクトを対象に連続して操作を実行する場合、オブジェクトを取得する式を1つにまとめることで、コードの記述を簡潔にし、処理効率を向上させられます。

Withステートメントを活用する

同じオブジェクトに対して、連続して処理を実行したいということがしばしばあると思います。オブジェクトを取得する式が複雑だと、そのすべての行で取得式を記述するのは面倒です。また、複雑な処理を何度もくり返すのは、効率的なプログラムとはいえません。このような場合、**Withステートメント**で、同じオブジェクトを取得する処理をまとめることができます。具体的には、**「With」の後に半角スペースを空けてオブジェクトを取得する式を指定**します。その次の行から「End With」の行まで、このオブジェクトの指定を省略することが可能です。つまり、「With ○○」と「End With」の間の行に、**「.」に続けて記述したプロパティやメソッドが、「With」で指定したオブジェクトに対する操作になるのです**。なお、このような2つの行の間の行のまとまり（ブロック）では、「Tab」キーで1段階インデントを下げるのが一般的です。次の例は、作業中のシートとは別の「1月分」というワークシートのセル範囲B3:D5を対象に、フォントとフォントサイズ、塗りつぶしの色を設定する処理を記述したコードです。

```
Worksheets("1月分").Range("B3:D5").Font.Name = "Meiryo UI"
Worksheets("1月分").Range("B3:D5").Font.Size = 12
Worksheets("1月分").Range("B3:D5").Interior.Color = ⏎
rgbLightGreen
```

これを、Withステートメントを使って次のように書くことができます。

```
With Worksheets("1月分").Range("B3:D5")
    .Font.Name = "Meiryo UI"
    .Font.Size = 12
    .Interior.Color = rgbLightGreen
End With
```

かなりスッキリしましたね。なお、With ○○～ End With のブロックの中でも、この○○以外のオブジェクトを対象とする操作を実行することは可能です。「.」で始めず、普通に目的のオブジェクトを取得する式を記述するだけです。

■Withステートメントのネスト

With ○○～ End With のブロックの中で、さらに With ○○～ End With を使って対象オブジェクトを指定することも可能です。このように With ステートメントを重ねて指定することを、**ネスト**するといいます。

たとえば次の例は、前ページと同じ処理に加えて、罫線の線種と太さ、線の色を指定する処理を、With ステートメントを使わずに記述したコードです。

```
Worksheets("1月分").Range("B3:D5").Font.Name = "Meiryo UI"
Worksheets("1月分").Range("B3:D5").Font.Size = 12
Worksheets("1月分").Range("B3:D5").Interior.Color = ⮐
rgbLightGreen
Worksheets("1月分").Range("B3:D5").Borders.LineStyle = ⮐
xlContinuous
Worksheets("1月分").Range("B3:D5").Borders.Weight = ⮐
xlHairline
Worksheets("1月分").Range("B3:D5").Borders.Color = ⮐
rgbDarkBlue
```

追加部分

これを、With ステートメントをネストして次のように省略することができます。

```
With Worksheets("1月分").Range("B3:D5")
    .Font.Name = "Meiryo UI"
    .Font.Size = 12
    .Interior.Color = rgbLightGreen
    With .Borders
        .LineStyle = xlContinuous
        .Weight = xlHairline
        .Color = rgbDarkBlue
    End With
End With
```

ネスト部分

簡潔になりました。なお、オブジェクト変数（P.84 参照）を利用して、オブジェクトを取得する操作をまとめ、記述の簡潔化と処理の効率化を図ることも可能です。

STEP 05

VBAのデータ型と演算子を理解しよう

ここでは、VBA で取り扱うデータの種類について解説します。また、そのデータを処理するための各種の演算子についても、まとめて紹介しておきます。

VBAで取り扱うデータの種類

VBA で取り扱えるデータの種類は、大きく分ければ、**数値**と**文字列**です。コード中で直接使用できるデータとしては、これら以外にも、真と偽を True/False で表す**論理値**、**日付**と**時刻**などがありますが、これらも広い意味では数値データの範疇です。

コードの中でデータを直接使用する場合はこの程度の分類で十分ですが、VBA のプログラムでは、変数（P.80 参照）や定数（P.86 参照）といった、いわばデータの入れ物が使用されます。変数などを使う場合、**最初にその入れ物としての大きさを決めるために、さらに細かくデータを分類する必要があります**。

このようなデータの分類を**データ型**と呼びます。下は、VBA の代表的なデータ型の関係を、簡略化した図で表したものです。

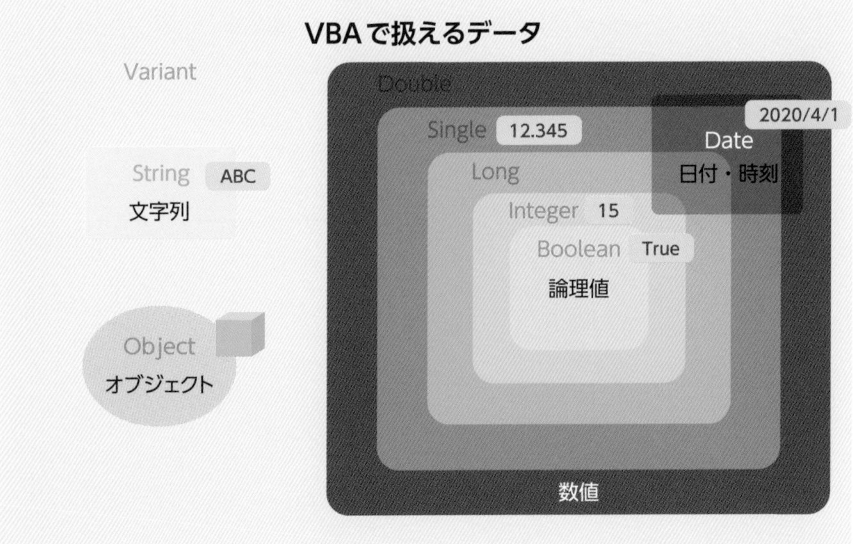

■VBAのデータ型

VBA で使用可能なデータ型には、次のような種類があります。

データ型	指定方法	扱えるデータの範囲
ブール型	Boolean	True/False の論理値
バイト型	Byte	0 ～ 255 の整数
整数型	Integer	-32,768 ～ 32,767 の整数
長整数型	Long	約 -21 億～約 21 億の整数（32bit）
	LongLong	約 -922 京～約 922 京の整数（64bit）
	LongPtr	環境により Long または LongLong と同じ
通貨型	Currency	15 桁の整数部と 4 桁の小数部を持つ固定小数点数
10 進型	Decimal	29 桁の実数
単精度浮動小数点数型	Single	広い範囲の実数
倍精度浮動小数点数型	Double	Single よりも広い範囲の実数
日付型	Date	西暦 100 年 1 月 1 日～ 9999 年 12 月 31 日の日付と時刻のデータ
文字列型	String	約 2GB までの文字列
オブジェクト型	Object	オブジェクトへの参照
バリアント型	Variant	固定長の文字列型とユーザー定義型を除くすべてのデータ型に対応
ユーザー定義型		ユーザーが定義する独自のデータ型

「指定方法」は、変数の宣言（P.81 参照）などで指定するキーワードです。10 進型は、バリアント型の内部処理形式で、変数の宣言などでは利用できません。また、文字列型には一般的な可変長型のほか、「String ＊ 10」のように文字数を指定する固定長型もあります。

すぐにすべての意味がわからなくても大丈夫、必要なたびにこの表に立ち返って覚えていこう！

■データ型を理解する必要性

取り扱うデータの型を意識し、必要に応じて適切に指定しておくことで、**プログラムがより効率的になり、記述ミス（バグ）も発生しにくくなります**。

データ型を指定した変数や定数に値を代入する場合、その範囲に収まる適切なデータを指定しなければなりません。また、オブジェクトのプロパティにもデータ型があり、値を設定する場合は、やはりその範囲内のデータを指定する必要があります。あらかじめ決められたデータ型に収まらないデータを設定しようとすると、**エラーが発生するか、データの余分な部分が削除されます**。たとえば、整数型の変数に小数を含むデータを代入しようとすると、自動的に小数部分が丸められ、整数に変換されます。また、数値のデータ型の変数に文字列データを代入しようとするとエラーが発生しますが、文字列型の変数に数値データを収めることは可能です。ただし、そのデータは数値ではなく文字列として扱われるため、関数などで適切に処理されなくなる場合があります。

■オブジェクト型について

VBAでは、オブジェクトもまたデータの一種です。変数には、数値や文字列といった値のほかに、オブジェクトへの参照を収めることも可能です（P.84参照）。**オブジェクト型**の「Object」は、どんなオブジェクトにも対応できる汎用型といえます。

実際には、変数に設定するオブジェクトの種類も、あらかじめ決まっていることが多いでしょう。特定の種類のオブジェクトだけを収めて使う変数には、いわば**固有オブジェクト型**として、「Range」や「Worksheet」といったそのオブジェクト名を指定します。

■バリアント型について

変数などで扱うデータの型が事前に限定できない場合は、汎用の**バリアント型**を使用します。データ型の指定を省略した場合も、自動的にバリアント型になります。バリアント型は、数値でも文字列でも、さらにはオブジェクトでも収めることが可能です。またExcelでは、**各セルの値もいわばバリアント型のデータ**です。便利なデータ型ですが、その分メモリー消費量が増え、プログラムのミスを発見しにくくなるといったデメリットもあります。

扱うデータの型がよくわからなかったら、とりあえず汎用のバリアント型を使えばいいのね！　覚えておこっと！

演算子を使用する

■算術演算子

VBAのコードの中では、直接指定したデータや変数に入れたデータを使って、数値の計算を実行することができます。この計算に使用するのが**算術演算子**です。

数値の計算は、コードの中では**式として指定**し、その計算結果を、変数に代入したり（P.80参照）、プロパティの値として設定したり（P.63参照）、メッセージボックスに表示したり（P.112参照）します。なお、算術演算子に限らず、**演算子は前後に半角スペースを空けて使用します**。

算術演算子	使い方	説明
+	数値1 + 数値2	数値1に数値2を加えた値（和）を求める
-	数値1 - 数値2	数値1から数値2を引いた値（差）を求める
*	数値1 * 数値2	数値1に数値2を掛けた値（積）を求める
/	数値1 / 数値2	数値1を数値2で割った値（商）を求める
¥	数値1 ¥ 数値2	数値1を数値2で割った値（商）の整数部分を求める
Mod	数値1 Mod 数値2	数値1を数値2で割ったときの余りを求める
^	数値1 ^ 数値2	数値1を数値2乗した値を求める

■文字列演算子

数値だけでなく、文字列のデータを処理するための演算子もあります。VBAで使える**文字列演算子**は2種類だけで、いずれも**2つの文字列を結合する演算子**です。

文字列演算子	使い方	説明
&	文字列1 & 文字列2	文字列1と文字列2を結合する
+	文字列1 + 文字列2	文字列1と文字列2を結合する

「+」は、2つのデータの両方が数値であれば加算の処理を、文字列であれば結合の処理を実行します。**一方が数値で、もう一方が文字列の場合はエラーになってしまう**ので注意が必要です。

■比較演算子

設定した条件の真偽に応じて、それぞれ異なる処理を実行するコードを書くこともできます（P.96 参照）。この条件の指定などに使用されるのが**比較演算子**です。

Excel のワークシートの数式でも、IF 関数の条件設定などで、比較演算子が使われています。VBA では、Excel と同様の比較演算子に加えて、さらに独自の比較演算子が 2 つ用意されています。

比較演算子	使い方	説明
<	式 1 < 式 2	式 1 が式 2 より小さければ True
<=	式 1 <= 式 2	式 1 が式 2 以下なら True
>	式 1 > 式 2	式 1 が式 2 より大きければ True
>=	式 1 >= 式 2	式 1 が式 2 以上なら True
=	式 1 = 式 2	式 1 が式 2 と等しければ True
<>	式 1 <> 式 2	式 1 が式 2 と等しくなければ True
Is	オブジェクト 1 Is オブジェクト 2	オブジェクト 1 とオブジェクト 2 が同じオブジェクトを表していれば True
Like	文字列式 Like パターン	文字列式がパターンに当てはまれば True

「Is」は、2 つのオブジェクトが同じものかどうかを判定するために使用します。通常、オブジェクト変数（P.84 参照）に収めたオブジェクトが、特定のオブジェクトかどうかを判定するために利用されます。

また、オブジェクト取得の操作によっては、該当するオブジェクトが存在しない場合に、その結果が「Nothing」というキーワードで表される状態になります。「Is」と、後述する「Not」を使用して、オブジェクト変数が「Nothing」でないか、つまりそのオブジェクトが存在するかを調べるといった利用法もあります。

「Like」については、次ページの MEMO を参照してください。

■論理演算子

条件を判定するときに、複数の条件を組み合わせて指定したい場合などに使用するのが**論理演算子**です。たとえば、指定した 2 つの条件がどちらも真の場合のみ処理を実行したいといったケースで、比較演算子とあわせて使用します。

なお、Excel のワークシートの数式で使用する演算子には、論理演算子はありません。複数の条件を組み合わせたい場合は、論理関数を使用します。

論理演算子	使い方	説明
And	式 1 And 式 2	2 つの式がともに True の場合に True
Or	式 1 Or 式 2	1 つ以上の式が True なら True
Not	Not 式	式の論理値（True/False）の逆を返す
Xor	式 1 Xor 式 2	どちらか一方の式だけが True なら True
Eqv	式 1 Eqv 式 2	2 つの式が同じ論理値（True/False）なら True
Imp	式 1 Imp 式 2	式 1 が True で式 2 が False の場合以外は True

「And」のような論理演算は「論理積」と呼ばれます。同様に、「Or」は「論理和」、「Not」は「論理否定」、「Xor」は「排他的論理和」、「Eqv」は「論理等価演算」、「Imp」は「論理包含演算」です。

MEMO 文字列をパターンと比較する

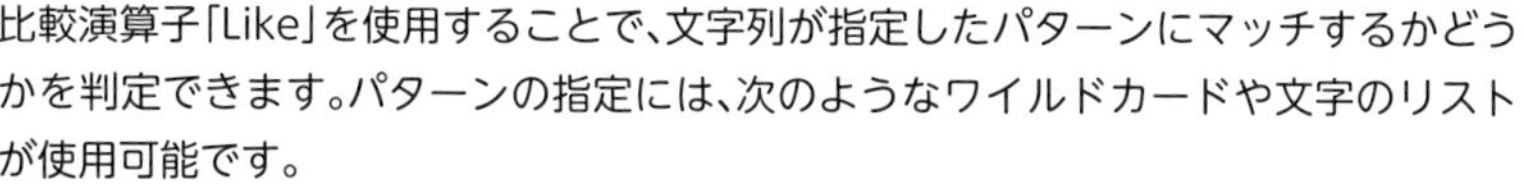

比較演算子「Like」を使用することで、文字列が指定したパターンにマッチするかどうかを判定できます。パターンの指定には、次のようなワイルドカードや文字のリストが使用可能です。

パターンの文字	機能
?	任意の 1 文字
*	0 文字以上の任意の文字列
#	任意の 1 文字の数字
[文字リスト]	文字リストに含まれるいずれかの文字
[! 文字リスト]	文字リストに含まれる文字以外

「[文字リスト]」の指定では、たとえば「[ABC]」と指定すると、「A」「B」「C」のいずれかという意味になります。また、「-」を使って文字の範囲を指定することもでき、「[D-F]」と指定すると「D」から「F」までのいずれか 1 文字という意味になります。
これらを組み合わせて、たとえば「文字変数 Like "[SHR]##"」のような式を指定した場合、文字変数の値が「S50」や「H25」などであれば、Trueが返されます。

STEP 06

VBAの「関数」を活用しよう

Excelを利用していれば、数式で使う「関数」はある程度理解しているでしょう。VBAにもさまざまな関数が用意されており、プログラムの中で利用することができます。

VBAの「関数」について

Excelの数式で使用する関数（**ワークシート関数**）とは、関数名と引数を指定することで、あらかじめ定義された一連の計算処理を実行して、その結果を返すものです。引数には、計算の対象となるデータや、処理のオプションを設定するための値などを指定します。

VBAの関数も、機能的にはワークシート関数にかなり近いといえます。ワークシート関数と同様、**数学的な計算や日付・時刻の計算、文字列の操作**などに利用できるさまざまな関数があります。さらに、**配列データ（P.90参照）の処理やファイル・システム関連の操作**など、プログラミング言語であるVBAならではの関数もあります。

VBAの関数には、ワークシート関数と同名で同じような機能を持った関数も数多くあります。ただし、機能が微妙に異なっていたり、名前が同じでも機能がまったく異なっていたりする関数もあるので、混同しないように注意が必要です。

ここでは、VBAの関数の例を、いくつか紹介しておきましょう。

■数値を処理する関数

VBAの関数では、数値の端数を処理したり、三角関数の値を求めたりすることが可能です。次の式では、引数の小数点以下を切り捨てて整数化する**Int関数**を使用して、「215.63」という数値の端数を処理します。この関数式の戻り値は「215」です。

```
Int(215.63)
```

Int関数はワークシート関数INTと同名で同じ機能ですが、指定した桁数で数値を丸める**Round関数**は、丸める桁を整数部では指定できない点や、端数の5を偶数になるほうに丸める「銀行丸め」になっている点が、ワークシート関数ROUNDとは異なります。また、ワークシート関数で切り上げ処理に使うRONDUP関数や、切り捨て処理に使うROUNDDOWN関数に相当する関数は、VBAの関数にはありません。

■日付・時刻を処理する関数

指定した「年」「月」「日」の数値に対応する日付データを求めたい場合、**DateSerial関数**が利用できます。ワークシート関数でこの機能を持つのはDATE関数ですが、VBAの**Date関数**は、今日の日付を返す、ワークシート関数のTODAY関数に相当します。次の式では、2019年12月24日にあたる日付データを求められます。

```
DateSerial(2019, 12, 24)
```

同様に、指定した「時」「分」「秒」の数値に対応する時刻データは、**TimeSerial関数**で求められます。これはワークシート関数のTIME関数に相当しますが、VBAの**Time関数**は、現在の時刻を表す時刻データを返します。日付を含まず、現在の時刻データだけを返す関数は、ワークシート関数には存在しません。

■文字列を処理する関数

文字列の左側から指定した文字数の文字列を取り出す**Left関数**、右側から指定した文字数の文字列を取り出す**Right関数**、文字列の文字数を返す**Len関数**など、やはりワークシート関数と同様の機能を持った文字列処理関数が、いろいろと用意されています。

たとえば、次の式では指定した文字列右側の「Point」という文字列が返されます。

```
Right("Microsoft PowerPoint", 5)
```

■関数を命令として使用する

関数によっては、メソッドと同様、何らかの処理を実行後、戻り値を返すものもあります。このような関数で、戻り値を使用する必要がない場合、関数を式としてコード中に指定するのではなく、**命令として実行することが可能**です。

たとえば、**MsgBox関数**（P.112参照）では、引数Promptに指定したメッセージをダイアログボックスに表示し、ユーザーがクリックしたボタンの種類を表す数値を、戻り値として返します。その戻り値を利用したい場合は、次のように式として記述します。なお「vbYesNo」は、「はい」「いいえ」ボタンを表示するためのものです。

```
MsgBox("処理を実行します", vbYesNo)
```

戻り値を必要とせず、単にメッセージボックスを表示するためだけにこの関数を使用する場合は、**引数はカッコに入れず、半角スペースを空けて指定します**。

```
MsgBox "処理を実行します"
```

STEP 07

「変数」を使って処理の範囲を広げよう

「変数」とはいわばデータの入れ物であり、プログラムの中で後で使用したいデータを一時的に収めておくために使います。まず、変数の基本的な利用方法を覚えましょう。

VBAの「変数」について

変数とは、**後で使用するデータを一時的に代入して保管しておくための、「入れ物」のようなもの**です。求めるのに手間がかかるデータは、一度変数に収めておけば、使用するたびに求め直す必要がなくなります。また、データそのものではなく、「入れ物」を処理対象に指定することで、さまざまなデータに対して同じ処理を実行することができます。

変数は、**ユーザーが自由に文字を組み合わせて命名し、使用を開始することができます**。ただし、次のような制約があります。

- 文字数は半角 255 文字以内。
- 先頭の文字を数字にすることはできない。
- 「_」を除き、スペースやピリオドをはじめ、一般的な記号類は使用できない。
- Visual Basic のキーワード（「予約語」と呼ばれる、すでに用途が決まっている言葉。「With」「End」など）は使用できない。
- 既存のオブジェクトやプロパティなどと同じ変数名（「Application」「ActiveCell」など）は使用可能だが、紛らわしいので避けたほうがよい。
- 日本語の文字は使用可能。

このほか、一般的な英単語も、VBA ですでに用途が決まっている可能性があるため、避けたほうがよいでしょう。これらの事項は、変数だけでなく、プロシージャ名や定数など、ユーザーが命名可能なすべての名前に共通するルールです。

VBAのコードで変数を使用する

変数は、VBA のプログラムの中でいきなり使用を開始することが可能です。**VBA の用語として定義されていない語（任意の文字の組み合わせ）に値を代入したり、その値を求める式を記述したりすると、VBA はその語を変数とみなします**。

次のマクロプログラム「Sample081_1」では、まず変数「hensu」に「123」という数値を代入します。次に、この hensu の値に 3 を掛けた値を、改めて同じ hensu に代入し、その値を上書きします。そして、この hensu の値を、MsgBox 関数を使ってメッセージボックスに表示します。

ファイル「081_1.xlsm」

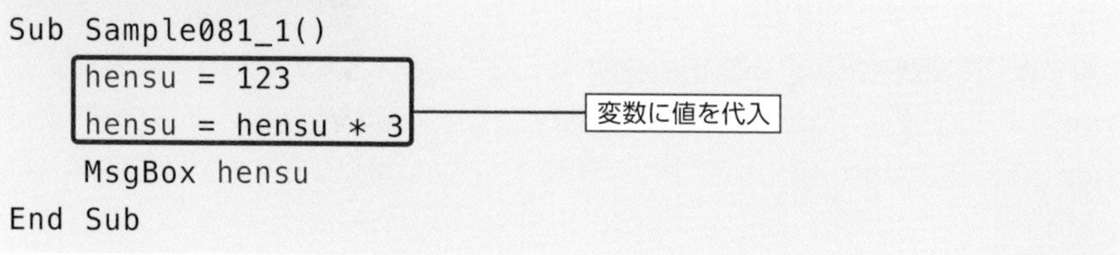

```
Sub Sample081_1()
    hensu = 123
    hensu = hensu * 3
    MsgBox hensu
End Sub
```


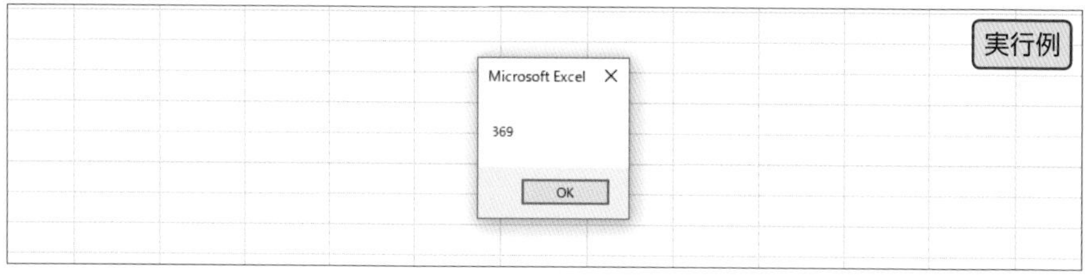

変数を宣言する

実際には、変数は直接使用せず、その変数を使うということを事前にコード中で**宣言**してから使用することをおすすめします。宣言することで、そのプログラムの中で使われている語が、変数なのかそれ以外なのかが明確になります。

次のマクロプログラム「Sample081_2」は、上記の「Sample081_1」に変数の宣言を追加した例です。

ファイル「081_2.xlsm」

```
Sub Sample081_2()
    Dim hensu As Integer
    hensu = 123
    hensu = hensu * 3
    MsgBox hensu
End Sub
```

変数を宣言

変数の宣言には、**Dim**という命令を使用します。**その後に半角スペースを空けて任意の変数名を指定し、さらに「As」に続けてデータ型（P.72参照）を指定します**。ここでは、整数データを処理するため、整数型の「Integer」を指定しました。

データ型を指定して宣言することで、その変数が使用するメモリー上の領域が確保されます。これによってメモリーの無駄遣いを防止でき、プログラムの効率が向上します。

なお、データ型の指定を省略した場合、その変数は自動的にバリアント型になります。変数の宣言自体を省略した場合も、未定義の語がバリアント型の変数として扱われます。バリアント型はどのようなデータにも対応できる便利な型ですが、その分、メモリーの領域を大きく消費します。不適切なデータが代入されても、エラーが発生せずに処理が進むため、プログラムのミスにも気付きにくくなります。

また、ここでは1行のDimステートメントで1つの変数だけを宣言していますが、**1行で複数の変数を宣言することも可能**です。その場合、各変数は「, 」（半角カンマと半角スペース）で区切り、それぞれの変数ごとにデータ型を指定します。次の例は、「hensu1」と「hensu2」という2つの変数を、ともに整数型で宣言するステートメントです。

```
Dim hensu1 As Integer, hensu2 As Integer
```

さらに使用したい変数の数が多い場合は、Dimステートメントを何行も指定することが可能です。

■変数の宣言を強制する

変数は宣言しなくても使用できるため、宣言している変数と宣言していない変数が混在していても、特にエラーは発生しません。そのため、同じ変数を指定しようとして、変数名を一部間違えて入力した場合でも、そのまま実行できてしまいます。この場合、当然正しい結果は得られず、エラーが発生しないことで、問題そのものに気づかない可能性もあります。

すべての変数の宣言を必須にすることで、こうしたミスを防ぐことができます。具体的には、**モジュールの宣言セクション（すべてのSubプロシージャより前の、コードウィンドウの先頭部分）に、次のようなステートメントを追加します**。

```
Option Explicit
```

```
(General)
Option Explicit

Sub Sample081_2()
    Dim hensu As Integer
```

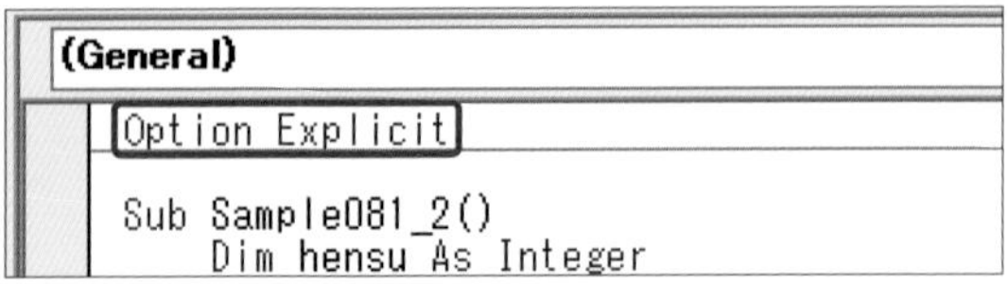

このコードウィンドウの Sub プロシージャに宣言していない変数が含まれていた場合、プログラムを実行しようとすると、「変数が定義されていません」というエラーメッセージが表示され、実行が止まります。

いちいちこのステートメントを入力するのが面倒な場合や、入力するのを忘れてしまいそうな場合は、次のようにあらかじめ設定しておくようにしましょう。

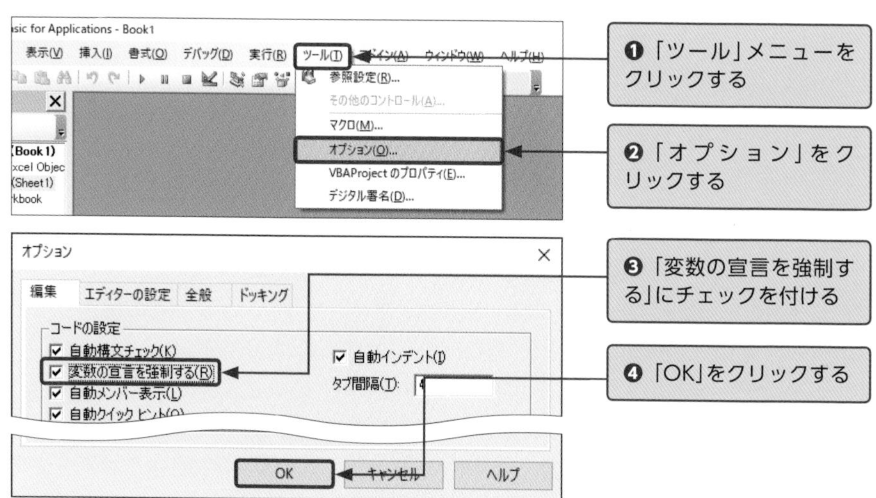

この設定を行うと、これ以降に作成するモジュールの宣言セクションに、自動的に「Option Explicit」の行が入力されるようになります。ただし、**この設定以前に作成したモジュールでは、このステートメントは自動的に入力されていない**ことに注意しましょう。

P.81 のマクロプログラム「Sample081_2」で、変数hensuに数値ではなく文字列のデータを収める場合、「Dim hensu As Integer」の行をどのように変更すればよいでしょうか。ヒントはP.73 です。

ここからは練習問題にもチャレンジしよう。回答は次のページの下部にあるから、後で答え合わせしてみよう！

STEP 08

オブジェクトを変数に入れて活用しよう

変数には、数値や文字列といったデータのほかに、オブジェクトを収めて利用することもできます。同じオブジェクトを何度も操作したい場合に便利です。

オブジェクト変数を利用する

オブジェクトを取得する式が複雑だったり、取得する負荷が大きかったりする場合、そのオブジェクトを利用するたびに取得し直していては非効率的です。このようなケースでは、P.70で紹介したWithステートメントを使ってオブジェクトを取得する式をまとめることもできますが、そのオブジェクトに対する処理が同じ箇所にまとまっていないと使いづらいものです。同じオブジェクトをコードの中で何度も利用する場合は、最初に取得したオブジェクトを変数に入れて保管しておくとよいでしょう。このような変数のことを、**オブジェクト変数**と呼びます。これは、数値や文字列のようなデータそのものを変数に入れるのではなく、その**オブジェクトへの参照を変数に収める**操作です。

オブジェクト変数の宣言

オブジェクト変数も、通常の変数と同様、最初に**Dimを使って宣言します**。「As」に続けるデータ型としては、**その変数に収めるオブジェクト名**を指定します。たとえば、Rangeオブジェクトを収めて使いたい変数「tCell」を宣言するには、次のようにします。

```
Dim tCell As Range
```

データ型として特定のオブジェクトを指定することで、コードを記述するうえでもメリットがあります。具体的には、この変数名に続けて「.」を入力すると、**自動的にそのオブジェクトで使用可能なプロパティやメソッドの一覧が表示され、その中から選択して入力できます**。

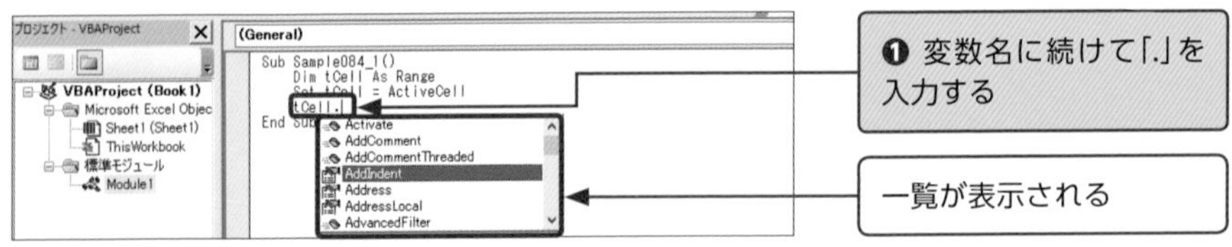

P.83 解答 「Dim hensu As String」に変更します。ただしこのプログラムでは、変数に収めたデータを数値として計算しているため、処理内容も文字列としての扱いに修正する必要があります。

ただし、処理によっては、収めるオブジェクトの種類を事前に特定できない場合もあります。たとえば、ブックに含まれるすべてのシートを対象とした処理では、ワークシート（Worksheetオブジェクト）だけでなく、グラフシート（Chartオブジェクト）が対象となる可能性もあります。

このようなときには、**汎用のオブジェクト型である「Object」を指定します**。次のコードは、シートを表すオブジェクトを収めるための変数「tSheet」をこの型で宣言した例です。

```
Dim tSheet As Object
```

この指定では、当然、先に述べた特定のオブジェクト型を指定した場合のような入力支援機能は働きません。

また、汎用のデータ型であるバリアント型（Variant）の変数にも、オブジェクトを収めることは可能です。ただし、後述するとおり、通常の変数とオブジェクト変数では取り扱いが異なるため、バリアント型の変数に、状況に応じてデータを入れたりオブジェクトを入れたりといった使い方をすることはまずありません。

■変数にオブジェクトをセットする

通常の変数と同じ代入の操作では、オブジェクト変数にオブジェクトの参照を収めることはできません。通常の変数の代入操作は、実は**Let**という命令が省略された形であり、**Letステートメント**と呼ばれます。それに対し、オブジェクト変数にオブジェクトを収める操作は、**Set**という命令を使用する**Setステートメント**です。

次の例は、ActiveCellプロパティで取得した、アクティブセルを表すRangeオブジェクトを、オブジェクト変数tCellに収める操作です。

```
Set tCell = ActiveCell
```

この時点でのアクティブセルを変数tCellにセットしておくことで、この後のコードでアクティブセルを変更したとしても、いつでも同じセルを操作対象にできるわけです。

なるほど……オブジェクト変数にオブジェクトを収める操作では、通常の変数の代入操作とは違って、Setという命令を使う必要があるのね。

STEP 09

VBAの「定数」を理解しよう

コードの中でデータに付ける名前として、変数のほかに「定数」も使われています。ここでは、定数と変数の違いと、その使い方のポイントを理解しておきましょう。

定数とは？

VBAでは、数値などのデータに対し、**定数**と呼ばれる名前を付けることができます。変数がデータを収める「入れ物」であるのに対し、定数とは、いわば**データに貼り付ける「ラベル」**です。変数に収められるデータは一定ではなく、プログラムの実行中でも状況に応じて変化します。それに対し、定数のデータは、**最初に決めた値が、プログラムの終了まで変化することはありません**。状況によって変わるので「変数」、変わらない値なので「定数」というわけです。

VBAで使われる定数には、**ユーザー定義定数**と**組み込み定数**の2種類があります。ユーザー定義定数は、変数と同様、ユーザーが自由に命名し、用途を決めて使用できる定数です。また、組み込み定数とは、VBAにあらかじめ登録され、プロパティの設定値やメソッドの引数など、特定の用途での利用を想定されている定数です。

なお、「定数」という言葉は、Excelでは別の意味でも使われます。セルに入力されたデータのうち、参照するセルの値に応じて異なる結果を返す「数式」に対し、変化することのない数値や文字列のデータのことを「定数」と呼ぶのです。**VBAでは、こうした定数セルを数式セルと区別して扱う処理もある**ので、注意が必要です。

ユーザー定義定数を利用する

VBAのプログラムでユーザー定義定数を使用する場合は、変数と同様、**最初にその定数を宣言します**。やはり変数と同様にデータ型も指定できますが、異なっているのは**宣言と同時にその値まで指定する**ことです。

定数の宣言に使用する命令は**Const**です。次の例は、「tax」という通貨型の定数に「0.1」という数値を設定するConstステートメントです。

```
Const tax As Currency = 0.1
```

最初にこう宣言することで、以降のコードでは、「0.1」のかわりに「tax」という定数を使用できるようになります。数字ではその処理の意味がよくわかりませんが、**このように定数で表すことで、税率を使って計算していることが理解しやすくなります**。

また、数値で指定していた場合、後で税率が変更されたら、その税率の部分をすべて修正する必要があります。一括置換も可能ですが、税率とは別の意味で使われている「0.1」まで置換されてしまう可能性があります。**定数で指定しておけば、仮に後で税率が変更されても、最初の Const ステートメントだけを修正すればよい**わけです。

組み込み定数を利用する

Excel VBA にはさまざまな組み込み定数が用意されており、目的に応じて利用できます。組み込み定数は大きく、「Visual Basic の定数」「Microsoft Office の定数」「Microsoft Excel の定数」の 3 種類に分類できますが、その目印となるのが、冒頭の文字列、**プレフィックス（接頭辞）**です。ここでは、色に関する設定で使用できるものを中心に、各定数の例を紹介していきましょう。

Visual Basicの定数

Visual Basic（VB）全体で共通して利用可能な定数の多くは、**vb** というプレフィックスで始まります。基本の色や特殊文字、VB の関数の引数や戻り値の指定などで利用できます。VBA で塗りつぶしなどの色を設定する方法はいくつかありますが、光の 3 原色である R（赤）・G（緑）・B（青）にそれぞれ 0 ～ 255 の値を設定することで、約 1,677 万色（フルカラー）を表現することが可能です。VBA の RGB 値の設定には、RGB それぞれの値を組み合わせて 1 つの数値にした値を使用します。次の VB の定数は、このような色の指定に利用できます。

定数	実際の値	色
vbBlack	0	黒
vbRed	255	赤
vbGreen	65280	緑
vbBlue	16711680	青
vbCyan	16776960	シアン
vbMagenta	16711935	マゼンタ
vbYellow	65535	黄
vbWhite	16777215	白

■ Microsoft Officeの定数

Office の共通機能に関連する定数の多くは、**mso** で始まります。図形操作や UI 関連の操作など、Office の各ソフトに共通する操作に関連したプロパティの設定値やメソッドの引数の指定などで利用できます。VB の定数の例では、RGB 値での色の設定に利用できる定数を紹介しましたが、Excel の通常の操作で、色の設定方法として主に使われるのが「テーマの色」です。テーマの色の設定に利用できる定数は、Office の定数と Excel の定数の両方に用意されています。図形の色を設定する操作をマクロの記録機能で記録すると、自動的に Office のテーマの色の定数を使用したコードが生成されます。次の表は、Office のテーマの色の設定に使用できる主な定数です。

定数	実際の値	テーマの色
msoNotThemeColor	0	テーマの色なし
msoThemeColorAccent1	5	アクセント 1
msoThemeColorAccent2	6	アクセント 2
msoThemeColorAccent3	7	アクセント 3
msoThemeColorAccent4	8	アクセント 4
msoThemeColorAccent5	9	アクセント 5
msoThemeColorAccent6	10	アクセント 6
msoThemeColorHyperlink	11	ハイパーリンク
msoThemeColorFollowHyperlink	12	表示済みのハイパーリンク
msoThemeColorText1	13	テキスト 1
msoThemeColorBackground1	14	背景 1
msoThemeColorText2	15	テキスト 2
msoThemeColorBackground2	16	背景 2

■ Microsoft Excelの定数

Excel 固有の機能に関連した定数の多くは、**xl** で始まります。やはりプロパティの設定値やメソッドの引数の指定などで利用できます。

セルの塗りつぶしや文字などの色を設定する操作をマクロの記録機能で記録すると、自動的に Excel のテーマの色の定数を使用したコードが生成されます。次の表は、Excel のテーマの色の設定に使用できる定数です。

定数	実際の値	テーマの色
xlThemeColorDark1	1	背景 1
xlThemeColorLight1	2	テキスト 1
xlThemeColorDark2	3	背景 2
xlThemeColorLight2	4	テキスト 2
xlThemeColorAccent1	5	アクセント 1
xlThemeColorAccent2	6	アクセント 2
xlThemeColorAccent3	7	アクセント 3
xlThemeColorAccent4	8	アクセント 4
xlThemeColorAccent5	9	アクセント 5
xlThemeColorAccent6	10	アクセント 6
xlThemeColorHyperlink	11	ハイパーリンク
xlThemeColorFollowHyperlink	12	表示済みのハイパーリンク

なお、Excel 固有の色に関する定数としては、**RGB 値の色を表すことができる定数**も数多く用意されています。この定数のグループは xl ではなく **rgb** で始まり、その後に「Black」や「Red」といった色の英語名が続きます。この定数は全部で 144 種類ありますが、以下にその一部を示します。

- rgbAqua
- rgbAquamarine
- rgbBeige
- rgbBlack
- rgbBlue
- rgbBrown
- rgbGold
- rgbGray
- rgbGreen
- rgbGrey
- rgbIndigo
- rgbIvory
- rgbLavender
- rgbLime
- rgbLinen
- rgbMaroon
- rgbNavy
- rgbNavyBlue
- rgbOlive
- rgbOrange
- rgbOrchid
- rgbPink
- rgbPlum
- rgbPurple
- rgbRed
- rgbSalmon
- rgbSilver
- rgbSkyBlue
- rgbSnow
- rgbViolet
- rgbWhite
- rgbYellow

こうした色の定数を覚えておけば、すばやく色を指定できるうえ、変更もかんたんにできるよ。実際の値を扱うよりわかりやすいのもメリットだね。

STEP 10

データ処理に「配列」を活用しよう

複数のデータをまとめて処理したい場合、「配列」を利用することでコードを効率化できます。ここでは、配列のデータ構造の基本と、VBA での利用方法を解説します。

基本的な配列を利用する

配列とは、**複数のデータをまとめて取り扱えるデータ構造**のことです。また、配列の構造になっている変数（配列変数）を、単に「配列」と呼ぶ場合もあります。配列は、VBA だけでなく、さまざまなプログラミング言語で広く採用されています。

もっともシンプルな **1 次元配列**は、複数のデータが横一列に並んでいるような構造をイメージしてください。その各要素には左端から番号が付けられており、この番号を使って各要素にデータを収めたり取り出したりできます。この番号は**インデックス**と呼ばれ、VBA では通常、「0」から始まります。

<hairetsu1>

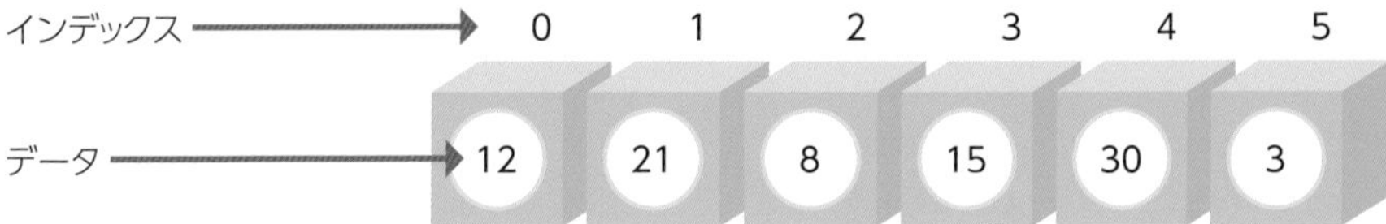

ユーザーが任意に指定した変数名の後に「()」を付けることで、それが配列変数であることを示します。**インデックスは、この「()」の中に指定します**。

コードの中で配列を使用するには、まず Dim ステートメントで配列変数を宣言します。次の例は、上図のような構造の配列変数「hairetsu1」を宣言するコードです。

```
Dim hairetsu1(5) As Integer
```

ここで「()」の中に指定しているのは、その配列のインデックスの最大値です。インデックスの最小値は、通常は 0 になるので、この配列の要素数は 6 個になります。また、データ型として整数型（Integer）を指定していますが、これでそのすべての要素が整数型として指定されたことになります。

なお、この例のように、最初に要素数を指定して使用を開始する配列のことを、**固定長配列**または**静的配列**といいます。

■配列の各要素のデータを操作する

宣言した配列の特定の要素にデータを代入したり、代入済みのデータを取り出したりするには、**その要素をインデックスで指定します**。

たとえば、配列「hairetsu1」の 3 番目の要素に「8」という数値を代入するには、次のように記述します。

```
hairetsu1(2) = 8
```

この配列のインデックスは「0」から始まるため、3 番目の要素を指定するには、インデックスとして「2」を指定する必要があるわけです。

同様に、すでに配列 hairetsu1 の 5 番目の要素に代入されているデータをメッセージボックス（P.112 参照）に表示するには、次のようにします。

```
MsgBox hairetsu1(4)
```

やはりインデックスに「4」を指定することで 5 番目の要素を指定し、そのデータを取り出しているわけです。ここでは 30 が表示されます。

MEMO インデックスの最小値を「1」にする

配列のインデックスの最小値は、通常は「0」ですが、状況によっては「1」になってしまう場合もあります。また、インデックスの最小値が「0」だと紛らわしい、わかりづらい、という場合には、あらかじめ最小値が「1」になるように設定しておくことも可能です。

具体的には、モジュールの宣言セクション（すべてのSubプロシージャより前の、コードウィンドウの先頭部分）に、次のコードを入力しておきます。

```
Option Base 1
```

これで、そのモジュールのプログラムでは、すべての配列のインデックスの最小値が「1」になります。なお、「Option Base」の後に指定できる数字は「0」または「1」だけです。

なお、コード中で使用している配列のインデックスの最小値を調べたい場合は、LBound関数を利用します。たとえば次のような式で、配列「hairetsu1」のインデックスの最小値を求めることが可能です。

```
LBound(hairetsu1)
```

動的配列を利用する

固定長配列として宣言した場合、コードの中でその要素数を変更することはできません。プログラム実行中に、状況に応じて配列の要素数を変更したい場合は、**動的配列**として宣言します。

具体的には、次の例のように、**インデックスを指定せず、単に「()」だけを付けて、配列変数を宣言します**。

```
Dim hairetsu2() As Integer
```

この時点ではまだ要素数が決まっていないため、改めてコード中で要素数を決める操作を実行する必要があります。これには **ReDim** という命令を使用します。次の例は、宣言済みの動的配列「hairetsu2」を、3 要素の配列として設定するコードです。

```
ReDim hairetsu2(2)
```

このコードの後でも、必要に応じて ReDim ステートメントを何度でも再実行し、配列の要素数を変更していくことが可能です。

ただし、すでに配列にデータが代入されている場合、ReDim ステートメントで**要素数を変更すると、そのデータがすべて失われてしまいます**。代入済みのデータを残して配列の要素数を変更したい場合は、次の例のように、**「Preserve」というキーワードを付けてこの命令を実行します**。

```
ReDim Preserve hairetsu2(2)
```

さらに、ReDim ステートメントでは、現在の要素数に基づいて新しい要素数を決めることも可能です。たとえば、要素数を現在よりも 1 個増やしたい場合は、**配列のインデックスの最大値を求める UBound 関数**を利用して、次のように指定します。

```
ReDim Preserve hairetsu2(UBound(hairetsu2) + 1)
```

配列 hairetsu2 のもとのインデックスの最大値が「2」だった場合、この操作によって「3」に変更され、その要素数は 4 個になります（0 から始まる場合）。

そして、配列に新たに追加した要素に値を代入したい場合は、やはり **UBound 関数を利用して、その配列の最後の要素を表すインデックスを調べます**。次の例は、配列 hairetsu2 の最後の要素に変数「newData」の値を代入するコードです。

```
hairetsu2(UBound(hairetsu2)) = newData
```

■配列データを作成して配列変数に代入する

配列変数を用意してその要素数を決め、その各要素に１つ１つデータを代入していくのは面倒です。しかし、**Array 関数**を利用すれば、引数に指定した複数のデータを各要素とする配列データを作成できます。この配列データをそのまま配列変数に代入すれば、要素に１つ１つ代入していく手間をかけることなく、すべての要素にデータを収めた状態の配列変数を作成できるわけです。ちなみに「Array」には「配列」という意味があります。

ただし、**Array 関数の戻り値を受け取ることができるのは、バリアント型の動的配列、またはバリアント型の変数だけ**であることに注意してください。なお、事前に ReDim ステートメントで要素数を設定しておく必要はなく、設定してある場合でも、その要素数と異なる配列データを代入することが可能です。

次のマクロプログラム「Sample093_1」は、Array 関数を使って４要素の配列データを作成し、動的配列「hairetsu3」に代入して、その３番目の要素をメッセージボックスに表示する例です。このように、Array 関数の「()」内の配列データは、「, 」（半角カンマと半角スペース）で区切って作成します。

ファイル「093_1.xlsm」

```
Sub Sample093_1()
    Dim hairetsu3() As Variant
    hairetsu3 = Array(20, 19, "Excel", "Word")
    MsgBox hairetsu3(2)
End Sub
```

バリアント型の動的配列として宣言

配列データを作成して代入（要素）

Array関数で配列データを作ってから配列変数に代入するほうが、配列データの中身もわかりやすいし、よさそう！

2次元配列を利用する

これまで紹介してきた配列は、固定長配列、動的配列ともに**1次元配列**でした。1次元配列とは要するに、**指定するインデックスが1つである配列のこと**です。VBAでは、プログラムの中で2次元以上の多次元配列を取り扱うことも可能です。

Excelのワークシートと同様に、複数のデータが縦・横に格子状に並んだデータ構造をイメージしてみてください。その中の要素を特定するためには、**縦・横のそれぞれにインデックスを付ける**必要があります。このような構造の配列データを**2次元配列**といいます。

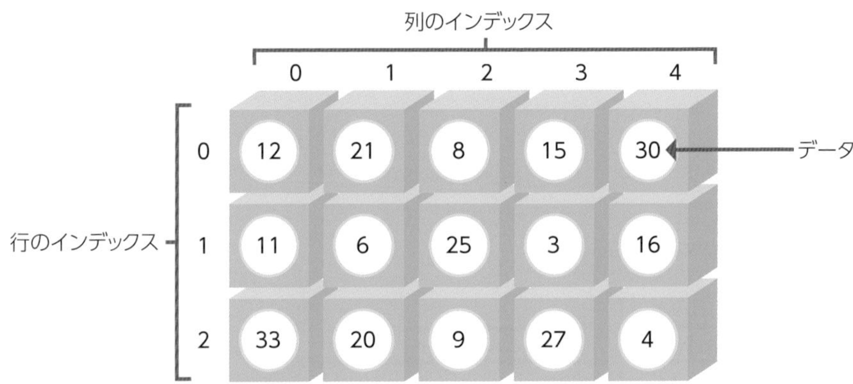

この行のインデックス（縦方向）と列のインデックス（横方向）を、「, 」（半角カンマと半角スペース）で区切って指定することで、2次元配列の中の1つの要素が特定できます。**固定長配列**として使用する場合は、やはり**Dimステートメントで、2つのインデックスの最大値を「, 」で区切って指定します**。

次の例は、整数型の2次元配列「hairetsu4」を、固定長配列として宣言するDimステートメントです。

```
Dim hairetsu4(2, 4) As Integer
```

2次元配列でも各インデックスの最小値はやはり「0」なので、この配列には、3行×5列で計15個の要素が含まれています。

この配列の2行目の3列目にある要素に「25」という数値を代入するには、次のように記述します。

```
hairetsu4(1, 2) = 25
```

なお、「Option Base 1」（P.91 の MEMO 参照）を指定した場合、2 つのインデックスの最小値はどちらも「1」になります。

■動的配列で2次元配列を使用する

動的配列の場合は、やはり**ReDim ステートメントで、2 次元配列として指定し直すことが可能です**。ただし、一度要素数を設定してデータを代入し、Preserve キーワードを付けて ReDim ステートメントを実行する場合、変更できるのは**最後の次元の要素数だけ**になります。VBA では、同様にインデックスの個数を増やしていくことで、3 次元以上の配列も利用できます。仕様的には、60 次元までの配列を扱うことが可能です。

■セル範囲のデータとの互換性

Excel のワークシートの長方形のセル範囲のデータは、バリアント型の 2 次元までの配列との間で、相互にかんたんにデータをやり取りすることができます。すなわち、1 次元または 2 次元の配列に代入されている複数のデータは、**固定長配列、動的配列を問わず、同じ位置関係の各セルに、まとめて入力することが可能**です。この具体的な方法については、P.132 を参照してください。

反対に、セル範囲に入力されている複数のデータは、**そのまま動的配列に、同じサイズ（行数×列数）の 2 次元配列として取り出すことができます**。この具体的な方法については、P.135 を参照してください。なお、**このように取得した配列のインデックスの最小値は、行・列ともに「1」になる**ので注意が必要です。

次のマクロプログラム「Sample095_1」を実行した場合、メッセージボックスにはどのようなデータが表示されるでしょうか。

ファイル「095_1.xlsm」

```
Option Base 1

Sub Sample095_1()
    Dim hairetsu5() As Variant
    hairetsu5 = Array(1, 2, 3, 4, "five", "six", _
        "seven")
    MsgBox hairetsu5(5)
End Sub
```

行継続文字（P.43 参照）

STEP 11

条件によって処理内容を変えよう

条件の真偽に応じて処理を分ける「条件分岐」は、プログラミングの基本要素の1つです。ここでは、VBAで使用できる条件分岐の手法について説明しましょう。

If ～ Thenステートメントで条件を判定する

プログラムでは、論理的に判定が可能な条件を設定し、その真偽に応じて処理を実行するかどうかを決めるといった手法がよく用いられます。このような処理を、プログラミング用語では**条件分岐**と呼びます。

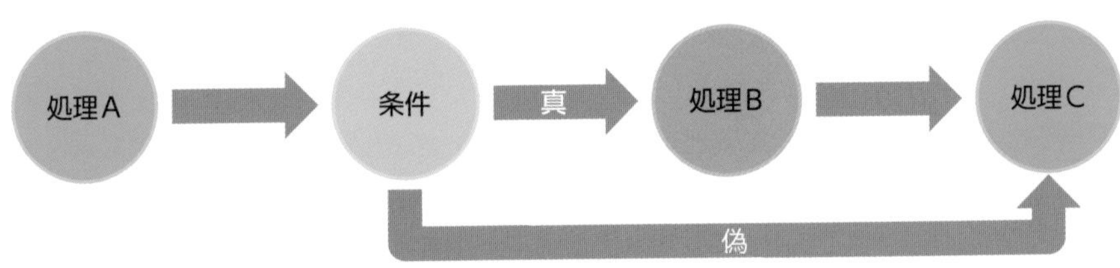

VBAで条件分岐を実現するためのもっとも基本的な手法は、**If ～ Then ステートメント**です。「If」の後に条件を指定し、その判定結果が真だった場合に実行したい処理を「Then」の後に記述します。条件には通常、比較演算子（P.76参照）を使用した数値の比較などで、**True/False（論理値）を返す式**を指定します。

次のマクロプログラム「Sample096_1」では、B3セルの値が50以上であれば、「ノルマ達成」という文字列をメッセージボックスに表示します。そうでない場合、つまりB3セルの値が50未満だった場合は、何も起こりません。

ファイル「096_1.xlsm」

```
Sub Sample096_1()
    If Range("B3").Value >= 50 Then MsgBox "ノルマ達成"
End Sub
```

実行の条件 ／ 条件がTrueの場合の処理

P.95 解答 「five」と表示されます。最初に「Option Base 1」を指定しているため、配列のインデックスの最小値は1になっています。

■真の場合に複数行の処理を行う

前の例では、条件の判定結果が True だった場合に実行できる処理は 1 つだけです。True の場合に複数行の処理を実行したい場合は、**「Then」の後で改行し、「End If」の行を追加して、この 2 行の間に処理を記述します**。これで、条件が True の場合には、この 2 行の間の処理がすべて実行されます。

次のマクロプログラム「Sample097_1」では、B3 セルの値が 50 以上だった場合、「ノルマ達成」というメッセージを表示してから、B2 セルの塗りつぶしの色を黄色に変更します。

ファイル「097_1.xlsm」

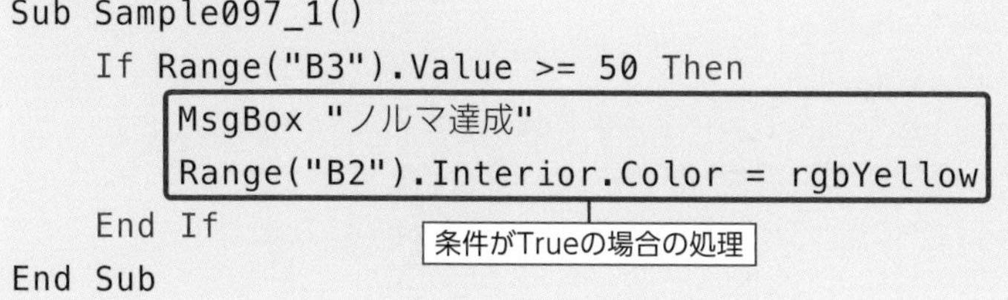

```
Sub Sample097_1()
    If Range("B3").Value >= 50 Then
        MsgBox "ノルマ達成"
        Range("B2").Interior.Color = rgbYellow
    End If
End Sub
```

■偽の場合の処理を指定する

指定した条件の判定結果がFalseだった場合、これまでは何もしませんでした。If ～ Thenステートメントでは、Trueの場合の処理とは別に、Falseの場合の処理を指定することも可能です。

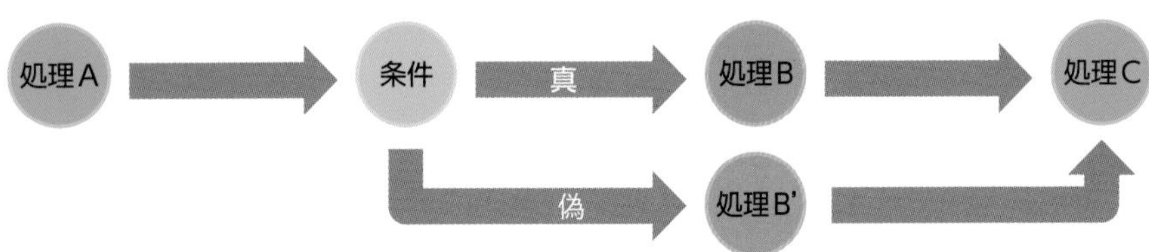

具体的には、「If ～ Then」の次の行以降、**「End If」の行よりも前に「Else」という行を追加します**。この「Else」から「End If」の行までの間に、条件がFalseの場合の処理を指定します。この部分にも、複数行の処理を指定することが可能です。

次のマクロプログラム「Sample098_1」は、条件とその結果がTrueだった場合の処理は「Sample097_1」と同じですが、Falseだった場合は、B2セルの塗りつぶしの色をピンクにしてから、「ノルマ未達成」というメッセージを表示します。

ファイル「098_1.xlsm」

```
Sub Sample098_1()
    If Range("B3").Value >= 50 Then
        MsgBox "ノルマ達成"
        Range("B2").Interior.Color = rgbYellow
    Else
        Range("B2").Interior.Color = rgbPink
        MsgBox "ノルマ未達成"
    End If
End Sub
```

条件がFalseの場合の処理

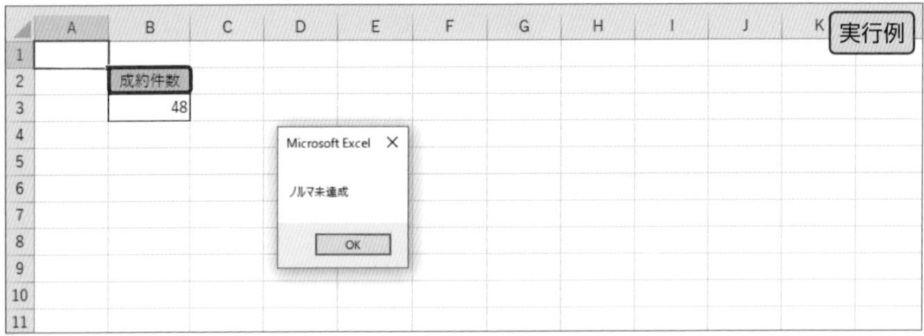

■偽の場合にさらに別の条件を設定する

最初に設定した条件の判定結果がFalseだった場合に、さらに別の条件を設定し、その真偽に応じて異なる処理を実行することも可能です。

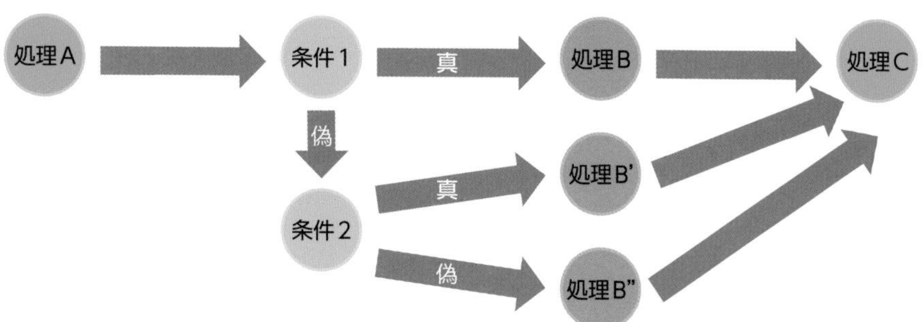

具体的には、「If ～ Then」の次の行以降、**「End If」の行よりも前に「ElseIf」で始まる行を追加します**。**その後に別の条件を指定し、さらに「Then」と入力して改行します**。この「ElseIf ～ Then」の行から「End If」の行までの間に、2番目の条件がTrueの場合の処理を指定します。この部分にも、複数行の処理を指定することが可能です。

次のマクロプログラム「Sample099_1」では、これまでと同じ最初の条件がFalseだった場合、B3セルの値が40未満かどうかを判定します。その結果がTrueだった場合は、B2セルの塗りつぶしの色をスカイブルーにしてから、「要奮起」というメッセージを表示します。この条件の判定結果もFalseだった場合、つまりB3セルの値が40～49の間だった場合は、何も起こりません。

ファイル「099_1.xlsm」

```
Sub Sample099_1()
    If Range("B3").Value >= 50 Then
        MsgBox "ノルマ達成"
        Range("B2").Interior.Color = rgbYellow
    ElseIf Range("B3").Value < 40 Then
        Range("B2").Interior.Color = rgbSkyBlue
        MsgBox "要奮起"
    End If
End Sub
```

2番目の条件がTrueの場合の処理

第2章 VBAプログラミングの基礎知識

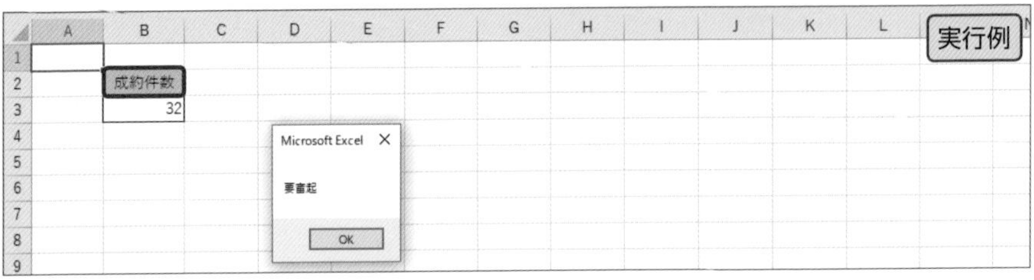

	A	B	C	D	E	F	G	H	I	J	K	L
1												
2		成約件数										
3		32										

実行例

Microsoft Excel

要審起

OK

「ElseIf」による条件判定は、さらにいくつも重ねて指定することができます。また、**すべてのElseIfの後に「Else」を指定して、そのすべての条件がFalseだった場合の処理を設定することも可能**です。

次のマクロプログラム「Sample100_1」では、B3セルに入力された試験の得点に応じて、下記のようにそれぞれメッセージを表示してから、B3セルの文字色を変更します。

- 80以上：「Aランクです」と表示し、文字色を緑にします。
- 60以上：「Bランクです」と表示し、文字色を青にします。
- 40以上：「Cランクです」と表示し、文字色を紫にします。
- その他（40未満）：「不合格です」と表示し、文字色を赤にします。

ファイル「100_1.xlsm」

```
Sub Sample100_1()
    If Range("B3").Value >= 80 Then
        MsgBox "Aランクです"
        Range("B3").Font.Color = rgbGreen
    ElseIf Range("B3").Value >= 60 Then
        MsgBox "Bランクです"
        Range("B3").Font.Color = rgbBlue
    ElseIf Range("B3").Value >= 40 Then
        MsgBox "Cランクです"
        Range("B3").Font.Color = rgbPurple
    Else
        MsgBox "不合格です"
        Range("B3").Font.Color = rgbRed
    End If
End Sub
```

上のすべての条件に該当しない場合

Select Caseステートメントで該当するケースを選ぶ

同じような条件で、当てはまるかを判定したいケースの数が多い場合は、**Select Caseステートメント**を利用する方法もあります。まず**「Select Case」に続けて、判定対象の値を求める式を記述します**。そして、**その結果の値が当てはまるかを判定したいケースを、それぞれ「Case」の後に指定します**。各ケースに当てはまるかを上から順に判定していき、最初に当てはまったケースについて、その次の行から次の「Case」の行の前、または「End Select」の行の前までの処理が実行されます。

次のマクロプログラム「Sample101_1」は、B3セルに入力された4桁の抽選番号が、それぞれ次の条件に当てはまる場合に、該当する「賞」をメッセージで表示し、C3セルにそれぞれの賞金を入力します。

- 1等：2156番　賞金：100万円
- 2等：1283番、1794番、4662番　賞金：10万円
- 3等：1950～1960番　賞金：1万円
- ラッキー賞：4500番以上　賞金：1000円
- 参加賞：上記以外　賞金：100円

ファイル「101_1.xlsm」

```
Sub Sample101_1()
    Select Case Range("B3").Value        判定対象の値を指定
    Case 2156
        Range("C3").Value = 1000000      P.102❶参照
        MsgBox "1等に当せんしました"
    Case 1283, 1794, 4662
        Range("C3").Value = 100000       P.102❷参照
        MsgBox "2等に当せんしました"
    Case 1950 To 1960
        Range("C3").Value = 10000        P.102❸参照
        MsgBox "3等に当せんしました"
    Case Is >= 4500
        Range("C3").Value = 1000         P.102❹参照
        MsgBox "ラッキー賞に当せんしました"
    Case Else
        Range("C3").Value = 100          P.102❺参照
        MsgBox "参加賞です"
    End Select
End Sub
```

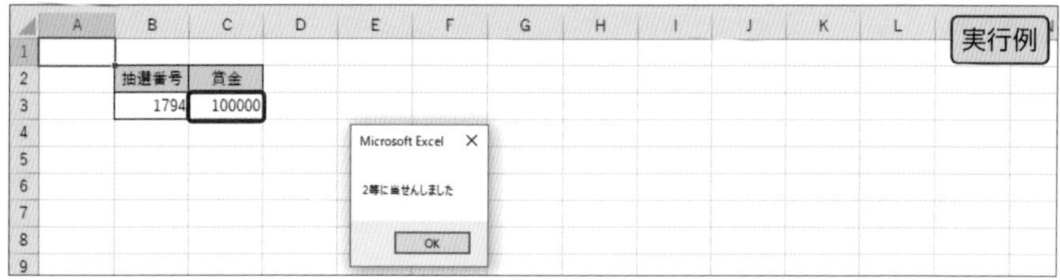

Select Case ステートメントで、「Case」の後にケースを指定する方法には、次のようなものがあります。

❶値そのもの

「Select Case」の後に指定した式の値と、「Case」の後に指定した値が等しい場合に、そのブロックの処理を実行します。

❷複数の値

「Case」の後に複数の値を「, 」で区切って指定すると、そのいずれかと「Select Case」の後の式の値が等しい場合に、そのブロックの処理を実行します。なお、ここでは値だけを並べていますが、後述する「To」を使った指定方法や、「Is」を使った指定方法を「, 」で区切って並べることも可能です。

❸値の範囲

To というキーワードを使用して、2 つの値の範囲を指定できます。「Select Case」の後の式の値が、この範囲の中に含まれている場合に、そのブロックの処理を実行します。なお、ここでは数値の範囲を指定していますが、文字の範囲を指定することも可能です。

❹比較

Is というキーワードと**比較演算子**を使用することで、「Select Case」の後の式の値などを比較することが可能です。ここで使用する「Is」は、「Select Case」の後の式の値そのものを表しており、Is 演算子とは異なります。なお、比較演算子でも、Is 演算子と Like 演算子は、ここでの比較に使用することはできません。比較の結果が真であれば、そのブロックの処理を実行します。

❺その他

ここまで紹介したすべての判定方法で、**どの「Case」にも該当しなかった場合、「Case Else」のブロックの処理を実行します**。

なお、対象の値が複数の「Case」に該当する場合、**先に指定された「Case」のブロックだけが実行されて Select Case ステートメントが終了するため、後の「Case」は実行されません**。この例でも、B3 セルの値が「4662」だった場合、2 等にもラッキー賞にも該当しますが、2 等の処理だけが実行され、ラッキー賞の処理は実行されません。

■複数の条件を指定する

ここまで解説してきたSelect Caseステートメントの使い方では、True/Falseを返す関数やメソッドを利用した判定、Is演算子やLike演算子を使った比較は行えません。しかし、**「Select Case」の後に「True」を指定し、各「Case」の後に条件を判定する式を指定していけば、最初にTrueになった「Case」のブロックが実行されます**。ただ、複数の値や数値の範囲などの指定が、やや複雑になるデメリットもあります。

マクロプログラム「Sample103_1」は、P.101の「Sample101_1」をこの方法を使って書き直し、さらに4等として「番号の末尾2桁が30番」という条件を設定した例です。既存の判定式の中でも、とくに3つの番号のいずれかにマッチさせる2等の判定式は、論理演算子「Or」を使用した、やや長いものになってしまいました。

ファイル「103_1.xlsm」

```
Sub Sample103_1()
    Select Case True
    Case Range("B3").Value = 2156
        Range("C3").Value = 1000000
        MsgBox "1等に当せんしました"
    Case Range("B3").Value = 1283 Or Range("B3") _
        .Value = 1794 Or Range("B3").Value = 4662
        Range("C3").Value = 100000
        MsgBox "2等に当せんしました"
    Case Range("B3").Value >= 1950 And Range("B3") _
        .Value <= 1960
        Range("C3").Value = 10000
        MsgBox "3等に当せんしました"
    Case Range("B3").Value  Like "*30"
        Range("C3").Value = 5000
        MsgBox "4等に当せんしました"
    Case Range("B3").Value  >= 4500
        Range("C3").Value = 1000
        MsgBox "ラッキー賞に当せんしました"
    Case Else
        Range("C3").Value = 100
        MsgBox "参加賞です"
    End Select
End Sub
```

「True」を指定する

条件が複雑になったため長い

Like演算子を使った条件判定

STEP 12

同じ処理を何度も くり返してみよう

同じ処理を、対象を変えて何度もくり返す「くり返し」も、プログラミングの重要な要素の 1 つです。ここでは、VBA でくり返し処理を実現する方法を解説しましょう。

Do ～ Loopステートメントで処理をくり返す

同じ処理を何度もくり返す**くり返し処理**は、条件分岐と並ぶプログラミングの重要な要素です。VBA でくり返し処理を実現する方法はいくつかありますが、ここではまず**Do ～ Loop ステートメント**を使う方法を紹介します。

この方法では、最初にくり返す回数を決めず、**設定した条件になるまで、何度でも処理をくり返します**。あらかじめくり返す回数を決める使い方もできますが、そうした用途には、後述する For ～ Next ステートメントのほうが向いています。

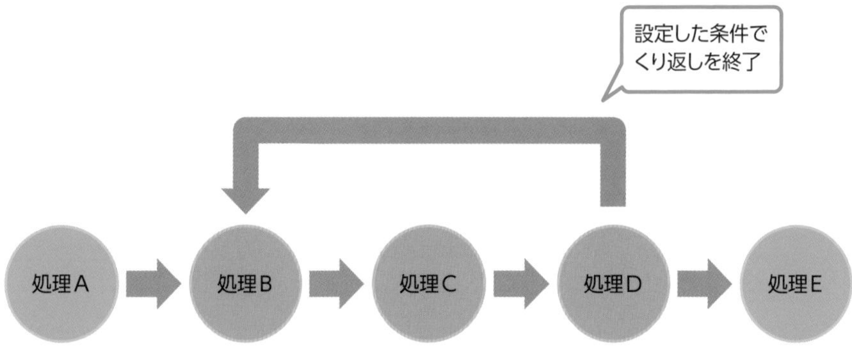

Do ～ Loop ステートメントは、開始行を「Do」、終了行を「Loop」とするブロック単位の処理で、設定した条件に応じて、この間の処理をくり返します。**「Do」と「Loop」の行のいずれかに、くり返しを終了するための条件を指定できます**。

条件の指定に使用するキーワードは、「Until」または「While」です。「Until」を指定した場合は、その後に付けた条件が True になったら、くり返しを終了して次の処理へ移ります。また、「While」を指定した場合、その後に付けた条件が True である間は処理をくり返し、False になったらくり返しを終了します。

次のマクロプログラム「Sample105_1」では、アクティブセルから下方向へ 1 つずつアクティブセルを移動させながら、各セルに 3 から始まって 4 ずつ増えていく数値を入力していきます。この数値が 31 を超えたところで、くり返し処理を終了します。

ファイル「105_1.xlsm」

```
Sub Sample105_1()
    Dim num As Integer
    num = 3
    Do Until num > 31
        ActiveCell.Value = num
        ActiveCell.Offset(1).Select
        num = num + 4
    Loop
End Sub
```

numの値が 31 を超えるまで、この間の処理をくり返す

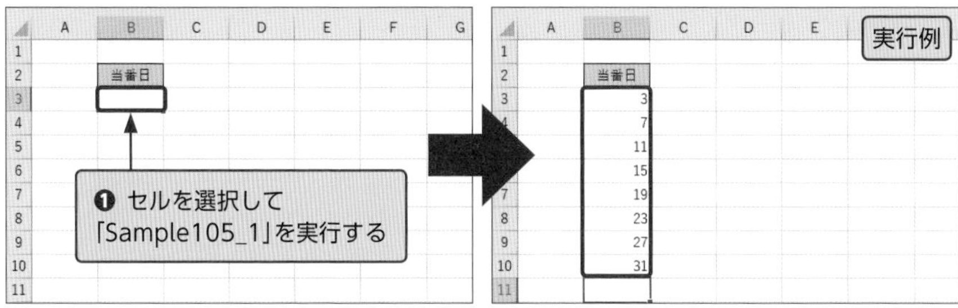

まず変数 num に「3」を代入し、Do ～ Loop ステートメントによるくり返し処理に入ります。「Until num > 31」は、変数 num の値が 31 より大きくなるまで処理をくり返すという意味です。

くり返しの中の処理では、まず **ActiveCell プロパティ**でアクティブセルを表す Range オブジェクトを取得し、その **Value プロパティ**に変数 num の値を代入することで、アクティブセルにその値を入力します。

次に、Range オブジェクトの **Offset プロパティ**（P.126 参照）で、対象のアクティブセルを 1 行下にずらした位置のセルを表す Range オブジェクトを取得し、**Select メソッド**で選択します（P.122 参照）。

そして、変数 num の値に 4 を加え、あらためて num に代入して、次のくり返しに入ります。

なお、「Until num > 31」の条件は、「Loop」の後に付けることも可能です。どちらも処理結果はほぼ同じですが、最初から条件を満たしていた場合、「Do」側ではくり返しが 1 回も実行されませんが、「Loop」側では少なくとも 1 回は実行されるという違いがあります。

■処理の中で条件を指定する

「Do」または「Loop」の後に、「Until」または「While」を使ってくり返しを終了する条件を指定するのではなく、処理の中で終了条件を指定する方法もあります。これには **If ～ Then ステートメントを使用し、「Exit Do」という命令でこのくり返しから抜け出します**。

次のマクロプログラム「Sample106_1」は、P.105 の「Sample105_1」と同じ処理を、この方法を使って書き直したものです。くり返しを終了する条件が複雑な場合などに効果的です。

ファイル「106_1.xlsm」

```
Sub Sample106_1()
    Dim num As Integer
    num = 3
    Do
        ActiveCell.Value = num
        ActiveCell.Offset(1).Select
        num = num + 4
        if num > 31 Then Exit Do
    Loop
End Sub
```

numの値が 31 を超えたらくり返しを終了

くり返し処理をマスターすればできることがぐんと増えるんだ。いろいろ方法があるから、続けてチェックしていこう！

MEMO While ～ Wendステートメントによるくり返し

While ～ Wendステートメントを使うくり返し処理もあります。この場合、「While」の後に条件を指定すると、その条件がTrueの間だけ、「Wend」の行との間の処理をくり返します。つまり、Do ～ Loopステートメントで、「While」を使って条件を指定した場合と同様の処理になります。たとえば次の例では、変数numの値が 30 以下の間だけ、「Wend」との間の処理をくり返します。

```
While num <= 30
    (くり返す処理)
Wend
```

For ～ Nextステートメントによるくり返し

くり返す回数が最初から決まっている処理では、Do ～ Loop ステートメントより**For ～ Next ステートメント**を利用したほうが便利です。この方法では**必ず変数を使用**し、指定した開始値から自動的に変化させて、終了値になるまで処理をくり返します。

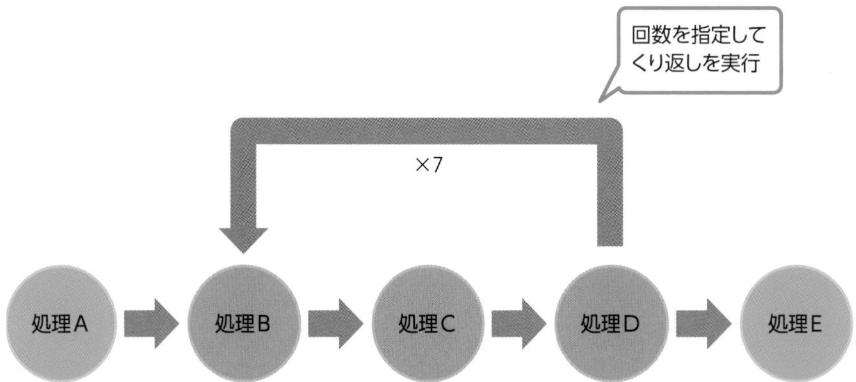

このステートメントは、「For 変数 = 開始値 To 終了値」のように指定した開始行と、「Next 変数」という終了行の間の処理をくり返す、ブロック単位の処理です。変数にはまず開始値が代入され、以下、1 回のくり返しごとに自動的に 1 ずつ増加していきます。そして、変数の値が増えて終了値以上になったら、くり返し処理が終了します。

なお、「Next」の側の変数名の指定は省略も可能ですが、くり返しを重ねて使用した場合（ネスト）などに、開始行と終了行の対応がわかりやすくなるため、変数名を付けておくことをおすすめします。

次のマクロプログラム「Sample107_1」では、アクティブセルの 1 つ下のセルから下方向へ、1 から 7 まで順番に増えていく数値を、アクティブセルを移動することなく入力していきます。

ファイル「107_1.xlsm」

```
Sub Sample107_1()
    Dim num As Integer
    For num = 1 to 7
        ActiveCell.Offset(num).Value = num
    Next num
End Sub
```

numの値が 1 から 7 になるまで、この間の処理をくり返す

第2章 VBA プログラミングの基礎知識

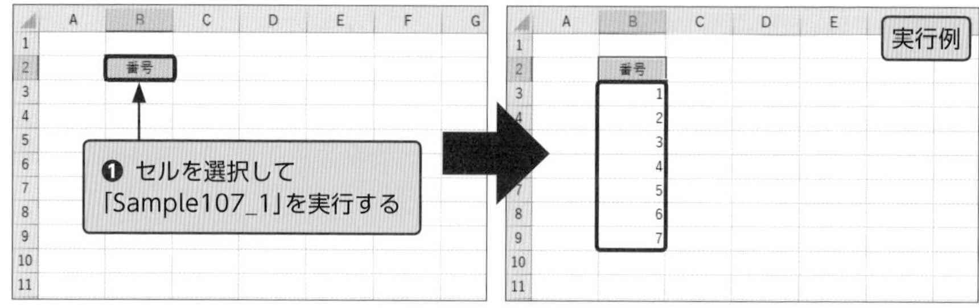

変数 num の値は、くり返しのたびに 1 から 7 まで変化します。Offset プロパティの第 1 引数にこの変数を指定することで、アクティブセルから下方向へ、1 つずつ下がっていくセルの Range オブジェクトが取得できます。その Value プロパティに変数 num を代入することで、対象のセルに num に代入された数値が入力されます。

■終了値をコード内で取得する

P.107 の「Sample107_1」では、終了値として直接「7」と指定しています。しかし、処理対象のデータの内容によってくり返す回数を決めたほうが、汎用性のあるプログラムになります。

そこで、選択範囲内の各セルに、1 からそのセルの個数までの数値を自動的に入力するようにしたのが、次のマクロプログラム「Sample108_1」です。

ファイル「108_1.xlsm」

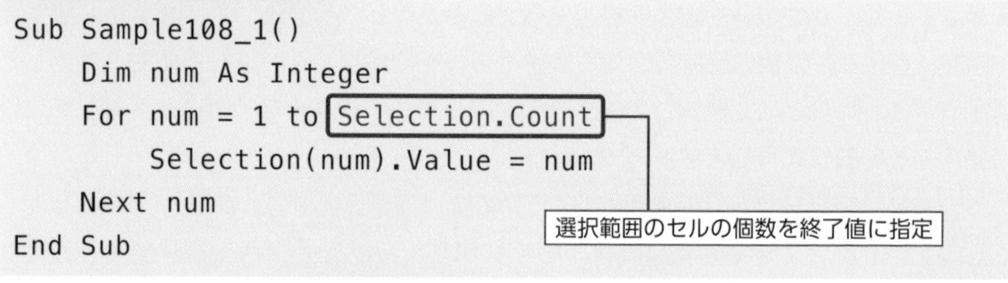

```
Sub Sample108_1()
    Dim num As Integer
    For num = 1 to Selection.Count
        Selection(num).Value = num
    Next num
End Sub
```


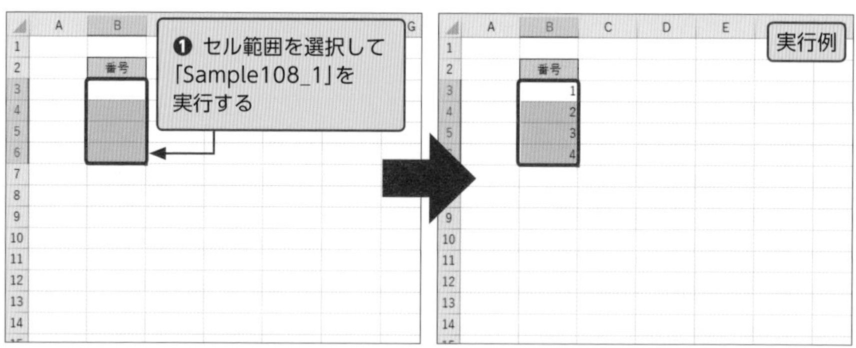

Selection プロパティでは、選択範囲を表す Range オブジェクト（コレクション）を取得することができます。**Count プロパティ**は対象のコレクションに含まれるオブジェクトの数を求めるプロパティで、ここでは選択範囲のセルの数を求めています。

各くり返しの中では、やはり Selection プロパティで求めた Range コレクションに、インデックスとして変数 num を指定することで、選択範囲の中でその順番にあたるセルを表す Range オブジェクトを取得できます。その Value プロパティに、変数 num の値を代入しています。

■変数の増減量を指定する

For ～ Next ステートメントでは、通常、くり返しのたびに、変数の値が 1 ずつ増えていきます。**Step** というキーワードを使用することで、この変化の量を指定することも可能です。

マクロプログラム「Sample109_1」では、変数 num の値を、1 から 2 ずつ増やして、7 になるまで変化させます。この数値を、アクティブセルから変数 num の値だけ下方向のセルに、順次入力していきます。

ファイル「109_1.xlsm」

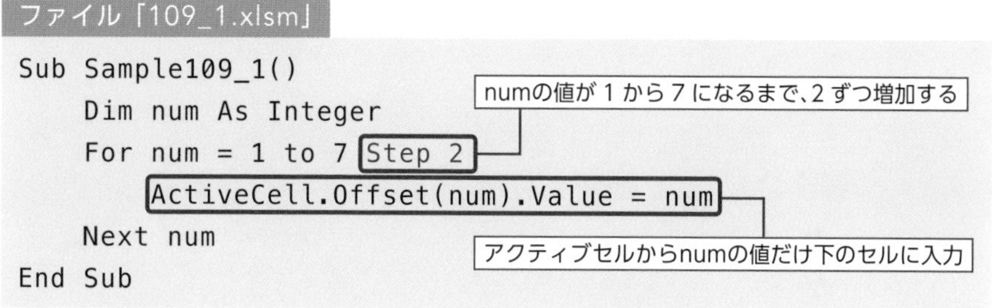

```
Sub Sample109_1()
    Dim num As Integer
    For num = 1 to 7 Step 2
        ActiveCell.Offset(num).Value = num
    Next num
End Sub
```

numの値が 1 から 7 になるまで、2 ずつ増加する
アクティブセルからnumの値だけ下のセルに入力

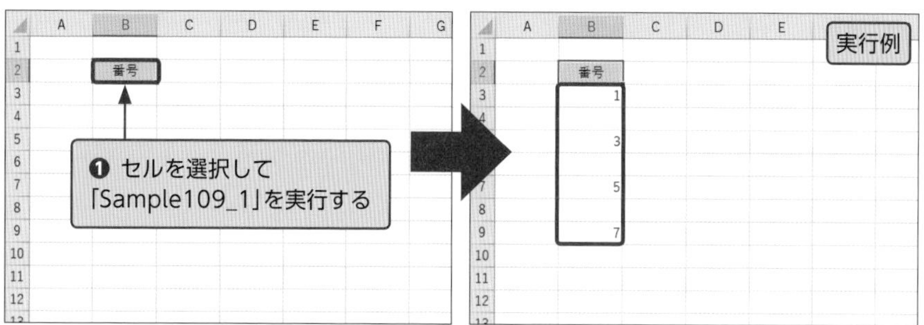

番号
❶ セルを選択して
「Sample109_1」を実行する
実行例
番号
1
3
5
7

「For」の行の終了値の後に「Step」に続けて数値を指定することで、1 回のくり返しごとに変数の値が増減する量を設定できます。開始値より終了値を小さくし、「Step」に負の数を指定すれば、くり返しごとに変数の値を減らしていくことも可能です。

For Each ～ Nextステートメントによるくり返し

コレクション（P.60参照）のすべてのオブジェクトを対象に処理を実行したい場合、**For Each ～ Nextステートメント**を利用することで、そのオブジェクトの数だけ処理をくり返すことが可能です。For ～ Nextステートメントと同様に変数を使用しますが、For Each ～ Nextステートメントの変数は**オブジェクト変数**であり、コレクションの要素である各オブジェクトへの参照がセットされます。

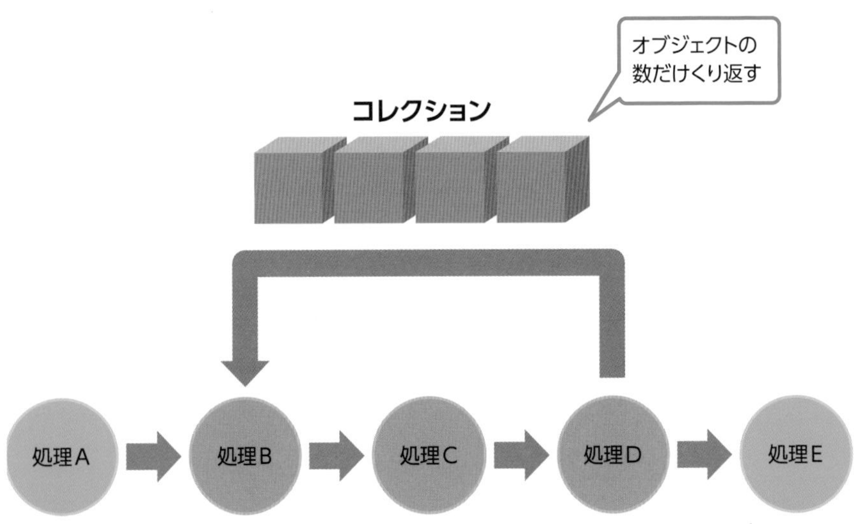

このステートメントは、「For Each 変数 In コレクション」のように指定した開始行から「Next 変数」の終了行まで、やはりブロック単位で指定します。**指定したコレクションに含まれる各オブジェクトが変数にセットされ、以降の処理がくり返されます**。

マクロプログラム「Sample110_1」は、選択範囲の各セルに入力された数値にそれぞれ50を加算し、値上げ後の価格に変更します。

ファイル「110_1.xlsm」

```
Sub Sample110_1()
    Dim rng As Range
    For Each rng In Selection
        rng.Value = rng.Value + 50
    Next rng
End Sub
```

選択範囲の各セルを対象に処理をくり返す

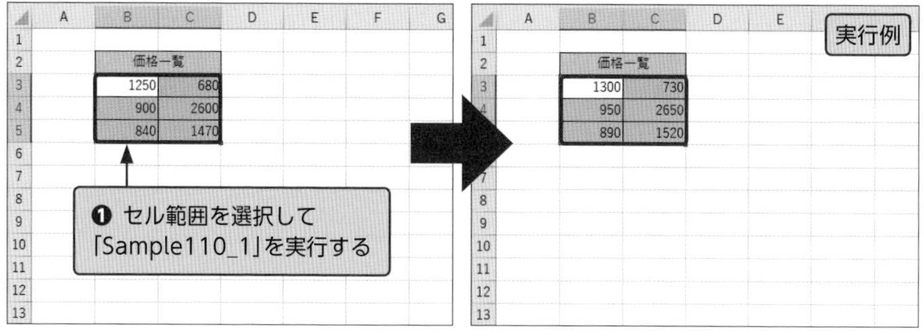

変数 rng にセットされた各セルを表す Range オブジェクトの Value プロパティでセルの値を取り出し、50 を加算して、同じセルに入力し直しています。なお、このくり返し処理が終了した後の変数 rng は、**何もセットされていない「Nothing」というキーワードの状態**になっています。コレクションの最後のオブジェクトがセットされているわけではないので注意してください。

Do ～ Loopステートメントだけじゃなく、For ～ NextステートメントもFor Each ～ Nextステートメントもあるのかあ……くり返し処理はくり返し復習しておかないと……！

カウントダウンのように、メッセージボックスにまず「5」と表示させて、次に「4」、「3」……と 1 ずつ減らしていき、「0」になったら終了するプログラムを作成します。次のマクロプログラム「Sample111_1」の「A」の部分には、どのようなコードを入れればよいでしょうか。

ファイル「111_1.xlsm」

```
Sub Sample111_1()
    Dim num As Integer
    For num = [      A      ]
        MsgBox num
    Next num
End Sub
```

STEP 13

ユーザーとやり取りして処理を変えよう

マクロの実行中、簡易ダイアログボックスを表示してユーザーに可否をたずねたり、データを入力させたりできます。その結果を、プログラムの中で利用することも可能です。

MsgBox関数を利用する

MsgBox 関数は、これまでもユーザーにメッセージを表示するための命令としてよく利用してきました。しかし、MsgBox 関数は、本来、命令ではなく関数なので、**戻り値を受け取って、それをプログラムの中で利用することも可能**です。MsgBox 関数の戻り値は、クリックされたボタンの種類を表す数値です。その値を If ～ Then ステートメントで判定して、次の処理を決定するといった利用法があります。

これまで、MsgBox 関数の引数としては、表示するメッセージを指定する第 1 引数 Prompt しかほとんど使用していませんでしたが、実際には次のような引数が指定可能です。

```
MsgBox(Prompt, Buttons, Title, HelpFile, Context)
```

全部で 5 つの引数がありますが、ここでは第 2 引数と第 3 引数を解説します。第 2 引数 **Buttons** は、**ダイアログボックスに表示するボタンの種類を指定**するものです。設定値は数値ですが、それでは設定内容がわかりづらいため、定数を使用できます。下の表は、この引数で、表示するボタンの設定用に使用できる定数です。

定数	実際の値	表示するボタン
vbOKOnly	0	「OK」のみ（既定値）
vbOKCancel	1	「OK」「キャンセル」
vbAbortRetryIgnore	2	「中止」「再試行」「無視」
vbYesNoCancel	3	「はい」「いいえ」「キャンセル」
vbYesNo	4	「はい」「いいえ」
vbRetryCancel	5	「再試行」「キャンセル」

P.111 解答 「5 To 0 Step -1」とします。

また、同じ引数 Buttons で、**ダイアログボックスに表示するアイコンも指定できます**。この指定に使用できる定数には、次のような種類があります。

定数	実際の値	表示設定
vbCritical	16	警告メッセージアイコン
vbQuestion	32	問い合わせメッセージアイコン
vbExclamation	48	注意メッセージアイコン
vbInformation	64	情報メッセージアイコン

ボタンとアイコンの表示を両方指定したい場合は、それぞれの設定値を加算します。なお、引数 Buttons に指定できる数値（定数）の種類はこれ以外にもありますが、ここでは省略します。

第 3 引数 **Title** には、**ダイアログボックスのタイトル部分に表示する文字列を指定**できます。

MsgBox 関数の戻り値は、クリックされたボタンを表す数値ですが、この判定にも次のような定数が使用できます。

定数	実際の値	クリックされたボタン
vbOK	1	「OK」
vbCancel	2	「キャンセル」
vbAbort	3	「中止」
vbRetry	4	「再試行」
vbIgnore	5	「無視」
vbYes	6	「はい」
vbNo	7	「いいえ」

次のマクロプログラム「Sample114_1」では、「作業は完了しましたか？」というメッセージを表示し、「はい」ボタンがクリックされたら、アクティブセルに［作業完了］と入力します。このメッセージボックスのタイトルは「完了確認」とし、問い合わせメッセージアイコンと「はい」「いいえ」のボタンを表示します。なお、ここでは各引数の指定に引数名を使用していますが、これは省略しても問題ありません。

ファイル「114_1.xlsm」

```
Sub Sample114_1()
    Dim ans As Integer
    ans = MsgBox(Prompt:="作業は完了しましたか？", _
        Buttons:=vbYesNo + vbQuestion, Title:="完了確認")
    If ans = vbYes Then ActiveCell.Value = "作業完了"
End Sub
```

メッセージを表示して戻り値を取得

「はい」「いいえ」ボタンの表示

問い合わせメッセージアイコンの表示

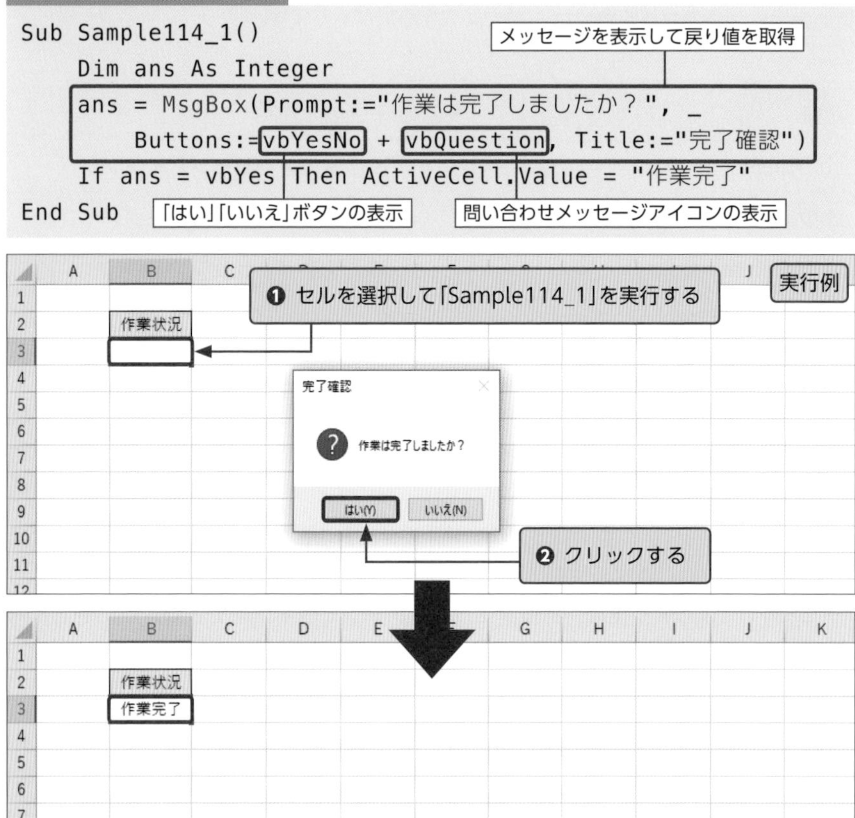

InputBox関数を利用する

マクロの実行中、入力ボックスを含む簡易ダイアログボックスを表示して、ユーザーに何らかのデータを入力させ、それを受け取ってプログラムの中で利用できるのがInputBox 関数です。**InputBox 関数**の書式は次の通りです。

```
InputBox(Prompt, Title, Default, XPos, YPos, HelpFile, ⏎
Context)
```

それでは各引数について、かんたんに解説していきましょう。

第 1 引数 Prompt ではユーザーに対する説明の文字列を、**第 2 引数 Title** ではダイアログボックスのタイトル部分に表示する文字列を指定します。

第3引数Defaultには、入力ボックスに最初から入力しておく文字列を指定します。また、**第4引数XPos**にはダイアログボックスを表示する画面上のX座標を、**第5引数YPos**にはY座標を指定します。残りの2つの引数については、解説を省略します。

この関数では、表示したダイアログボックスの入力ボックスにユーザーがデータを入力し、「OK」ボタンをクリックすると、入力された文字列が戻り値として返されます。何も入力せずに「OK」ボタンをクリックした場合や、「キャンセル」ボタンをクリックした場合は、空の文字列（""）が返されます。

次のマクロプログラム「Sample115_1」では、ダイアログボックスに「お名前を入力してください」と表示し、ユーザーが入力ボックスに名前を入力して「OK」をクリックすると、その文字列に「様」を付けてB3セルに入力します。何も入力されていなかったり、「キャンセル」ボタンがクリックされたりした場合は、それ以上何もしません。

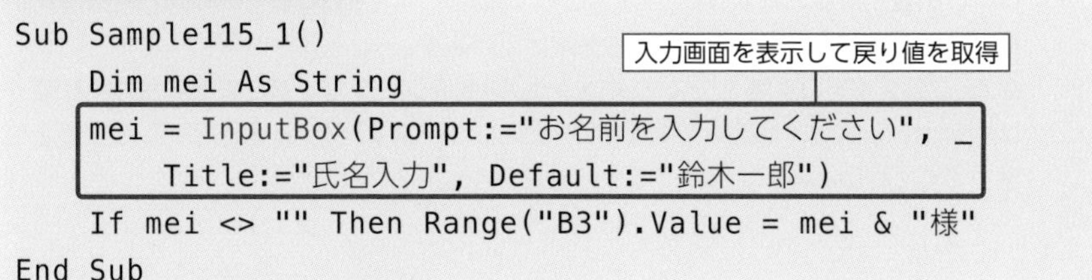


```
Sub Sample115_1()
    Dim mei As String
    mei = InputBox(Prompt:="お名前を入力してください", _
        Title:="氏名入力", Default:="鈴木一郎")
    If mei <> "" Then Range("B3").Value = mei & "様"
End Sub
```

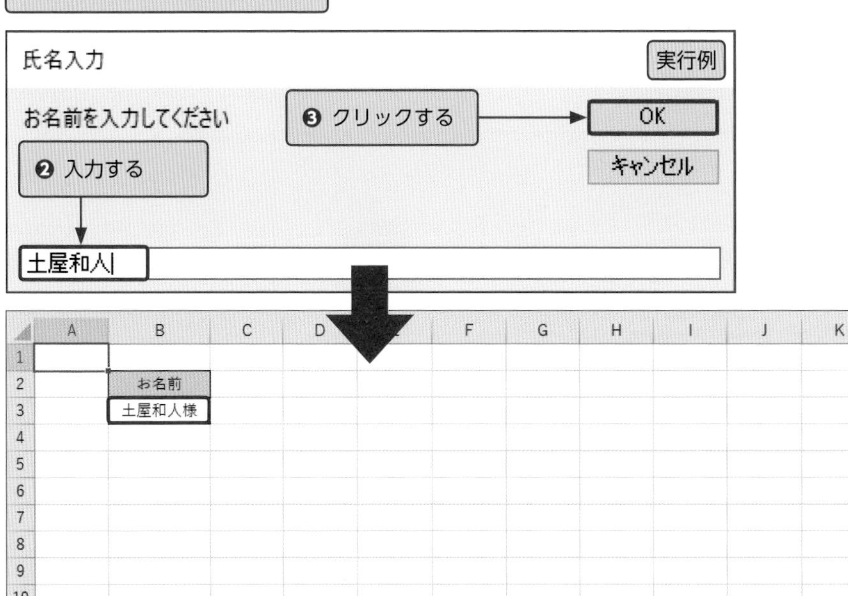

MEMO InputBoxメソッドを利用する

InputBox関数は、VBA汎用の関数であり、VBAが使用可能なWordやAccessなどすべてのOfficeソフトで利用することができます。しかし、Excel VBAには、Excelの環境だけで使用可能な、独自の**InputBoxメソッド**も用意されています。

InputBoxメソッドはApplicationオブジェクトのメソッドのため、使用するときは「Application.InputBox ～」のように指定します。

InputBoxメソッドとInputBox関数とはデザインも異なりますが、もっとも大きな違いは、InputBoxメソッドでは入力されるデータの種類を指定できる点です。「Type」という引数が用意されており、設定値として数値を指定することで、「数式」や「数値」、「文字列」といった入力データの種類を限定できます。

なお、このダイアログボックスで「キャンセル」ボタンがクリックされた場合の戻り値は、InputBox関数とは違って論理値のFalseになります。戻り値を判定するときは注意してください。

練習問題

下のようなメッセージボックスを表示したい場合、マクロプログラム「Sample116_1」の「A」の部分はどのようなコードになるでしょうか。ただし、引数名は使用しないものとします。

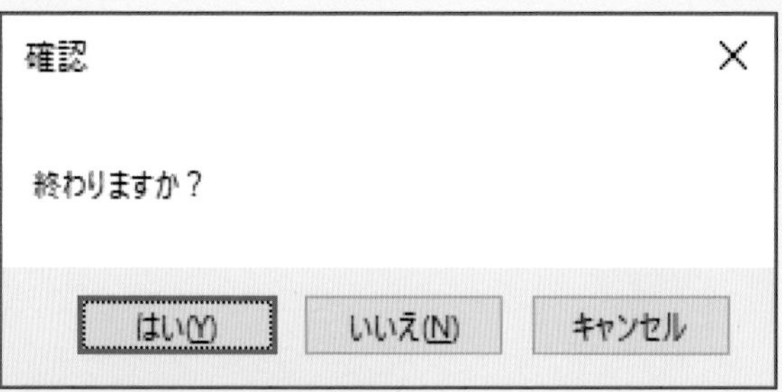

ファイル「116_1.xlsm」

```
Sub Sample116_1()
    MsgBox "終わりますか？", [   A   ]
End Sub
```

第3章

セルの選択やデータ入力を自動化しよう

ここからは、VBAでExcelの作業を自動化する具体的な方法を解説していきます。まずは、セル（範囲）の選択やデータの入力の方法を学んでいきましょう。ひと口に選択や入力といってもさまざまな方法があるため、状況に応じて使い分けられるように、それぞれの方法の特徴に注目しながら読み進めてください。

カタ
カタ
あっ鹿島さん
速水先輩！
なんだか
ご機嫌だね
はい！
速水先輩にマクロの
プログラムの修正方法を
教えてもらった
おかげで最近何かと
絶好調なんですよ！
プログラムの“読み方”も
分かってきたし、自分で
新しいプログラムを1から
作れるようにもなったんです
どうです？
すごいでしょう！
フフン♪
さすがだね！
そこまで上達したなら
あれもマクロ化して
みたら？

納品データ一覧

番号	納品日	取引先名	部署名	担当者名	件名	金額	当社担当者
1101	2019/11/20	株式会社夏目物産	総務部	山田健一	Webプログラミング	300000	鈴木真由美
1102	2019/11/22	株式会社MSXL	営業部	伊藤良子	ページ制作	450000	西山圭太
1103	2019/11/25	椎戸電子株式会社	開発部	鈴木俊彦	Web用部品制作	120000	水野康弘
1104	2019/12/2	株式会社MSXL	営業部	田中晴美	Webプログラミング	800000	鈴木真由美
1105	2019/12/5	氷慶産業株式会社	企画開発部	吉田幸助	ページデザイン	50000	青島礼次
1106	2019/12/10	株式会社仏久工業	広報部	佐藤隆	Webプログラミング	420000	鈴木真由美
1107	2019/12/10	株式会社夏目物産	総務部	山田健一	ページ制作	200000	西山圭太
1108	2019/12/16	幕路食品株式会社	システム室	高橋裕司	ページ制作	70000	竹原克也
1109	2019/12/19	株式会社MSXL	広報室	松田直也	ページ制作	580000	西山圭太
1110	2019/12/20	椎戸電子株式会社	開発部	鈴木俊彦	Webプログラミング	250000	鈴木真由美
1111	2019/12/23	株式会社夏目物産	総務部	山田健一	ページデザイン	180000	青島礼次
1112	2019/12/25	株式会社仏久工業	広報部	佐藤隆	Web用部品制作	60000	水野康弘
1113	2019/12/25	幕路食品株式会社	システム室	高橋裕司	Webプログラミング	150000	鈴木真由美
1114	2019/12/27	氷慶産業株式会社	企画開発部	吉田幸助	Webプログラミング	900000	鈴木真由美
1115	2019/12/27	株式会社MSXL	広報室	松田直也	ページ制作	460000	竹原克也

No.1101

株式会社夏目物産　御中　　2019年11月20日

総務部

山田健一　様

件名

Webプログラミング

御請求金額

		¥300,000
	消費税額	¥24,000
	合計請求額	¥324,000

〒110-0000
東京都新宿区古宿0-1-2
株式会社牧倉ソフトサービス
IT事業部
担当：鈴木真由美

そうなんだ
『セルを番号で指定する方法』と
『セルの値を転記する操作』に
『くり返し処理』を組み合わせれば
表のデータを指定したブックの
ワークシートの特定のセルへ
転記するプログラムも
割とかんたんに作れるよ

ちょっと
パソコン貸してみて
はいはい

Sub 納品情報自動転記()
Dim i As Integer
For i = 1 To 15
With Workbooks("納品書" & i & ".xlsx").Sheets(1)
.Range("D1").Value = Cells(3 + i, 1).Value
.Range("D3").Value = Cells(3 + i, 2).Value
.Range("A3").Value = Cells(3 + i, 3).Value
.Range("A4").Value = Cells(3 + i, 4).Value
.Range("A5").Value = Cells(3 + i, 5).Value
.Range("A8").Value = Cells(3 + i, 6).Value
.Range("A11").Value = Cells(3 + i, 7).Value
.Range("D11").Value = Cells(3 + i, 8).Value
End With
Next i
End Sub
カタ
カタ
これで
できあがり…っと

※くり返し処理については第２章参照

えっ
これだけ？
そう、カンタン
でしょう？

それからVBAなら
あらかじめ名前を
付けて保存した
ブックに転記する
だけじゃなくて

既存のブックを
自動的に別名保存して
新しい納品書の
ブックにすることも
できるよ※

──翌日

鹿島さん
いまメールで送った
データも納品書に
転記しといて

ちょっと数が多いから
大変だと思うけど

※ブックの別名保存については第7章参照

キラーン

お任せください

──10分後

山崎部長
どうぞ！

バーンッ！

えっ…
もうできたの!?

STEP 01 特定のセルを選択しよう

Excel の作業の基本はセルの操作ですが、まず特定のセル（範囲）を選択する操作について解説します。2 種類の方法があるため、違いを区別して覚えましょう。

セル参照で指定して選択する

特定のセルを指定する方法として、ここでは 2 種類の方法を紹介します。**Range プロパティ**で特定のセルを指定する方法はこれまでに何度も使用してきましたが、あらためてこのプロパティの書式を確認しておきます。

```
Range(Cell1, Cell2)
```

引数「Cell1」「Cell2」には、いずれも**セルまたはセル範囲を表す参照文字列、または Range オブジェクト**を指定します。セル（範囲）に付けた名前も指定可能です。通常は「Cell1」に参照文字列を指定して使うことが多く、そのセル参照を表す **Range オブジェクト**を取得できます。

引数「Cell2」を指定した場合、「Cell1」と「Cell2」を両方含む、最小の長方形のセル範囲を表す Range オブジェクトを取得できます。

また、対象の Range オブジェクトが表すセル（範囲）を選択するには、**Select メソッド**を使用します。

次のマクロプログラム「Sample122_1」は、セル範囲 B3:E5 を選択するものです。

ファイル「122_1.xlsm」

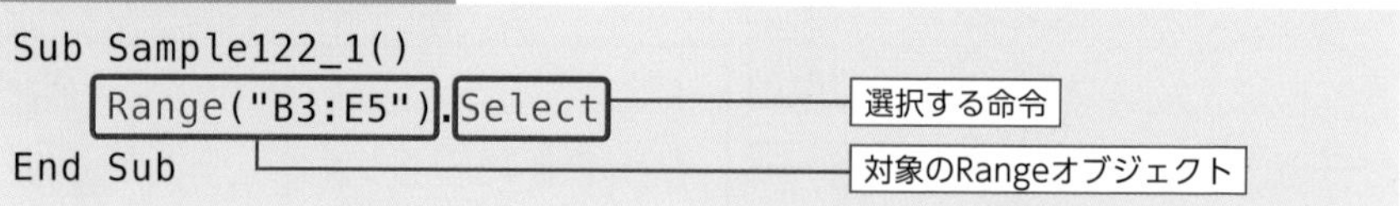
```
Sub Sample122_1()
    Range("B3:E5").Select
End Sub
```


	A	B	C	D	E	F
1						
2		氏名	国語	数学	英語	
3		山田健太	78	93	81	
4		伊藤優子	86	82	78	
5		鈴木吾郎	63	70	95	
6						

実行例

	A	B	C	D	E
1					
2		氏名	国語	数学	英語
3		山田健太	78	93	81
4		伊藤優子	86	82	78
5		鈴木吾郎	63	70	95
6					

P.116 解答 「vbYesNoCancel, "確認"」とします。

番号で指定して選択する

行番号と列番号を数値で指定し、該当する位置にあるセルを選択することも可能です。この方法には、**Cells プロパティ**を使用します。

このプロパティを対象オブジェクトなしで使用すると、作業中のワークシートの**すべてのセルを表す Range コレクション**を取得できます。Range コレクションに対しては、引数として 1 つまたは 2 つのインデックスを指定し、コレクションに含まれる特定のセルを表す Range オブジェクトを取得することが可能です。

インデックスを 1 つ指定した場合、対象の Range コレクション（セル範囲）の中で、**その順番にあたるセルを表す Range オブジェクト**を取得できます。一方、インデックスを 2 つ指定した場合、対象の Range コレクションの中で、第 1 引数 RowIndex を行の位置、第 2 引数 ColumnIndex を列の位置として、**指定した行と列にあたるセルを表す Range オブジェクト**を取得できます。Cells プロパティの後に直接「()」を指定し、取得した Range コレクションに対するインデックスを指定することが可能です。

次のマクロプログラム「Sample123_1」では、作業中のワークシートの 4 行目で 5 列目のセル、つまりセル E4 が選択されます。

ファイル「123_1.xlsm」

```
Sub Sample123_1()
    Cells(4, 5).Select
End Sub
```

対象のRangeオブジェクト

	A	B	C	D	E	F
1						
2		氏名	国語	数学	英語	
3		山田健太	78	93	81	
4		伊藤優子	86	82	78	
5		鈴木吾郎	63	70	95	
6						
7						
8						

実行例（E4 78）

	A	B	C	D	E	F
1						
2		氏名	国語	数学	英語	
3		山田健太	78	93	81	
4		伊藤優子	86	82	78	
5		鈴木吾郎	63	70	95	
6						
7						
8						

Cellsプロパティでは 1 つのセルが選択できるけれど、Rangeプロパティはセル範囲の選択もできるっていう違いがあるのね。

STEP 02 選択範囲内でアクティブセルを変更しよう

セルを選択するメソッドには、Select メソッドのほかに Activate メソッドもあります。セル範囲を選択している状態で実行すると、両者の違いがはっきりします。

選択範囲内のアクティブセルを変更する

アクティブセルとは、入力の対象である単独のセルのことです。セルを 1 つだけ選択しているときはもちろん、セル範囲を選択している状態でも、その中で 1 つだけ色の薄いセルがあり、これがアクティブセルです。キーから入力したデータは、基本的にアクティブセルだけに入力されます。

長方形のセル範囲を選択すると、通常、その左上端のセルがアクティブセルになります。この状態で「Tab」キーや「Enter」キーを押すと、選択範囲は変わらず、アクティブセルだけが左や下のセルへ移ります。

セル範囲を選択している状態で、その中のアクティブセルだけを変えたい場合、VBA では **Activate メソッド**を利用します。たとえば、セル範囲 B2:E5 を選択した状態で次のマクロプログラム「Sample124_1」を実行すると、**選択範囲が変更されることなく、セル C4 がアクティブになります**。

ファイル「124_1.xlsm」

```
Sub Sample124_1()
    Range("C4").Activate
End Sub
```

対象セルをアクティブにする

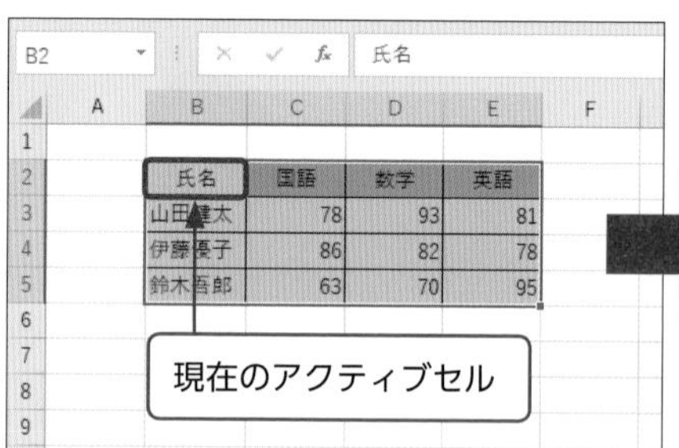

氏名	国語	数学	英語
山田健太	78	93	81
伊藤優子	86	82	78
鈴木吾郎	63	70	95

実行例

C4 86

氏名	国語	数学	英語
山田健太	78	93	81
伊藤優子	86	82	78
鈴木吾郎	63	70	95

■Selectメソッドの場合

マクロプログラム「Sample124_1」の中で、ActivateメソッドのかわりにSelectメソッドを使用すると、**現在の選択範囲が解除されて、指定したセルだけが選択されます**。この選択範囲が解除されることが、Activateメソッドを使用した場合との大きな違いです。たとえば、セル範囲B2:E5を選択した状態で次のマクロプログラム「Sample125_1」を実行すると、セルC4だけが選択されます。

ファイル「125_1.xlsm」

```
Sub Sample125_1()
    Range("C4").Select
End Sub
```

対象セルを選択する

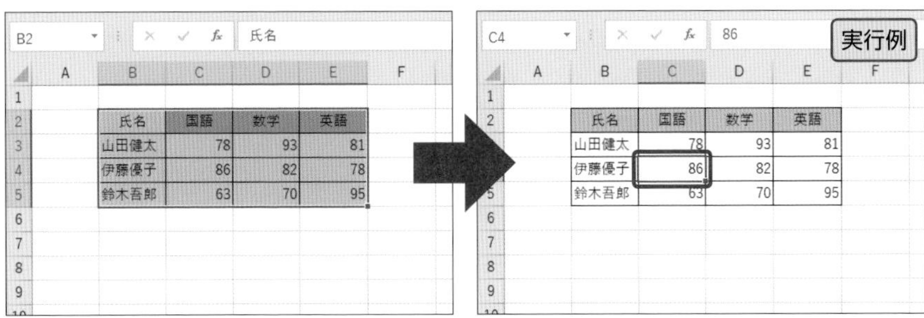

なお、範囲が選択されている状態で、その範囲に含まれない1つのセルを選択する操作は、SelectメソッドでもActivateメソッドでも同じ結果になります。1つのセルだけが選択されている状態で実行した場合も同様です。また、**Activateメソッドでセル範囲を選択することも可能**です。

セル範囲C3:E5を選択している状態で、次のマクロプログラム「Sample125_2」を実行すると、選択範囲とアクティブセルはどのような状態になるでしょうか。

ファイル「125_2.xlsm」

```
Sub Sample125_2()
    Range("B4").Activate
End Sub
```

STEP 03

指定した量だけずらしたセルを選択しよう

特定のセル（範囲）を基準として、上下左右に指定した量だけずらした位置のセル（範囲）を処理対象とすることができます。この方法で選択セルを変更しましょう。

アクティブセルを右下方向に変更する

現在のアクティブセルは、対象オブジェクトを省略した **ActiveCell プロパティ**で、Range オブジェクトとして取得できます。指定した方向へ指定した量だけシフトした位置のセルを取得するには、Range オブジェクトの **Offset プロパティ**を使用します。

```
Rangeオブジェクト.Offset(RowOffset, ColumnOffset)
```

引数 RowOffset には行のシフト量、**引数 ColumnOffset** には列のシフト量を指定します。正の数を指定した場合は下または右方向、負の数を指定した場合は上または左方向にシフトします。いずれか一方だけを指定することも可能です。

次のマクロプログラム「Sample126_1」では、アクティブセルの 1 行下で 2 列右のセルを選択します。作例ではセル B4 がアクティブになっているため、セル D5 が選択されます。なお、この例では引数名を使用していますが、省略して「Offset(1, 2)」のように指定することも可能です。

ファイル「126_1.xlsm」

```
Sub Sample126_1()
    ActiveCell.Offset(RowOffset:=1, ColumnOffset:=2).Select
End Sub
```

位置をずらしたRangeオブジェクトを取得

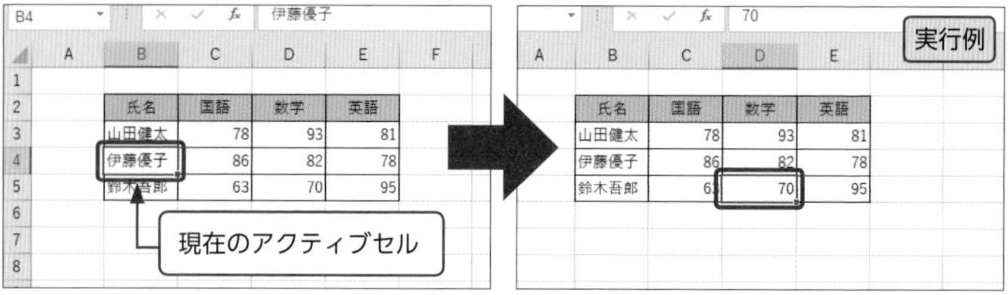

B4 伊藤優子

	A	B	C	D	E	F
1						
2		氏名	国語	数学	英語	
3		山田健太	78	93	81	
4		伊藤優子	86	82	78	
5		鈴木吾郎	63	70	95	
6						
7						
8						

現在のアクティブセル

実行例

70

A	B	C	D	E
	氏名	国語	数学	英語
	山田健太	78	93	81
	伊藤優子	86	82	78
	鈴木吾郎	63	70	95

P.125 解答　セル範囲 C3:E5 の選択状態は解除され、セル B4 だけがアクティブになります。セル B4 は選択範囲の外側にあるため、アクティブセルだけを変更する操作にはなりません。

選択範囲を左上方向に変更する

Offset プロパティは、セル範囲を対象に実行することも可能です。また、現在の選択範囲は、対象オブジェクトを省略した **Selection プロパティ**で取得できます。

次のマクロプログラム「Sample127_1」では、選択範囲を、行数と列数を保ったまま、2 行上、3 列左に変更します。作例ではセル範囲 D4:E5 が選択されているため、選択範囲がセル範囲 A2:B3 に変更されます。

ファイル「127_1.xlsm」

```
Sub Sample127_1()
    Selection.Offset(RowOffset:=-2, _
        ColumnOffset:=-3).Select
End Sub
```

位置をずらしたRangeオブジェクトを取得

現在の選択範囲（D4）

	A	B	C	D	E
1					
2		氏名	国語	数学	英語
3		山田健太	78	93	81
4		伊藤優子	86	82	78
5		鈴木吾郎	63	70	95
6					

実行例（A2）

	A	B	C	D	E	F
1						
2		氏名	国語	数学	英語	
3		山田健太	78	93	81	
4		伊藤優子	86	82	78	
5		鈴木吾郎	63	70	95	
6						

シフトする方向は正の数にするか負の数にするかでコントロールできるわけだね。こんがらがらないように注意しよう！

セル範囲C3:E5 を選択している状態で、次のマクロプログラム「Sample127_2」を実行すると、どの範囲が選択されるでしょうか。

ファイル「127_2.xlsm」

```
Sub Sample127_2()
    Selection.Offset(-1, 1).Select
End Sub
```

STEP 04

選択範囲の行数・列数を変更しよう

特定のセル（範囲）の行数・列数をそれぞれ変更したセル範囲を、Range オブジェクトとして取得することも可能です。ここでは、その方法を解説します。

選択範囲を指定の行数・列数に変更する

特定のセル（範囲）の行数と列数を、それぞれ指定した数に変更したセル範囲を Range オブジェクトとして取得したい場合は、もとのセル範囲を表す Range オブジェクトの **Resize プロパティ**を使用します。

```
Rangeオブジェクト.Resize(RowSize, ColumnSize)
```

引数 RowSize には変更後の行数、**引数 ColumnSize** には変更後の列数を指定します。いずれか一方だけを指定することも可能です。

次のマクロプログラム「Sample128_1」では、現在の選択範囲の左上端を基準とする 2 行× 4 列のセル範囲が選択されます。この例では、最初はセル範囲 B3:C5 セルが選択されているため、実行するとセル範囲 B3:E4 が選択されます。なお、この例では引数名を使用していますが、省略して「Resize(2, 4)」のように指定することも可能です。

ファイル「128_1.xlsm」

```
Sub Sample128_1()
    Selection.Resize(RowSize:=2, ColumnSize:=4).Select
End Sub
```

サイズを変更したRangeオブジェクトを取得

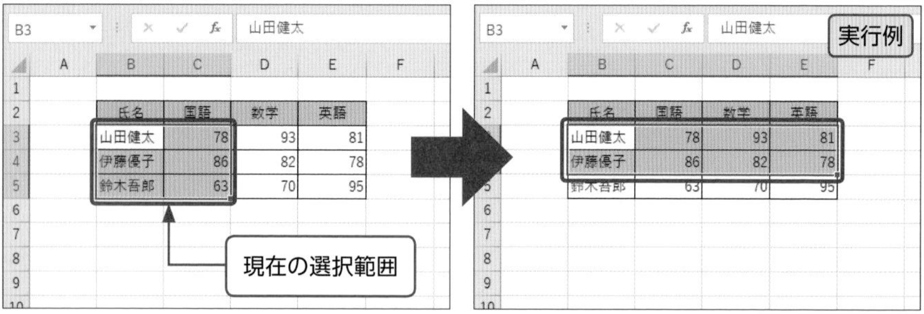

	A	B	C	D	E	F
1						
2		氏名	国語	数学	英語	
3		山田健太	78	93	81	
4		伊藤優子	86	82	78	
5		鈴木吾郎	63	70	95	

現在の選択範囲

実行例

P.127 解答 第 1 引数 RowOffset に「-1」を指定しているため 1 行上へ、第 2 引数 ColumnOffset に「1」を指定しているため 1 列右へシフトし、セル範囲 D2:F4 が選択されます。

MEMO Rangeプロパティで相対的に指定する

P.122では、対象オブジェクトを省略するRangeプロパティの使用法を解説しました。しかしこのプロパティは、Rangeオブジェクトを対象として使用することも可能です。この場合、対象のRangeオブジェクトの左上端のセルをセルA1として、相対的に、Rangeプロパティの引数に指定したセル参照にあたるセル（範囲）を表すRangeオブジェクトを取得できます。
たとえば、セルB3を表すRangeオブジェクトを対象とするRangeプロパティで、引数に「A1:B2」と指定すると、基準のセルB3を「A1」とした場合の相対的な「A1:B2」の範囲、つまりセル範囲B3:C4を表すRangeオブジェクトを取得することができます。

```
Range("B3").Range("A1:B2")
```

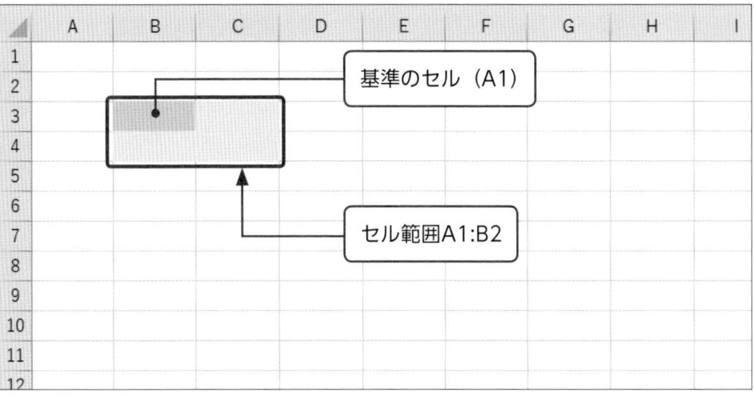

同様に、セルB3を表すRangeオブジェクトを対象とするRangeプロパティで、引数に「C3」と指定すると、セルD5を表すRangeオブジェクトを取得できます。
OffsetプロパティやResizeプロパティとともに、Rangeプロパティのこうした使い方も覚えておくと、いろいろと応用が利くでしょう。

アクティブセルをずらす場合はOffsetプロパティで、選択範囲の行数と列数を変更する場合はResizeプロパティ。ひと口に選択の変更といっても、いろいろな方法があるんだなあ……ちゃんと整理しておかなきゃ！

第3章 セルの選択やデータ入力を自動化しよう

STEP 05 セルにデータを入力しよう

ここでは、セルにデータを入力する方法をまとめて紹介します。単独のセルに入力する方法はもちろん、複数のセルに一括で入力する方法もマスターしておきましょう。

セルに値を入力する

セルに値を入力する操作は、これまで何度か紹介してきたとおり、対象のセルを表すRangeオブジェクトの**Valueプロパティ**に、**代入演算子「=」を使って代入する**ものが基本です。なお、ここでいう**値**とは定数（VBAの用語の「定数」とは異なります）、つまり数式ではないデータのことを指します。

次のマクロプログラム「Sample130_1」では、セルB4に「佐藤隆司」、セルC4に「90」、セルD4に「87」、セルE4に「100」と入力します。

ファイル「130_1.xlsm」

```
Sub Sample130_1()
    Range("B4").Value = "佐藤隆司"
    Range("C4").Value = 90
    Range("D4").Value = 87
    Range("E4").Value = 100
End Sub
```

対象のセルに値を入力

実行例

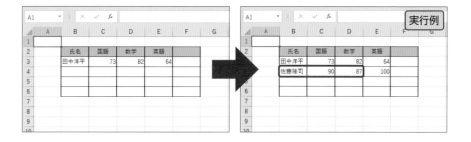

氏名	国語	数学	英語
田中洋平	73	82	64
佐藤隆司	90	87	100

なお、通常の操作でキーから入力したときとは異なり、VBAでセルに漢字の文字列を入力した場合、**自動的にふりがなは設定されない**ので注意してください。

■セル範囲に同じ値を入力する

Valueプロパティでは、単独のセルだけでなく、複数のセルを含むセル範囲を表すRangeオブジェクトに対して、**一括で同じ値を入力すること**も可能です。

次のマクロプログラム「Sample131_1」では、セルB5に「高橋奈美」と入力し、セル範囲C5:E5のすべてのセルに一括で「100」と入力します。

ファイル「131_1.xlsm」

```
Sub Sample131_1()
    Range("B5").Value = "高橋奈美"
    Range("C5:E5").Value = 100
End Sub
```

セル範囲に一括で値を入力

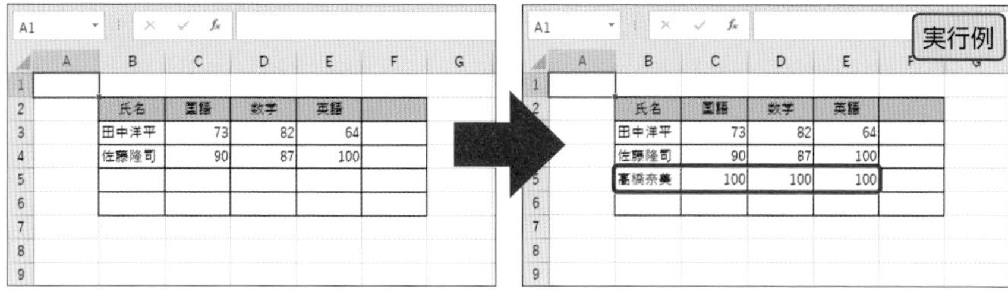

セル範囲に数式を入力する

セルにデータを入力するために使えるプロパティは、実はValueプロパティだけではありません。「Value」は「値」という意味ですが、「数式」を意味する**Formulaプロパティ**を使って、セルにデータを入力することも可能です。

実は、**入力するデータが値であっても数式であっても、ValueプロパティとFormulaプロパティのどちらを使っても、問題ありません**。これらの使い分けが問題になるのは、セルにデータを代入する操作ではなく、セルからデータを取り出す操作です（P.136参照）。さらに、Valueプロパティの機能はRangeオブジェクトの既定であるため、プロパティの指定を省略してRangeオブジェクトに直接「=」で代入する形にしても、データを入力できます。とはいえ、やはり値を入力する操作にはValueプロパティ、数式を入力する操作にはFormulaプロパティを使用したほうが、そのコードの操作が明確になります。

数式も、単独のセルだけでなく、セル範囲を表すRangeオブジェクトを対象に実行し、その各セルに一括で入力できます。セル範囲に入力する場合、その左上端のセルを基準として、数式の中の相対参照の部分が、各セルの位置に応じて自動的に変化します。

次のマクロプログラム「Sample132_1」では、まずセル F2 に「合計」、セル B6 に「平均」と入力します。次に、セル範囲 F3:F5 に「=SUM(C3:E3)」、セル範囲 C6:F6 に「=AVERAGE(C3:C5)」という数式を入力します。SUM 関数の数式は、左 3 列分のセル範囲の合計を求めるもので、基準となるセル F3 にはそのまま入力されますが、数式中の「3」という行番号が、セル F4 とセル F5 ではそれぞれ「4」と「5」に変化します。AVERAGE 関数の数式は、上 3 行分のセル範囲の平均を求めるもので、数式中の「C」という列番号の部分が、セル D6、セル E6、セル F6 ではそれぞれ「D」「E」「F」に変化します。

ファイル「132_1.xlsm」

```
Sub Sample132_1()
    Range("F2").Value = "合計"
    Range("B6").Value = "平均"
    Range("F3:F5").Formula = "=SUM(C3:E3)"
    Range("C6:F6").Formula = "=AVERAGE(C3:C5)"
End Sub
```

対象のセル範囲に数式を入力

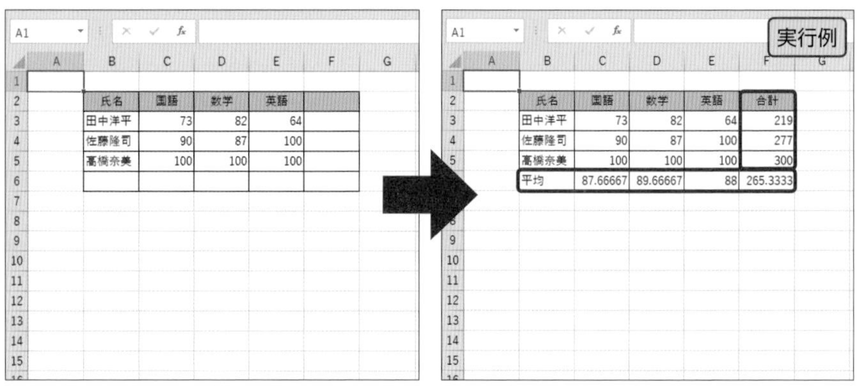

なお、記録機能を使って作成したマクロでは、セルにデータを入力するためのプロパティとして、FormulaR1C1 プロパティが使用されます。このプロパティについては、P.137 を参照してください。

セル範囲に異なるデータを入力する

ここまで、複数のセルに異なるデータを入力する場合、それぞれに 1 行のコードを使い、1 セルずつデータを入力してきました。

しかし、**配列**（P.90 参照）を利用することで、複数のセルを含む長方形の範囲に、一括で異なるデータを入力することが可能です。やや応用的なテクニックですが、後述するデータの転記の処理の基本となる考え方のため、ここで解説しておきます。

配列といっても、いったん配列変数に収めるのではなく、**Array 関数**（P.93 参照）を利用して配列形式のデータを作成し、それを横 1 列のセル範囲にそのまま代入するのです。

次のマクロプログラム「Sample133_1」は、セル範囲 B5:E5 の各セルに現在入力されている値を、「山下亜紀」「73」「64」「83」に一括で置き換えるものです。

ファイル「133_1.xlsm」

```
Sub Sample133_1()
    Range("B5:E5").Value = Array("山下亜紀", 73, 64, 83)
End Sub
```

配列で値を入力

氏名	国語	数学	英語	合計
田中洋平	73	82	64	219
佐藤隆司	90	87	100	277
高橋奈美	100	100	100	300
平均	87.66667	89.66667	88	265.3333

実行例

氏名	国語	数学	英語	合計
田中洋平	73	82	64	219
佐藤隆司	90	87	100	277
山下亜紀	73	64	83	220
平均	78.66667	77.66667	82.33333	238.6667

さらに、2 次元配列を利用すれば、複数行×複数列のセル範囲に一括で異なるデータを入力することも可能です。

ここで使用した例のような表を対象に、次のマクロプログラム「Sample133_2」を実行すると、セルE7 にはどのような数式が入力されるでしょうか。

ファイル「133_2.xlsm」

```
Sub Sample133_2()
    Range("B7").Value = "最高得点"
    Range("C7:F7").Formula = "=MAX(C3:C5)"
End Sub
```

STEP 06

入力済みのデータを転記しよう

セルのデータの扱い方の基本を理解するため、セル（範囲）に入力されているデータを取り出し、そのまま別のセル（範囲）に入力する操作について学習します。

セルの値を転記する

1つのセルに入力された値（数式ではない、数値や文字列のデータ）を別のセルへ転記するには、転記元のセルを表すRangeオブジェクトの**Valueプロパティで取り出し**、転記先のセルを表すRangeオブジェクトの**Valueプロパティに代入**します。また、Valueプロパティのかわりに、Formulaプロパティ、FormulaR1C1プロパティ（P.137参照）なども使用できます。

次のマクロプログラム「Sample134_1」では、セルB2に入力されている文字列を、セルH2に転記します。

ファイル「134_1.xlsm」

```
Sub Sample134_1()
    Range("H2").Value = Range("B2").Value
End Sub
```

セルの値を取り出す

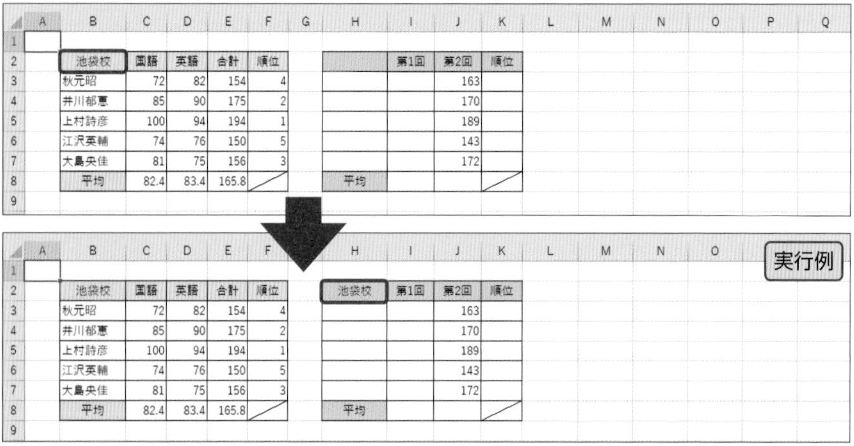

	A	B	C	D	E	F	G	H	I	J	K	L	M	N	O	P	Q
1																	
2		池袋校	国語	英語	合計	順位			第1回	第2回	順位						
3		秋元昭	72	82	154	4				163							
4		井川郁恵	85	90	175	2				170							
5		上村詩彦	100	94	194	1				189							
6		江沢英輔	74	76	150	5				143							
7		大島央佳	81	75	156	3				172							
8		平均	82.4	83.4	165.8			平均									
9																	

実行例

	A	B	C	D	E	F	G	H	I	J	K	L	M	N	O
1															
2		池袋校	国語	英語	合計	順位		池袋校	第1回	第2回	順位				
3		秋元昭	72	82	154	4				163					
4		井川郁恵	85	90	175	2				170					
5		上村詩彦	100	94	194	1				189					
6		江沢英輔	74	76	150	5				143					
7		大島央佳	81	75	156	3				172					
8		平均	82.4	83.4	165.8			平均							
9															

P.133解答 「=MAX(E3:E5)」という数式が入力されます。セルC7を基準として、相対参照の列番号が自動的に変化します。

セル範囲の値を転記する

単独のセルだけでなく、**セル範囲の値をそのまま取り出して、別のセル範囲に入力することも、同様の操作で実行可能**です。この場合、やり取りするデータは**配列**（P.90参照）として扱われるため、基本的にそれぞれ1つの長方形のセル範囲である必要があります。また、転記元と転記先のセル範囲はサイズ（行数×列数）が違っていても大丈夫ですが、とりあえず、双方を同じにしておいたほうがわかりやすいでしょう。

次のマクロプログラム「Sample135_1」では、セル範囲B3:B7に入力されている文字列を、そのままセル範囲H3:H7に転記します。

ファイル「135_1.xlsm」

```
Sub Sample135_1()
    Range("H3:H7").Value = Range("B3:B7").Value
End Sub
```

セル範囲の値を取り出す

	A	B	C	D	E	F	G	H	I	J	K
1											
2		池袋校	国語	英語	合計	順位		池袋校	第1回	第2回	順位
3		秋元昭	72	82	154	4				163	
4		井川郁恵	85	90	175	2				170	
5		上村詩彦	100	94	194	1				189	
6		江沢英輔	74	76	150	5				143	
7		大島央佳	81	75	156	3				172	
8		平均	82.4	83.4	165.8			平均			
9											
10											

実行例

	A	B	C	D	E	F	G	H	I	J	K
1											
2		池袋校	国語	英語	合計	順位		池袋校	第1回	第2回	順位
3		秋元昭	72	82	154	4		秋元昭		163	
4		井川郁恵	85	90	175	2		井川郁恵		170	
5		上村詩彦	100	94	194	1		上村詩彦		189	
6		江沢英輔	74	76	150	5		江沢英輔		143	
7		大島央佳	81	75	156	3		大島央佳		172	
8		平均	82.4	83.4	165.8			平均			
9											
10											

値を取り出す操作も、取り出した値を代入する操作も、ともにValueプロパティを使うんだ。これならシンプルでわかりやすいよね！

セル範囲の数式を転記する

セルやセル範囲の数式も、同様に別のセル（範囲）に転記することができます。ただし、値の場合と違うのは、**使用するプロパティによって、転記されるデータの内容が異なってくる**点です。反対に言うと、それぞれのプロパティの挙動を理解しておくことで、目的に応じた使い分けが可能になります。

セル（範囲）の数式を、相対参照も変化させず、**まったく同じ数式として別のセル範囲に転記したい場合は、Formulaプロパティを使用**します。次のマクロプログラム「Sample136_1」では、セル範囲E3:E7に入力された数式を、まったく同じ数式としてセル範囲I3:I7に転記します。

ファイル「136_1.xlsm」

```
Sub Sample136_1()
    Range("I3:I7").Formula = Range("E3:E7").Formula
End Sub
```

セル範囲の数式を取り出す

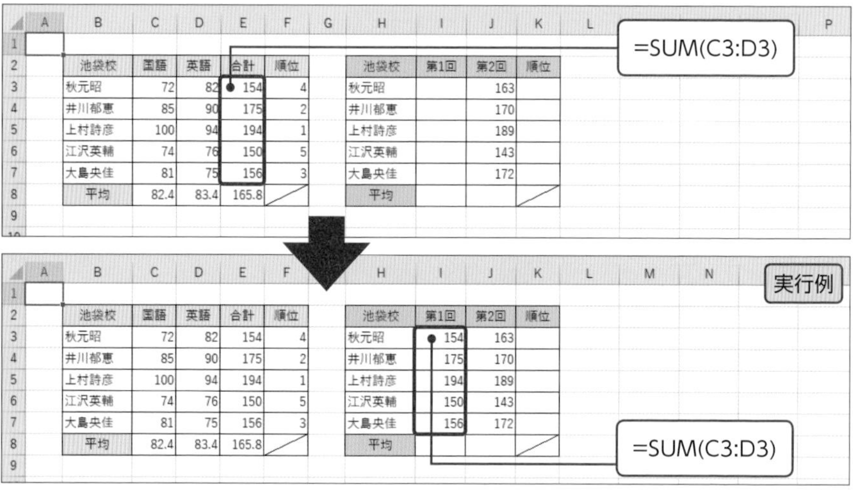

Formulaプロパティで対象のRangeオブジェクトから取得したデータは、そのセル（範囲）の数式をそのまま表した文字列になります。それを別のセル（範囲）に入力しているため、セル参照は変化しません。

また、このセル範囲I3:I7に、セル範囲E3:E7の数式ではなく、**その結果の値を転記することも可能**です。このような目的には、Formulaプロパティの代わりに**Valueプロパティ**を使用すればよいのです。

次のマクロプログラム「Sample137_1」では、セル範囲 E3:E7 に入力された数式を、その計算結果の数値に変換して、セル範囲 I3:I7 に転記します。

ファイル「137_1.xlsm」

```
Sub Sample137_1()
    Range("I3:I7").Value = Range("E3:E7").Value
End Sub
```

セル範囲の数式を値に変換して取り出す

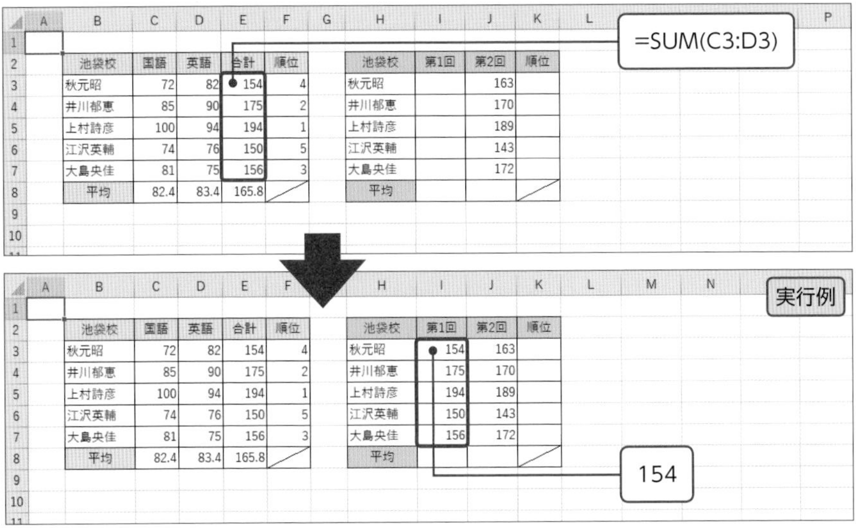

池袋校	国語	英語	合計	順位
秋元昭	72	82	154	4
井川郁恵	85	90	175	2
上村詩彦	100	94	194	1
江沢英輔	74	76	150	5
大島央佳	81	75	156	3
平均	82.4	83.4	165.8	

池袋校	第1回	第2回	順位
秋元昭		163	
井川郁恵		170	
上村詩彦		189	
江沢英輔		143	
大島央佳		172	
平均			

=SUM(C3:D3)

実行例

池袋校	国語	英語	合計	順位
秋元昭	72	82	154	4
井川郁恵	85	90	175	2
上村詩彦	100	94	194	1
江沢英輔	74	76	150	5
大島央佳	81	75	156	3
平均	82.4	83.4	165.8	

池袋校	第1回	第2回	順位
秋元昭	154	163	
井川郁恵	175	170	
上村詩彦	194	189	
江沢英輔	150	143	
大島央佳	156	172	
平均			

154

つまり、対象のセルのデータが数式の場合、Value プロパティでは数式そのものではなく、その結果の値を取り出します。なお、ここではデータを受け取る側のプロパティ（「=」の左側）として、取り出したデータに合わせて Value プロパティを使用していますが、こちらには Formula プロパティを使用しても問題ありません。

■相対参照を保持して転記する

Formula プロパティを使用した場合、相対参照が含まれていても、まったく同じ数式として転記されました。しかし、相対参照を含む数式をコピーしたときのように、転記先の位置関係に応じて、数式中の相対参照を変化させる形で転記することも可能です。このような目的には、Formula プロパティではなく、**FormulaR1C1 プロパティ**を使用します。

次のマクロプログラム「Sample138_1」では、セル範囲 F3:F7 に入力された数式を、相対参照を保持したまま、セル範囲 K3:K7 に転記します。

ファイル「138_1.xlsm」

```
Sub Sample138_1()
    Range("K3:K7").FormulaR1C1 = _
        Range("F3:F7").FormulaR1C1
End Sub
```

セル範囲のR1C1 形式の数式を取り出す

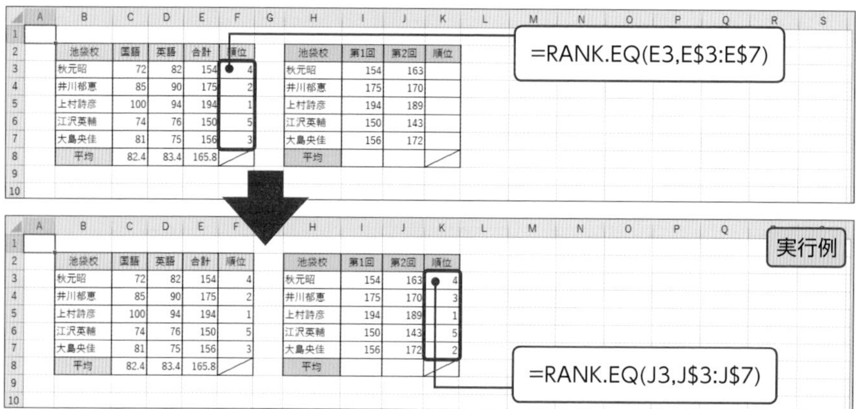

FormulaR1C1 プロパティでセルから取得したデータは、セル参照を **R1C1 形式**で表した数式の文字列になります。R1C1 形式とは、行番号と列番号をともに数値で表し、「R」の後に行番号、「C」の後に列番号を指定した形式です。たとえば、「R1C1」なら通常の形式（A1 形式）での「A1」、「R2C3」なら「C2」にあたります。

また、「R1C1」という形は絶対参照であり、**相対参照は、数式のセルを基準として、R[1]C[-2] のように、行列番号を [ ] で囲んで指定します**。この R[1]C[-2] は数式セルの 1 行下、2 列左のセルを意味し、数式セルがセル D4 なら、セル B5 が参照されます。数式セルと同じ行または同じ列のセルを参照する場合は、行列番号の指定を省略します。

この方式で表した場合、相対的に同じ位置のセルを参照する数式は、A1 形式とは違って、どの位置のセルでも同じ数式になります。

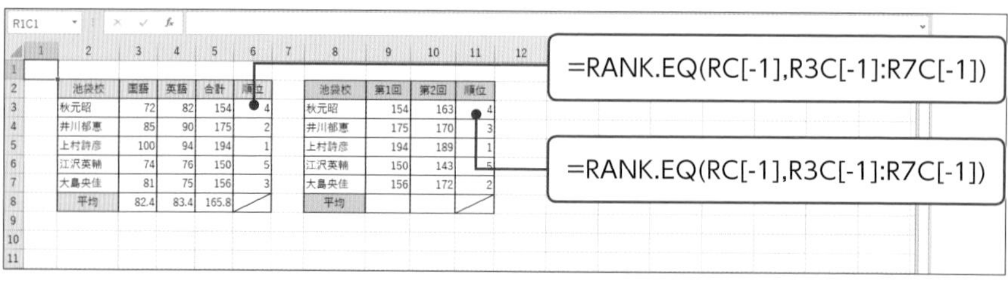

このため、FormulaR1C1 プロパティでは、相対的な参照関係を保持したまま、数式を取り出すことができます。この場合、**代入する側のプロパティも、必ずFormulaR1C1 プロパティにします**。

ここまで解説してきたことを踏まえ、データの種類や操作の目的に応じて、Value プロパティ、Formula プロパティ、FormulaR1C1 プロパティを使い分けるようにしてください。

次の表のセルC8 の数式を、相対的な参照関係を保持したまま、セルI8 とセルJ8 に転記します。マクロプログラム「Sample139_1」で、空欄「A」と「B」の部分には、それぞれ何のプロパティを指定すればよいでしょうか。

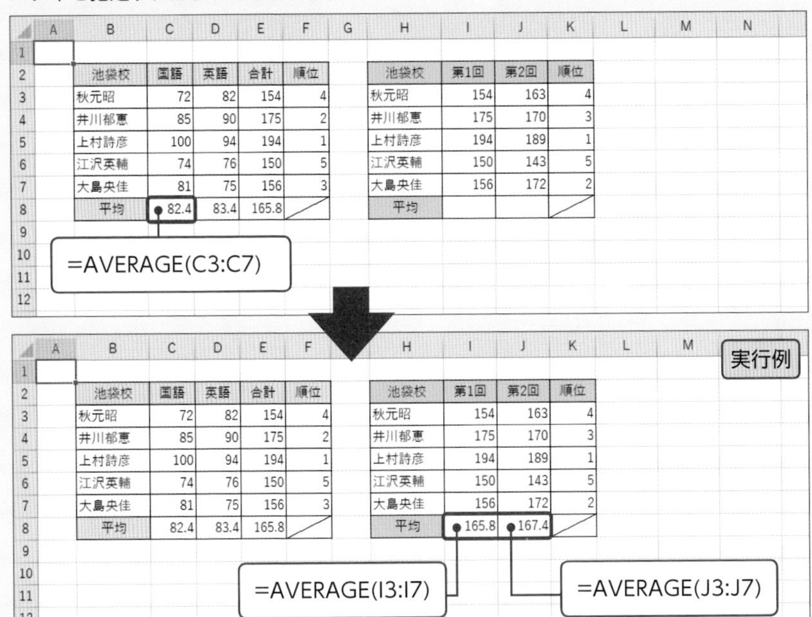

ファイル「139_1.xlsm」

```
Sub Sample139_1()
    Range("I8:J8"). [ A ] = Range("C8"). [ B ]
End Sub
```

STEP 07

入力済みのデータをコピーしよう

セル（範囲）のデータだけでなく、書式も含めてコピーしたい場合は、通常操作の「コピー」と「貼り付け」を使用します。VBAでこの操作を実行してみましょう。

セル範囲をコピーする

指定したセル（範囲）を「コピー」する操作をVBAで実行するには、**Copyメソッド**を使用します。通常の操作では、「コピー」を実行後、貼り付け先のセル（範囲）を選択して「貼り付け」を実行しますが、Copyメソッドでは、**引数Destination**で、貼り付け先をRangeオブジェクトとして指定することも可能です。

```
Rangeオブジェクト.Copy Destination
```

次のマクロプログラム「Sample140_1」では、セル範囲B2:C5を、セルE2を基準（左上端）とするセル範囲にコピーします。なお、このコードでは引数名を指定していますが、省略して直接「Range("E2")」だけを指定してもOKです。

ファイル「140_1.xlsm」

```
Sub Sample140_1()
    Range("B2:C5").Copy Destination:=Range("E2")
End Sub
```

指定範囲にコピーする

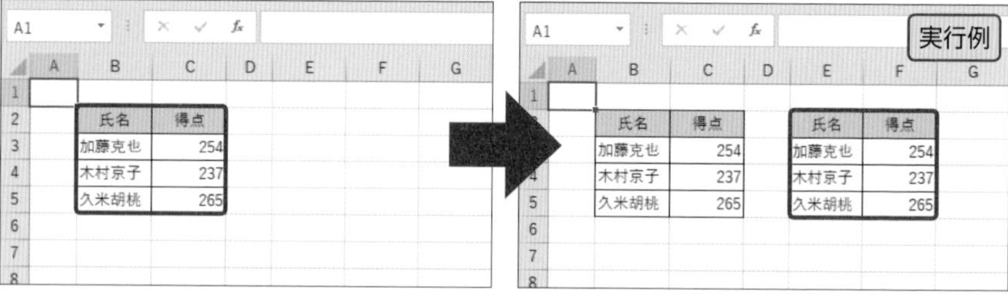

なお、この方法でコピーした場合、もとの範囲のコピー状態（**コピーモード**）は継続せず、連続して複数の範囲に貼り付けることはできません。

P.139 解答 「A」と「B」のいずれにも「FormulaR1C1」を指定します。セルC8からR1C1形式の数式を取り出し、セル範囲I8:J8に入力することで、相対参照を各セルの位置に応じて変化させています。

■連続して複数の範囲に貼り付ける

1カ所だけではなく、連続して複数の範囲に貼り付けたい場合は、まずCopyメソッドを引数を指定せずに実行し、**Pasteメソッド**を使ってクリップボードの内容を貼り付けます。Pasteメソッドは、Rangeオブジェクトではなく**Worksheetオブジェクト**を対象に実行します。

```
Worksheetオブジェクト.Paste Destination, Link
```

引数Destinationには貼り付け先を表すRangeオブジェクトを指定します。この引数を省略した場合は、アクティブセルの位置に貼り付けられます。また、**引数Link**にTrueを指定すると、もとのデータとの間にリンクが設定されます。Trueを指定した場合、引数Destinationは指定できません。引数Linkを省略した場合は、Falseが指定されたとみなされます。

次のマクロプログラム「Sample141_1」では、セル範囲B2:B5をコピーし、セルE2とセルG2を基準とするセル範囲に貼り付けます。さらに、コピーモードを解除します。

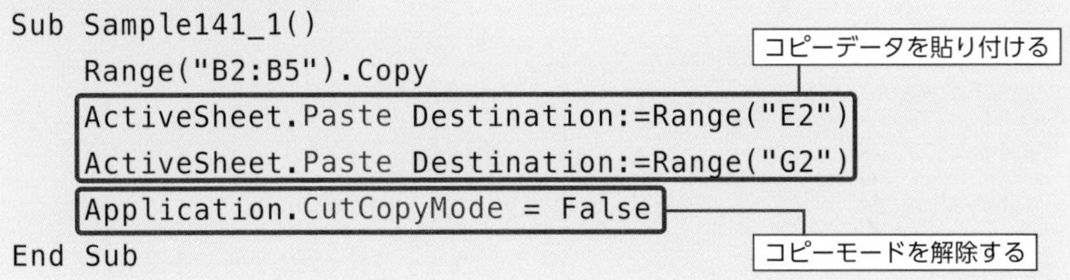

ファイル「141_1.xlsm」

```
Sub Sample141_1()
    Range("B2:B5").Copy
    ActiveSheet.Paste Destination:=Range("E2")
    ActiveSheet.Paste Destination:=Range("G2")
    Application.CutCopyMode = False
End Sub
```


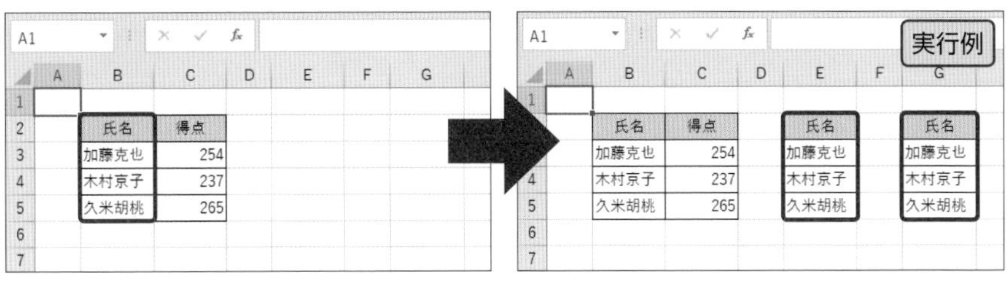

	A	B	C
1			
2		氏名	得点
3		加藤克也	254
4		木村京子	237
5		久米胡桃	265

	A	B	C	D	E	F	G
1							
2		氏名	得点		氏名		氏名
3		加藤克也	254		加藤克也		加藤克也
4		木村京子	237		木村京子		木村京子
5		久米胡桃	265		久米胡桃		久米胡桃

ここでは、**ActiveSheetプロパティ**で、作業中のワークシートを表すWorksheetオブジェクトを取得し、これを対象としてPasteメソッドを実行しています。また、コピーモードを解除するには、Applicationオブジェクトの**CutCopyModeプロパティ**に、Falseを設定します。

貼り付け方法を指定する

コピーしたデータは、データと書式をすべて貼り付ける通常の方法のほかに、値だけ、あるいは書式だけ貼り付けるなど、さまざまな貼り付け方法を選ぶことができます。これには、Paste メソッドではなく、**PasteSpecial メソッド**を使用します。PasteSpecial メソッドは、Worksheet オブジェクトではなく、貼り付け先のセルを表す Range オブジェクトを対象に実行します。

```
Rangeオブジェクト.PasteSpeciall Paste, Operation, ⏎
SkipBlanks, Transpose
```

引数 Paste には、貼り付け方法を数値で指定します。この指定値には、次のような定数が利用可能です。この引数を省略した場合は「xlPasteAll」を指定したとみなされます。

定数	値	貼り付け方法
xlPasteAll	-4104	すべて
xlPasteFormulas	-4123	数式
xlPasteValues	-4163	値
xlPasteFormats	-4122	書式
xlPasteComments	-4144	コメント
xlPasteValidation	6	入力規則
xlPasteAllUsingSourceTheme	13	コピー元のテーマを使用してすべて貼り付け
xlPasteAllExceptBorders	7	罫線を除くすべて
xlPasteColumnWidth	8	列幅
xlPasteFormulasAndNumberFormats	11	数式と数値の書式
xlPasteValuesAndNumberFormats	12	値と数値の書式
xlPasteAllMergingConditionalFormats	14	すべての結合されている条件付き書式

また、**引数 Operation** には、貼り付け先と貼り付け元のデータを演算するかどうかを数値で指定します。この指定値には、次のような定数が利用可能です。この引数を省略した場合は、「xlPasteSpecialOperationNone」を指定したとみなされます。

定数	値	演算の指定
xlPasteSpecialOperationNone	-4142	しない
xlPasteSpecialOperationAdd	2	加算
xlPasteSpecialOperationSubtract	3	減算
xlPasteSpecialOperationMultiply	4	乗算
xlPasteSpecialOperationDivide	5	除算

引数 SkipBlanks は「空白セルを無視する」、**引数 Transpose** は「行 / 列の入れ替え」の設定で、いずれも True/False で指定します。指定を省略した場合は、ともに False になります。

次のマクロプログラム「Sample143_1」では、「10」と入力されたセル E3 をコピーし、セル範囲 C3:C5 に値だけを、加算して貼り付けます。

ファイル「143_1.xlsm」

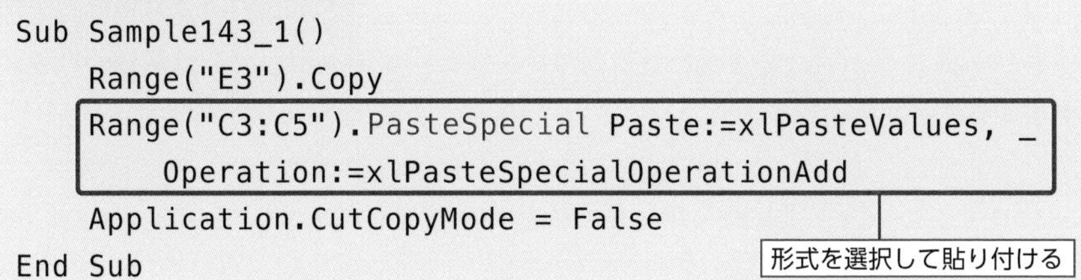

```
Sub Sample143_1()
    Range("E3").Copy
    Range("C3:C5").PasteSpecial Paste:=xlPasteValues, _
        Operation:=xlPasteSpecialOperationAdd
    Application.CutCopyMode = False
End Sub
```

形式を選択して貼り付ける

氏名	得点		特別加算
加藤克也	254		10
木村京子	237		
久米胡桃	265		

実行例

氏名	得点		特別加算
加藤克也	264		10
木村京子	247		
久米胡桃	275		

なお、このメソッドを実行すると、貼り付け先のセル範囲が選択された状態になります。

単純にコピーして貼り付けるだけじゃなく、貼り付け方法や演算内容も指定できるんだ。いろいろな用途に活用できそう！

STEP 08

入力済みのデータを移動させよう

セル（範囲）に入力されたデータを書式ごと別の位置へ移動させるには、通常操作の「切り取り」と「貼り付け」を実行します。

セル範囲を移動させる

指定したセル（範囲）のデータを書式ごと移動させるには、Excelの通常操作の「切り取り」に相当する**Cutメソッド**を使用します。このメソッドの対象オブジェクトは、切り取りたいセル（範囲）を表すRangeオブジェクトです。やはり「貼り付け」に相当するPasteメソッドと組み合わせても使えますが、このメソッドでは貼り付け先まで指定することも可能です。

```
Rangeオブジェクト.Cut Destination
```

次のマクロプログラム「Sample144_1」では、セル範囲B2:C5を、E2セルを基準（左上端）とするセル範囲に移動させます。なお、このコードでは引数名を指定していますが、省略して直接「Range("E2")」だけを指定してもOKです。

ファイル「144_1.xlsm」

```
Sub Sample144_1()
    Range("B2:C5").Cut Destination:=Range("E2")
End Sub
```

指定範囲に移動する

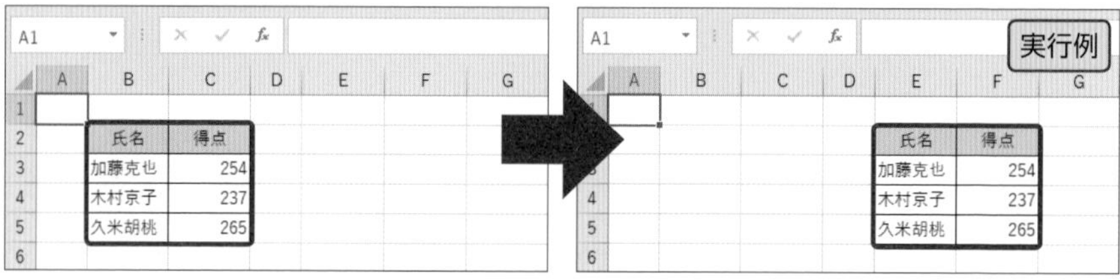

なお、引数を指定せず、Pasteメソッドと組み合わせて使用しても、コピーの場合とは異なり、貼り付けを実行できるのは一度だけです。

データだけを移動させる

コピーの場合とは異なり、切り取りの操作では各種のオプションを指定することはできず、必ず書式とデータをすべて移動させるという操作になります。たとえば、データだけを別のセル範囲に移動させて、もとの書式は残したい場合は、まず移動先にデータだけをコピーして、もとのセル（範囲）のデータを消去します。

次のマクロプログラム「Sample145_1」では、セル範囲 B2:C5 のデータだけをセル E2 を基準とするセル範囲に貼り付け、もとのセル範囲 B2:C5 のデータを消去します。セル（範囲）のデータを消去するには、対象の Range オブジェクトの **ClearContents メソッド**を使用します。

ファイル「145_1.xlsm」

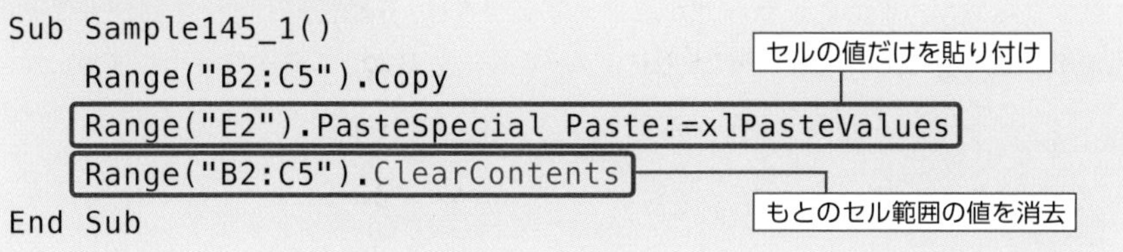

```
Sub Sample145_1()
    Range("B2:C5").Copy
    Range("E2").PasteSpecial Paste:=xlPasteValues
    Range("B2:C5").ClearContents
End Sub
```


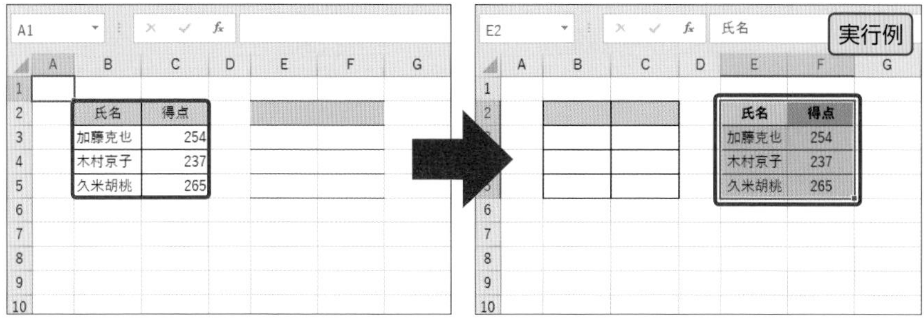

MEMO　セルを消去する

ここでは、セル範囲に入力されたデータだけを消去するために、RangeオブジェクトのClearContentsメソッドを使用しています。このメソッドは、Excelの通常の操作における「ホーム」タブの「クリア」の「数式と値のクリア」、または「Delete」キーを押す操作に相当します。

書式も含めたセル（範囲）のすべての要素を消去したい場合は、対象のRangeオブジェクトの**Clearメソッド**を使います。また、データを残して書式だけをクリアしたい場合は、対象のRangeオブジェクトの**ClearFormatsメソッド**を使用します。

STEP 09

セル範囲を挿入・削除しよう

セル（範囲）の間に空白のセル範囲を挿入したり、既存のセル（範囲）を削除して下側または右側のセル範囲を詰め寄せたりすることができます。

セル範囲を挿入する

指定したセル（範囲）に空白セルを挿入する操作は、対象のRangeオブジェクトの**Insertメソッド**で実行できます。このメソッドは、次のような書式で使用します。

```
Rangeオブジェクト.Insert Shift, CopyOrigin
```

引数Shiftには、空白セルの挿入にともなって既存のセル範囲をずらす（シフトする）方向を、定数xlShiftDown（下方向）、またはxlShiftToRight（右方向）で指定できます。この引数を省略した場合は、挿入したセル範囲の形状に応じて、自動的にシフトの方向が決まります。**引数CopyOrigin**では、挿入したセルの書式を流用する方向を、定数xlFormatFromLeftOrAbove（上側 / 左側）または定数xlFormatFromRightOrBelow（下側 / 右側）で指定します。

次のマクロプログラム「Sample146_1」では、セル範囲B3:C3に空白セルを挿入して、下側の行と同じ書式を設定します。

ファイル「146_1.xlsm」

```
Sub Sample146_1()
    Range("B3:C3").Insert Shift:=xlShiftDown, _
        CopyOrigin:=xlFormatFromRightOrBelow
End Sub
```

空白セルを挿入する

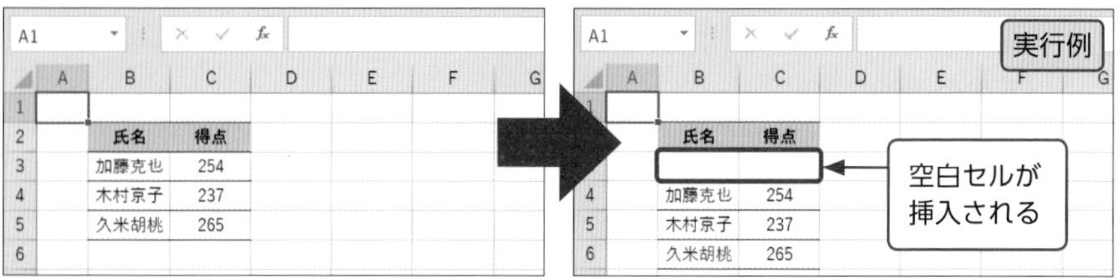

セル範囲を削除する

指定したセル（範囲）を削除して、下側または右側のセルを詰め寄せる操作は、VBAでは対象のRangeオブジェクトの**Deleteメソッド**で実行します。このメソッドは、次のような書式で使用します。

```
Rangeオブジェクト.Delete Shift
```

引数Shiftには、セルの削除にともなって既存のセルを詰め寄せる（シフトする）方向を、定数xlShiftUp（下から）またはxlShiftToLeft（右から）で指定します。この引数を省略した場合、削除するセル範囲の形状に応じて、自動的にシフトの方向が決まります。

次のマクロプログラム「Sample147_1」では、セル範囲C4:D5を削除して、右側のセル範囲を詰め寄せます。

ファイル「147_1.xlsm」

```
Sub Sample147_1()
    Range("C4:D5").Delete Shift:=xlShiftToLeft
End Sub
```

セル範囲を削除する

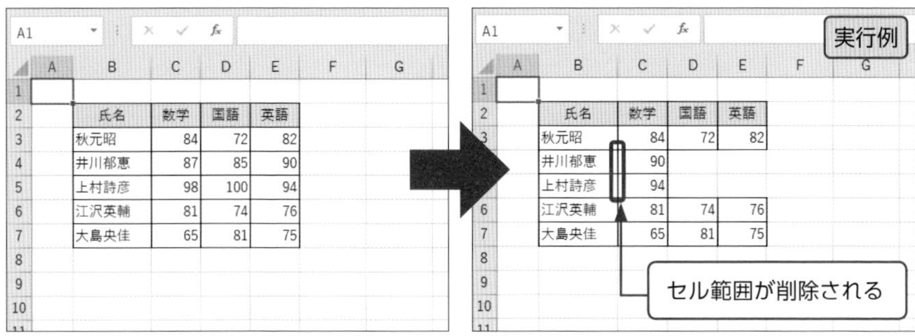

MEMO 挿入モードで移動・コピーする

Insertメソッドは、空白セルの挿入だけでなく、挿入モードでの移動やコピーに利用することもできます。
まず、CutメソッドまたはCopyメソッドを引数なしで実行します。そして、Pasteメソッドではなく、挿入先のRangeオブジェクトを対象としたInsertメソッドを実行すると、そのセル（範囲）に、切り取りまたはコピーされたセル範囲が挿入されます。

STEP 10

特定のセル範囲をすばやく選択しよう

Excelには、特定のセル（範囲）を選択するさまざまな方法が用意されています。そうした機能を利用して、VBAで各種のセル（範囲）を取得する方法を紹介します。

末尾のセルを選択する

1つの方向に連続してデータが入力されている場合はその末尾のセル（空白セルの前のセル）、空白セルが続く場合は最初に見つかった入力済みのセルまたはワークシートの端のセルを、その方向の**終端セル**と呼びます。VBAで、指定した方向の終端セルを選択したい場合には、基点のセルを表すRangeオブジェクトの**Endプロパティ**を使用します。

```
Rangeオブジェクト.End(Direction)
```

引数Directionには、定数xlDown（下方向）、xlUp（上方向）、xlToRight（右方向）、xlToLeft（左方向）のいずれかを指定します。このプロパティの戻り値として、該当するセルを表すRangeオブジェクトを取得できます。

次のマクロプログラム「Sample148_1」では、セルB2を基点として、下方向の終端セル、つまりセルB7を選択します。

ファイル「148_1.xlsm」

```
Sub Sample148_1()
    Range("B2").End(Direction:=xlDown).Select
End Sub
```

下方向の終端セルを選択する

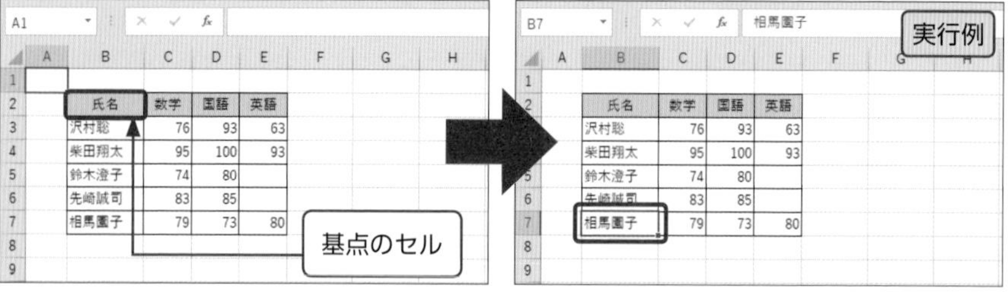

■最下行のセルを選択する

前の例の表で、「英語」の列のセル E5 とセル E6 にはデータが入力されていません。この列の最下行のセルを選択したい場合、上から、つまり E2 セルを基点として Sample148_1 と同様のマクロを実行しても、選択されるのはセル E4 であり、最下行のセル E7 ではありません。

途中に空白セルがあっても、ワークシート全体の特定の列で、もっとも下にある入力済みのセルを選択したい場合は、**最下行から上方向の終端セルを取得**します。Excel の行数は 1048576 行のため、マクロプログラム「Sample149_1」のようにすることで、最下行のセル E7 を選択することができます。

ファイル「149_1.xlsm」

```
Sub Sample149_1()
    Range("E1048576").End(Direction:=xlUp).Select
End Sub
```

最下行のセルを選択する

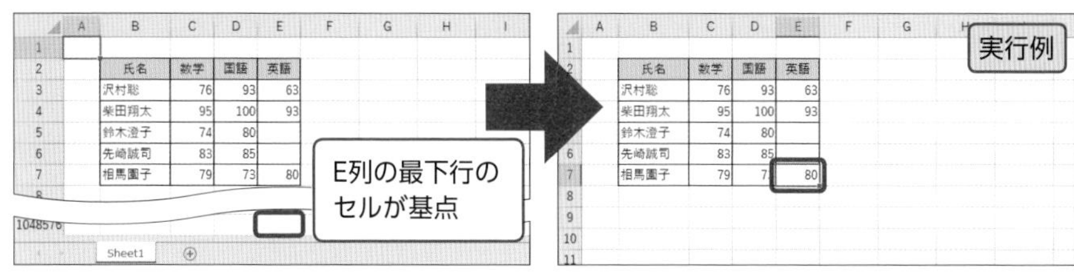

■終端セルまでの範囲を選択する

Range プロパティに引数を 2 つ指定することで、2 つのセルを結ぶ直線を対角線とする長方形のセル範囲を表す Range オブジェクトを取得することができます（P.122 参照）。ここでは、これと End プロパティを組み合わせて、アクティブセルから表の D 列の最下行のセルまでの範囲を選択してみましょう。

セル C3 を選択した状態で次のマクロプログラム「Sampe149_2」を実行すると、セル範囲 C3:D7 が選択されます。

ファイル「149_2.xlsm」

```
Sub Sample149_2()
    Range(ActiveCell, Range("D2") _
        .End(Direction:=xlDown)).Select
End Sub
```

アクティブセルからD列の終端セルまでの範囲を選択する

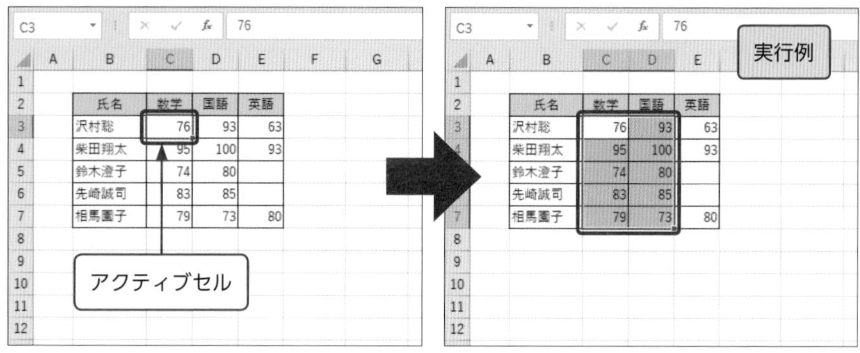

アクティブセル領域を選択する

アクティブセルを含み、隣接してデータが入力されているすべてのセルを含む長方形の領域を**アクティブセル領域**といいます。Excelにはアクティブセル領域を選択する機能が用意されており、表の範囲などをかんたんに選択できます。

VBAでは、基準のセルを表すRangeオブジェクトの**CurrentRegionプロパティ**で、そのセルを含むアクティブセル領域を表すRangeオブジェクトを取得することができます。VBAの場合、**基準のセルが実際にアクティブである必要はありません**。

次のマクロプログラム「Sample150_1」では、セルD3を含むアクティブセル領域を選択します。

ファイル「150_1.xlsm」

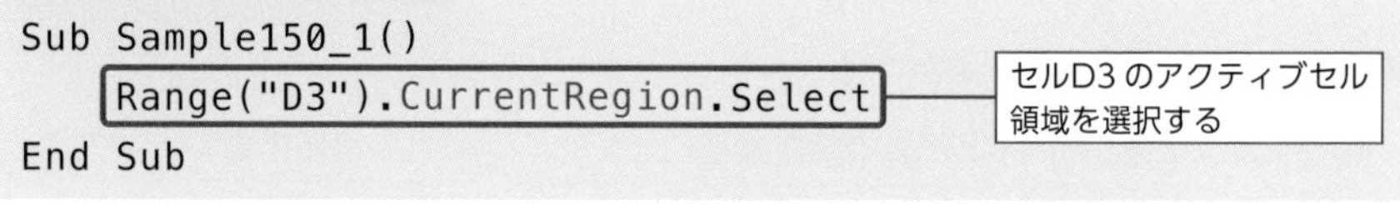

```
Sub Sample150_1()
    Range("D3").CurrentRegion.Select
End Sub
```


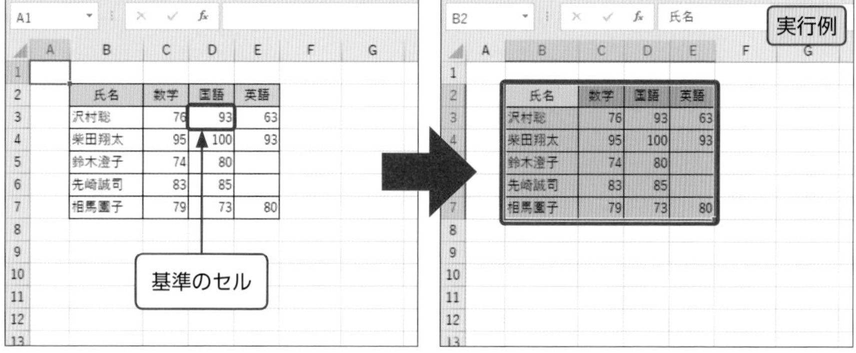

特定の種類のセルを選択する

特定の条件に合うセルだけを一括で処理したい場合は、Range オブジェクトの**SpecialCells メソッド**を使用すると便利です。次のような書式で式として使用し、戻り値として該当するセル（範囲）を表す Range オブジェクトを取得できます。

```
Rangeオブジェクト.SpecialCells(Type, Value)
```

引数 Type には、セルの種類を表す数値を、定数で指定できます。

定数	値	セルの種類
xlCellTypeConstants	2	定数(非数式)のセル
xlCellTypeFormulas	-4123	数式のセル
xlCellTypeBlanks	4	空白セル
xlCellTypeComments	-4144	コメントの付いているセル
xlCellTypeLastCell	11	最後のセル
xlCellTypeVisible	12	すべての可視セル
xlCellTypeAllFormatConditions	-4172	すべての条件付き書式のセル
xlCellTypeSameFormatConditions	-4173	同じ条件付き書式のセル
xlCellTypeAllValidation	-4174	すべての入力規則のセル
xlCellTypeSameValidation	-4175	同じ入力規則のセル

この引数で「xlCellTypeConstants」または「xlCellTypeFormulas」を指定した場合、**引数 Value** で、次のようにそのデータの種類を指定できます。複数の種類を指定したい場合は、各設定値を加算して指定します。

定数	値	データの種類
xlNumbers	1	数値
xlTextValues	2	文字列
xlLogical	4	論理値
xlErrors	16	エラー値

次のマクロプログラム「Sample152_1」では、数式の結果として文字列を返しているセルを一括で選択します。

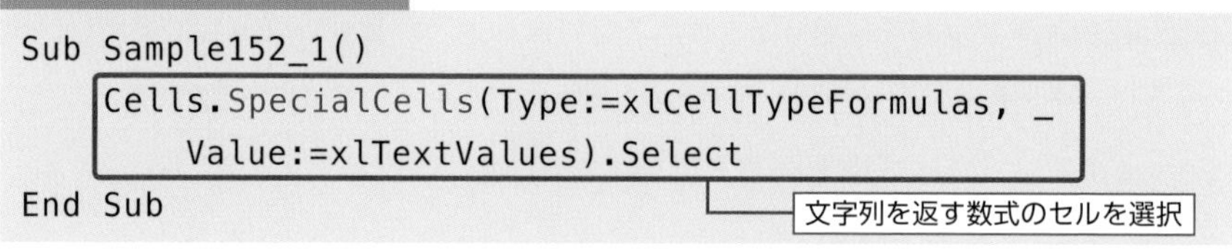

ファイル「152_1.xlsm」

```
Sub Sample152_1()
    Cells.SpecialCells(Type:=xlCellTypeFormulas, _
        Value:=xlTextValues).Select
End Sub
```


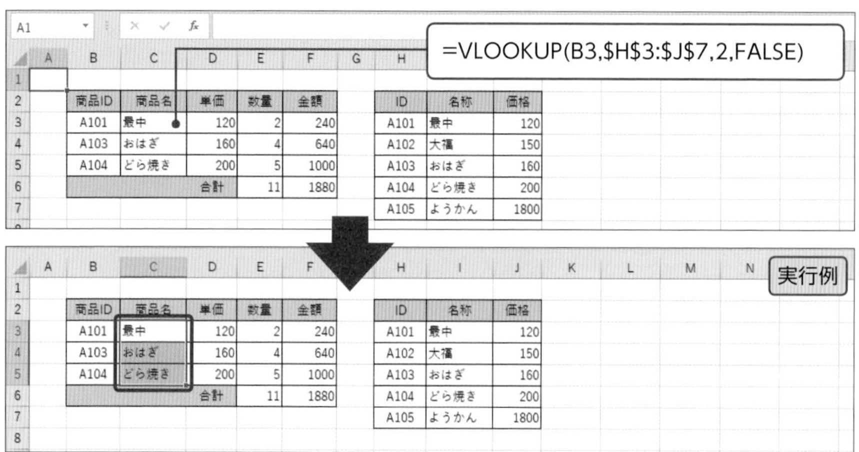

商品ID	商品名	単価	数量	金額
A101	最中	120	2	240
A103	おはぎ	160	4	640
A104	どら焼き	200	5	1000
		合計	11	1880

ID	名称	価格
A101	最中	120
A102	大福	150
A103	おはぎ	160
A104	どら焼き	200
A105	ようかん	1800

この例の場合、左側の表では、各行の「商品 ID」に対応する「商品名」や「単価」を、右側の商品リストから VLOOKUP 関数の数式で取り出しています。このほか左側の表には、各行の「単価」と「数量」の積を求める数式や、「数量」列と「金額」列の合計を求める数式なども入力されています。しかし、文字列を返す数式は、商品名を取り出しているセル範囲 C3:C5 の数式だけなので、選択されるのもこのセル範囲だけです。

また、このコードで、「Cells」は作業中のワークシートのすべてのセルを表す Range オブジェクトを返すプロパティです。この Cells プロパティか、1 つのセルを表す Range オブジェクトを対象オブジェクトに指定すると、SpeciallCells メソッドは、**作業済みのセル範囲**（P.153MEMO 参照）の中で、該当するすべてのセルを表す Range オブジェクトを返します。

■対象範囲を限定する

特定のセル範囲の中だけで、条件に該当するセルを探したい場合は、そのセル範囲を表す Range オブジェクトを対象に SpecialCells メソッドを実行すれば OK です。

次のマクロプログラム「Sample153_1」では、セル範囲 B4:F5 の中で、文字列またはエラー値を返している数式のセルを一括で選択します。

ファイル「153_1.xlsm」

```
Sub Sample153_1()
    Range("B4:F5").SpecialCells(Type:=xlCellTypeFormulas, _
        Value:=xlTextValues + xlErrors).Select
End Sub
```

文字列またはエラー値を返す数式のセルを一括選択

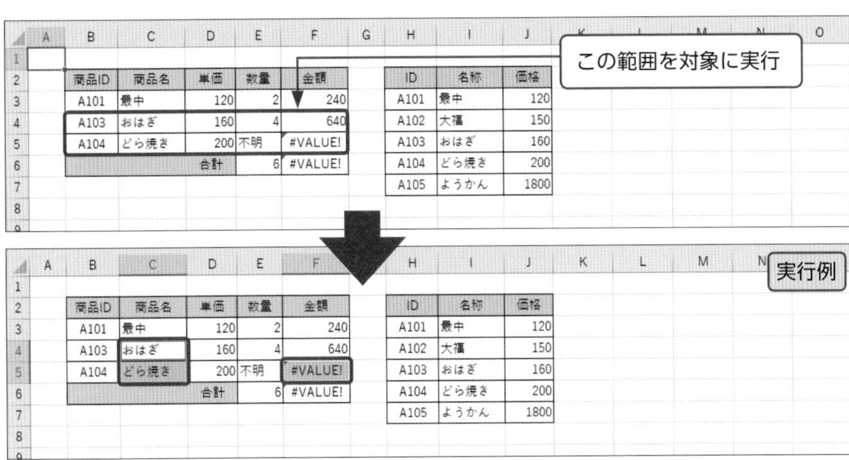

引数 Value に定数 xlTextValues と xlErrors の和を指定することで、文字列またはエラー値を返している数式セルを一括選択します。ただし、対象をセル範囲 B4:F5 に限定しているため、セル C3 やセル F6 は選択されません。

MEMO SpecialCellsメソッドの適用範囲

Cellsプロパティで取得したRangeオブジェクトのSpecialCellsメソッドで、引数Typeに定数xlCellTypeBlanksを指定した場合でも、ワークシート全体を対象に空白セルが取得されるわけではありません。この場合に対象となるのは、A1 セルを左上端、最後のセルを右下端とする長方形のセル範囲です。これは、1 つのセルを表すRangeオブジェクトを対象にSpecialCellsメソッドを実行した場合も同様です。「最後のセル」とは、データの入力や書式の設定など何らかの作業を行ったセルのうち、もっとも下にあるセルの行の、もっとも右側にあるセルの列にあたるセルのことです。

STEP 11 別のワークシートを表示しよう

同じブックの中の別のワークシートにあるセルは、Select メソッドで直接選択することはできません。この場合、まず VBA でワークシートを移動する必要があります。

ワークシートを移動する

ほかのワークシートのセルを選択するには、まず目的のセルのあるワークシートを開く（アクティブにする）必要があります。

特定のワークシートを表す **Worksheet オブジェクト**を取得するには、まず対象オブジェクトを省略した **Worksheets プロパティ**で、作業中のブックに含まれるすべてのワークシートを表す **Worksheets コレクション**（**Sheets コレクション**）を取得し、これにインデックスを指定します。Worksheets コレクションのインデックスには、シート見出しの並び順で左側から数えた番号、またはシート名が使用できます。

特定のワークシートを表示するには、対象の Worksheet オブジェクトの **Activate メソッド**または **Select メソッド**を使用します。

次のマクロプログラム「Sample154_1」では、まず「3 月」という名前のワークシートを表示し、そのセル範囲 A4:B6 を選択します。

ファイル「154_1.xlsm」

```
Sub Sample154_1()
    Worksheets("3月").Activate    ' シート「3 月」を表示する
    Range("A4:B6").Select
End Sub
```

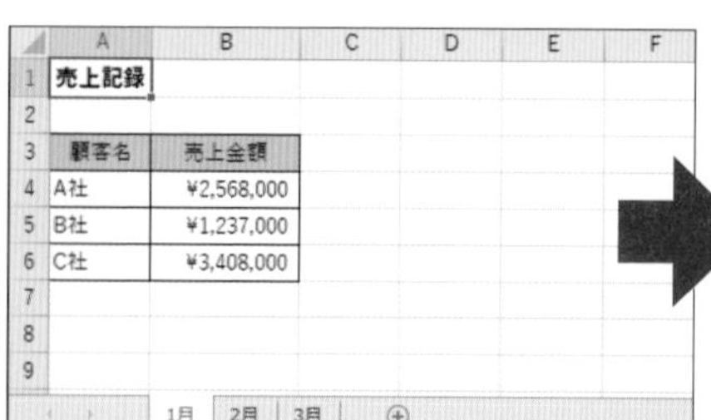

実行例

顧客名	売上金額
A社	¥987,000
B社	¥2,439,000
C社	¥1,975,000

■最後から2番目のワークシートを開く

そのブックにワークシートがいくつ含まれているかわからない状態で、最後のワークシートの 1 つ前のシートを開いてみましょう。

まず、このブックに含まれるワークシート数は、Worksheets コレクションの Count プロパティで求められます。そこから 1 を引いた値が、最後から 2 番目のワークシートのインデックスになるわけです。

ファイル「155_1.xlsm」

```
Sub Sample155_1()
    Worksheets(Worksheets.Count - 1).Activate
End Sub
```

最後から 2 番目のワークシートを表示する

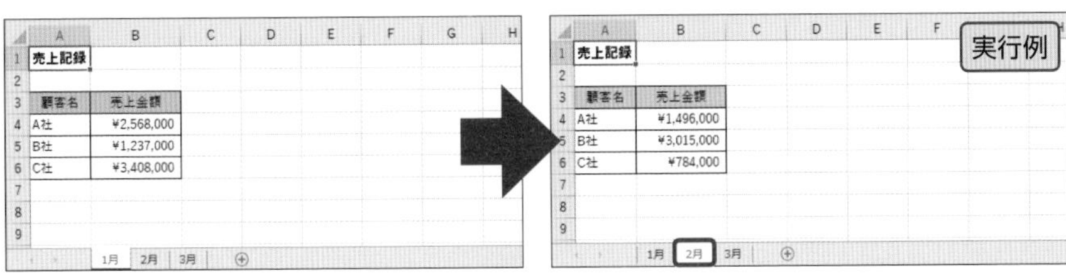

なお、作業中のブックにワークシートが 1 つしか含まれていない場合、このマクロはエラーになります。

MEMO　WorksheetsプロパティとSheetsプロパティ

VBAでシートを扱うためのプロパティとしては、Worksheetsプロパティのほかに**Sheetsプロパティ**もあります。対象オブジェクトを省略したSheetsプロパティでは、作業中のブックに含まれるすべてのシートを表すSheetsコレクションを取得できます。このSheetsコレクションに対し、やはりインデックスとして順番を表す数値やシート名を指定し、そのシートを表すオブジェクトを取得することが可能です。ただし、このオブジェクトは、必ずしもWorksheetオブジェクトとは限りません。ブックに含まれる「シート」には、ワークシートのほかにグラフシートもあり得るからです。

Sheetsコレクションにインデックスを指定して取得できるのは、ワークシートを表すWorksheetオブジェクト、またはグラフシートを表すChartオブジェクトのいずれかです。なお、単体の「Sheet」というオブジェクトは存在しません。

STEP 12

別のブックを表示しよう

複数のブックを開いている状態で、別のブック内のセル（範囲）を直接選択することもできません。目的のブックを表示し、目的のシートの目的のセルを選択します。

ブックを移動する

別のブックの特定のセルを選択するには、まずそのブックを表示します。特定のブックを表す**Workbook オブジェクト**を取得するには、まず対象オブジェクトを省略した**Workbooks プロパティ**で、開いているすべてのブックを表す**Workbooks コレクション**を取得し、これにインデックスを指定します。Workbooks コレクションのインデックスには、開かれた順番を表す番号、またはブック名が使用できます。

特定のブックを表示するには、対象の Workbook オブジェクトの **Activate メソッド**を使用します。

次のマクロプログラム「Sample156_1」は、「156_2.xlsx」も開いている状態で実行します。このブック「156_2.xlsx」を表示し、そのアクティブシートのセル範囲 B4:B6 を選択します。

ファイル「156_1.xlsm」

```
Sub Sample156_1()
    Workbooks("156_2.xlsx").Activate
    Range("B4:B6").Select
End Sub
```

ブック「156_2.xlsx」を表示する

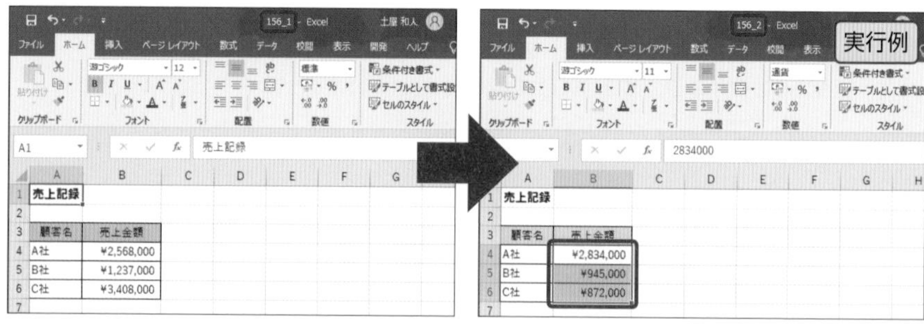

■ブックの特定のワークシートを開く

表示したブックのアクティブシートのセル（範囲）ではなく、そのブックの特定のワークシートのセル（範囲）を選択したい場合もあるでしょう。このようなときは、**まず目的のブックを表示し、次に目的のワークシートを表示して、最後に目的のセルを選択する**必要があります。

次のマクロプログラム「Sample157_1」は、作業中の Excel で最後に開いたブックを表示し、その 2 番目のワークシートを表示して、そのセル範囲 A4:A6 を選択するものです。

ファイル「157_1.xlsm」

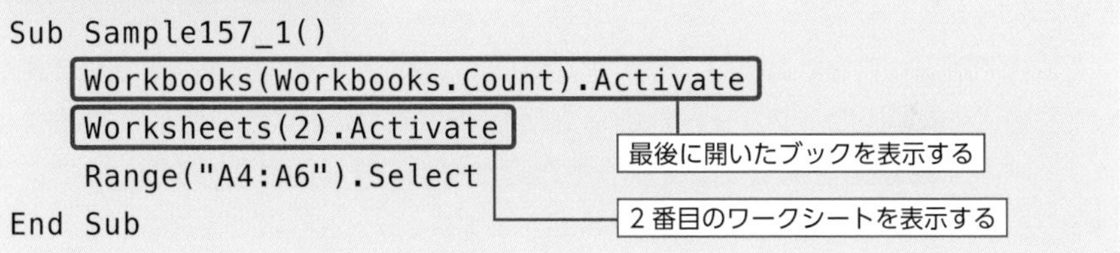

```
Sub Sample157_1()
    Workbooks(Workbooks.Count).Activate
    Worksheets(2).Activate
    Range("A4:A6").Select
End Sub
```

最後に開いたブックを表示する
2 番目のワークシートを表示する

なお、最後に開いたブックにワークシートが 2 つ以上含まれていない場合はエラーになるため、注意してください。

練習問題

ブック「157_3.xlsx」のシート「6 月」を表示し、そのセルB4 を選択したいと思います。このマクロ「Sample157_2」は、どのようなプログラムになるでしょうか。

解答　一例として、次のようなマクロプログラムが考えられます。

ファイル「157_2.xlsm」

```
Sub Sample157_2()
    Workbooks("157_3.xlsx").Activate
    Worksheets("6月").Activate
    Range("B4").Select
End Sub
```

STEP 13

別のシート・ブックを表示せずに操作しよう

別のブック・シートのデータを取り出したり、セルのデータを変更したりする操作は、そのブック・シートを表示しなくても可能です。

別シートのセルの値を操作する

ここまで解説してきたとおり、Rangeプロパティは、対象オブジェクトなしで使用した場合、作業中のワークシートのセル（範囲）を表すRangeオブジェクトを取得します。一方、**Worksheetオブジェクトを Rangeプロパティの対象とする**ことで、そのワークシートのセル（範囲）を表すRangeオブジェクトを取得できます。これを利用して、現在のワークシートを開いた状態のまま、別のワークシートのセルのデータを操作することが可能です。

次のマクロプログラム「Sample158_1」では、シート「3月」のセルB4の値を取り出して100000を加算し、同じセルB4に入力します。このマクロは、「3月」以外のシートを開いている状態でも実行できます。ここでは、シート「1月」を表示している状態で実行してみましょう。

ファイル「158_1.xlsm」

```
Sub Sample158_1()
    Worksheets("3月").Range("B4").Value = _
        Worksheets("3月").Range("B4").Value + 100000
End Sub
```

他シートのセルに加算

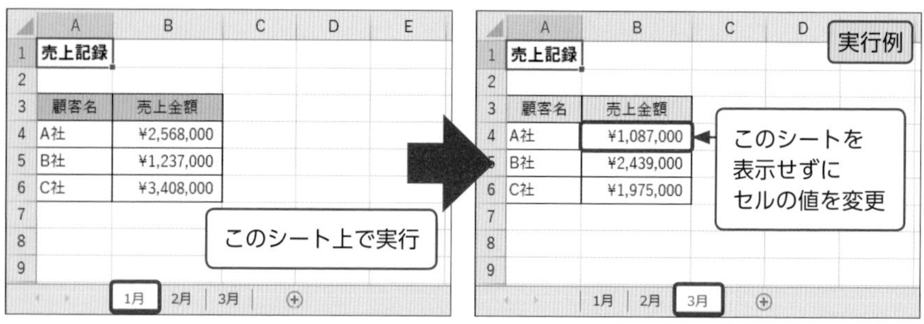

別ブックのセルの値を操作する

同様に、Workbookオブジェクトを指定することで、別のブックの特定のセルのデータを操作することも可能です。ただし、Rangeオブジェクトを直接Workbookオブジェクトの子オブジェクトに指定することはできず、**両者の間にWorksheetオブジェクトを介する必要があります**。

次のマクロプログラム「Sample159_1」は、ブック「159_2.xlsx」を開いている状態で実行します。このブックのシート「5月」のセルB6の値を取り出して50000を引き、同じセルB6に入力します。目的のRangeオブジェクトを取得するための式が長くなりすぎるため、ここではWithステートメント（P.70参照）を利用しています。

ファイル「159_1.xlsm」

```
Sub Sample159_1()
    With Workbooks("159_2.xlsx").Worksheets("5月") _
        .Range("B6")
        .Value = .Value - 50000
    End With
End Sub
```

特定のブックのセルを指定

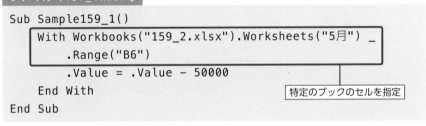

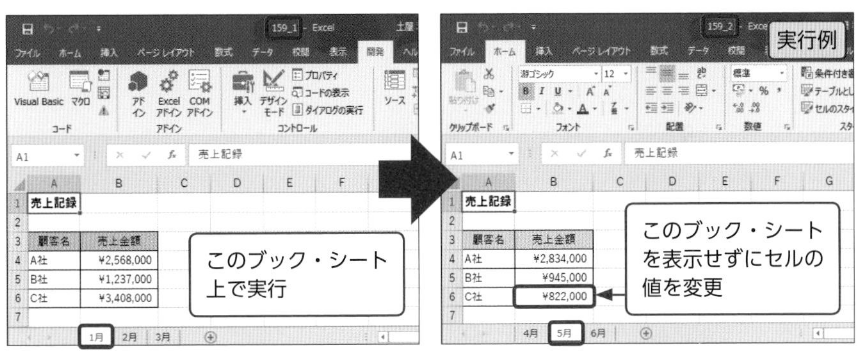

別ブックのセルの値を操作するときは、Workbookオブジェクトと Rangeオブジェクトの間に、Worksheetオブジェクトをはさむことを忘れずに行おう！

STEP 14

別のシートのセルへすばやくジャンプしよう

まず目的のブックやワークシートを表示するといった操作を省略し、直接目的のブック・シートの目的のセルを選択する方法もあります。

別ブック・シートのセルへジャンプする

Application オブジェクトの **Goto メソッド**を使用すると、指定したブック・シートの特定のセルへ、直接ジャンプすることが可能です。このメソッドの書式は次の通りです。

```
Applicationオブジェクト.Goto Reference, Scroll
```

引数 Reference に、ジャンプしたいセルを表す Range オブジェクトを指定します。ほかのブック・シートのセルへジャンプしたい場合も、Workbook オブジェクトや Worksheet オブジェクトを付けて指定すれば OK です。また、**引数 Scroll** に True を指定すると、ジャンプ先に指定したセルがウィンドウの左上端に表示されるように、画面をスクロールします。

次のマクロプログラム「Sample160_1」では、同じブック内のシート「2 月」のセル B3 を選択し、画面の左上端に表示します。

ファイル「160_1.xlsm」

```
Sub Sample160_1()
    Application.Goto Reference:=Worksheets("2月") _
        .Range("B3"), Scroll:=True
End Sub
```

他シートのセルにジャンプ

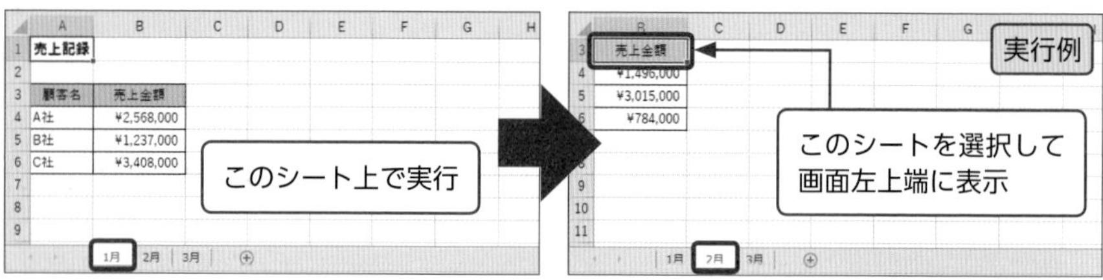

第 4 章

セルの書式を自動的に設定しよう

この章では、セルの書式を VBA のプログラムで設定する操作について解説していきます。塗りつぶしの色やフォントの種類、罫線の太さや線種など、さまざまな設定が可能です。こうした書式設定を駆使して、より見やすく美しい表に仕上げましょう。

びくっ
えーっ
なにこれ〜⁉
鹿島さん
そんな大声出して
どうしたの？
速水センパイ〜！
表の書式を整えるマクロを
記録機能で作って修正
しようと思ったんですけど…
Burger

セルの色や表示形式を
変えて格子の罫線を
設定しただけなのに
なぜかこんなに長い
マクロになっちゃったん
ですよ〜！

鹿島さん
落ち着いて

```
Sub 表書式()
'
' 表書式 Macro
'
'
    Range("B2:F2").Select
    With Selection.Interior
        .Pattern = xlSolid
        .PatternColorIndex = xlAutomatic
        .ThemeColor = xlThemeColorAccent1
        .TintAndShade = 0.599993896298105
        .PatternTintAndShade = 0
    End With
    With Selection.Font
        .Name = "HGPｺﾞｼｯｸM"
        .Size = 11
        .Strikethrough = False
        .Superscript = False
        .Subscript = False
        .OutlineFont = False
        .Shadow = False
        .Underline = xlUnderlineStyleNone
        .ThemeColor = xlThemeColorLight1
        .TintAndShade = 0
        .ThemeFont = xlThemeFontNone
    End With
    Range("B2:F7").Select
    Selection.Borders(xlDiagonalDown).LineStyle = xlNone
    Selection.Borders(xlDiagonalUp).LineStyle = xlNone
    With Selection.Borders(xlEdgeLeft)
        .LineStyle = xlContinuous
        .ColorIndex = 0
        .TintAndShade = 0
        .Weight = xlThin
    End With
    With Selection.Borders(xlEdgeTop)
        .LineStyle = xlContinuous
        .ColorIndex = 0
        .TintAndShade = 0
        .Weight = xlThin
    End With
    With Selection.Borders(xlEdgeBottom)
        .LineStyle = xlContinuous
        .ColorIndex = 0
        .TintAndShade = 0
        .Weight = xlThin
    End With
    With Selection.Borders(xlEdgeRight)
        .LineStyle = xlContinuous
        .ColorIndex = 0
        .TintAndShade = 0
        .Weight = xlThin
    End With
    With Selection.Borders(xlInsideVertical)
        .LineStyle = xlContinuous
        .ColorIndex = 0
        .TintAndShade = 0
```

記録機能では関連する
書式がセットでマクロ化
されることが多いんだ

そう、ちょうど僕の
お昼であるこの
ハンバーガーセット
みたいにね

Drink
B
P

たとえば、セルの塗りつぶしの設定の
「Interior」、フォントの設定の「Font」など
実際に変更した書式以外も
まとめてマクロ化されるんだ
罫線なんて、セル範囲の上下左右の
辺と内側の水平線や垂直線が
それぞれ「Border」で細かく
設定されてしまうんだよ

どう…どうしたら
いいんでしょう

VBAのプログラムで
使われる用語は
英語ベースだからある程度
意味は推測できるよね？

必要な設定に関係の
ありそうな行だけ残して、
あとは削除しちゃっても
大抵は問題なし！

こんな風に…

Drink

やってみます…！

それから、罫線は
各辺に対して
設定されてるけれど
全部の辺に同じ設定を
するなら、もっと
シンプルになるよ

カタ カタ カタ

```
Sub 表書式()
'
' 表書式 Macro
'

'
    With Range("B2:F2").Interior
        .ThemeColor = xlThemeColorAccent1
        .TintAndShade = 0.599993896298105
    End With
    Range("B2:F2").Font.Name = "HGPｺﾞｼｯｸM"
    Range("B2:F7").Borders.LineStyle = xlContinuous
End Sub
```

できた…こんなに
削除しちゃって
いいんだ！

鹿島さんバッチリ、
のみ込みが速いね！

…って、あれ、僕の
ポテトとコーラは？

必要そうな
ハンバーガーだけ
残して、あとは削除
しちゃいました…

全部必要だよ！

Drink

P

STEP 01

セルの塗りつぶしを設定しよう

まず、セルの塗りつぶし関連の書式をVBAで変更してみましょう。具体的には、セルの背景色やパターンに関する設定を操作します。

セルの背景色を設定する

セルの塗りつぶしに関する書式は、対象のセル（範囲）を表すRangeオブジェクトの**Interiorプロパティ**で取得できる、**Interiorオブジェクト**のプロパティとして設定します。セルの塗りつぶしの色（背景色）を設定する方法はいくつかありますが、Excelの最近のバージョンでは、**テーマの色**を使用する方法と、**RGB値**で指定する方法を押さえておけばよいでしょう。

テーマの色を設定する

テーマとは、色やフォントなどの基本的な書式の組み合わせが登録されたもので、ブック単位で設定されます。初期状態では標準のテーマ「Office」が設定されていますが、テーマを切り替えることで、そのブックの全体的なイメージをかんたんに変更することができます。

「ホーム」タブの「フォント」グループの「塗りつぶしの色」などの色設定では、「テーマの色」という色の一覧がメインに表示されます。テーマの色には、「背景1・2」と「テキスト1・2」、および「アクセント1～6」という計10種類の基本色と、その濃淡のバリエーションが含まれます。これらのテーマの色が、具体的にどのような色を表すかは、そのブックに設定されているテーマによって変わります。

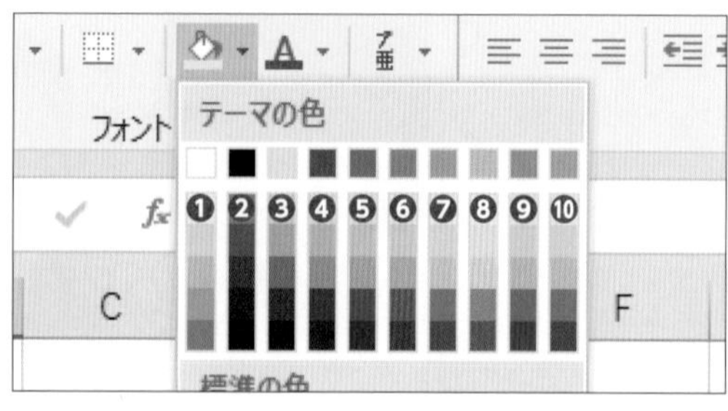

❶ 背景1	❻ アクセント2
❷ テキスト1	❼ アクセント3
❸ 背景2	❽ アクセント4
❹ テキスト2	❾ アクセント5
❺ アクセント1	❿ アクセント6

VBA でセルの背景色をテーマの色として設定するには、Interior オブジェクトの **ThemeColor プロパティ**を使用します。このプロパティの設定値は数値ですが、テーマの色を表す定数（P.88 参照）を利用すると、設定内容がわかりやすくなります。

濃淡のバリエーションは、Interior オブジェクトの **TintAndShade プロパティ**で設定します。一覧に表示される「テーマの色」のバリエーションは 5 段階だけですが、このプロパティでは、－1～1 の範囲の小数（パーセンテージ）で、自由に設定できます。標準の色を 0 として、この値が大きいほど白に近く、小さいほど黒に近くなります。

次のマクロプログラム「Sample165_1」では、セル範囲 B2:E2 の背景色としてテーマの色の「アクセント 4」を設定し、さらに 70%の薄さにします。

ファイル「165_1.xlsm」

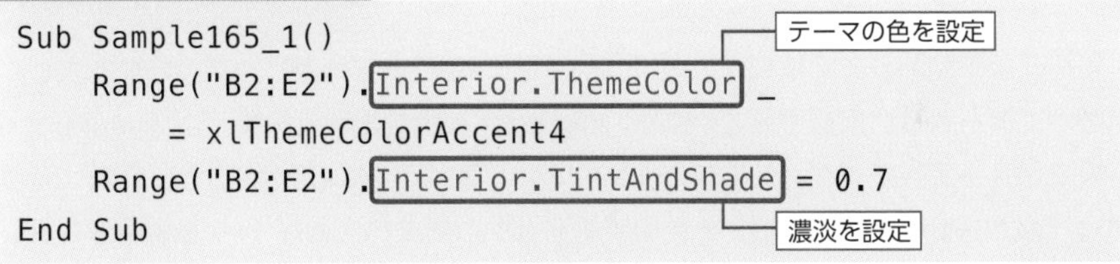


```
Sub Sample165_1()
    Range("B2:E2").Interior.ThemeColor _
        = xlThemeColorAccent4
    Range("B2:E2").Interior.TintAndShade = 0.7
End Sub
```

	A	B	C	D	E	F
1						
2		氏名	国語	数学	英語	
3		山田健太	78	93	81	
4		伊藤優子	86	82	78	
5		鈴木吾郎	63	70	95	

実行例

	A	B	C	D	E	F
1						
2		氏名	国語	数学	英語	
3		山田健太	78	93	81	
4		伊藤優子	86	82	78	
5		鈴木吾郎	63	70	95	

■ RGB値で設定する

RGB 値とは、光の三原色である R（赤）・G（緑）・B（青）にそれぞれ 0 ～ 255 の明度を設定し、その組み合わせによって 1 つの色を表すものです。これによって、約 1,677 万色を表現することができます。

VBA で RGB 値を使って色を設定する場合、RGB 各色の明度を表す 3 つの数値を組み合わせた 1 つの数値を使用します。この 1 つの数値を求めるために使われるのが **RGB 関数**です。

```
RGB(Red, Green, Blue)
```

セルの背景色を、RGB 値を使って設定したい場合は、Interior オブジェクトの **Color プロパティ**に、この RGB 値を表す 1 つの数値を指定します。

次のマクロプログラム「Sample166_1」では、セル範囲 B3:B5 に、RGB 値を使って薄い水色を設定します。

ファイル「166_1.xlsm」

```
Sub Sample166_1()
    Range("B3:B5").Interior. Color = RGB(200, 255, 255)
End Sub
```

RGB値で色を設定

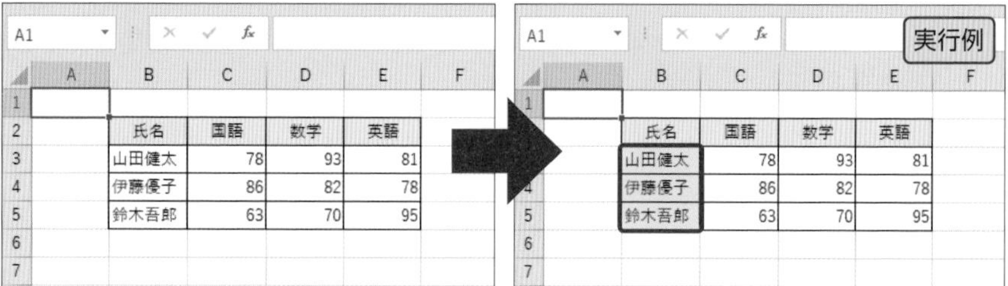

A1
A B C D E F
氏名 国語 数学 英語
山田健太 78 93 81
伊藤優子 86 82 78
鈴木吾郎 63 70 95
実行例

また、よく使われる何種類かの色については、RGB 値をわかりやすい名前で表した定数が、あらかじめ用意されています。「vbBlack」や「vbRed」などは Visual Basic 全般で使える定数ですが、このグループの定数で表せる色は 8 種類だけです（P.87 参照）。Excel VBA では、「rgb」＋色の英語名という形式の定数が 144 種類用意されており、よりさまざまな色を指定することが可能です（P.89 参照）。

次のマクロプログラム「Sample166_2」では、セル範囲 C3:E5 の背景色をアクアマリンに変更します。

ファイル「166_2.xlsm」

```
Sub Sample166_2()
    Range("C3:E5").Interior. Color = rgbAquamarine
End Sub
```

定数でRGB値を設定

	A	B	C	D	E	F
1						
2		氏名	国語	数学	英語	
3		山田健太	78	93	81	
4		伊藤優子	86	82	78	
5		鈴木吾郎	63	70	95	
6						
7						

実行例

RGB値の数値では慣れないうちは色がイメージしにくいから、P.87 ～ 89 を再確認して、主要な色の定数をすぐ使えるように覚えておくといいよ。

MEMO セルのパターンを設定する

セルの塗りつぶしに関する書式としては、背景色のほかに、縞模様などのパターンに関する設定もあります。VBAでは、セルのパターンは、Interiorオブジェクトの**Patternプロパティ**で設定できます。
このプロパティの設定値は数値ですが、やはり定数が用意されています。ここでは、その一部を確認しておきましょう。

定数	値	パターン
xlPatternNone	-4142	塗りつぶしなし
xlPatternSolid	1	単色の塗りつぶし
xlPatternGray75	-4126	75%灰色
xlPatternGray50	-4125	50%灰色
xlPatternGray25	-4124	25%灰色
xlPatternGray16	17	12.5%灰色
xlPatternGray8	18	6.25%灰色
xlPatternHorizontal	-4128	横 縞
xlPatternVertical	-4166	縦 縞
xlPatternDown	-4121	右下がり斜線 縞
xlPatternUp	-4162	左下がり斜線 縞
xlPatternChecker	9	左下がり斜線 格子

セルの塗りつぶしを「なし」にしたい場合は、このPatternプロパティに**定数xlPatternNone**を指定するという方法がわかりやすいでしょう。また、ThemeColorプロパティに**定数xlNone**を設定するという方法でも、セルの塗りつぶしを「なし」にできます。
セルの塗りつぶしにパターンを設定した場合、ThemeColorプロパティやColorプロパティで設定した色は、そのパターンの背景部分（白で表される部分）の色になります。一方、パターンの模様部分（黒で表される部分）の色は、**PatternThemeColorプロパティ**や**PatternTintAndShadeプロパティ**、**PatternColorプロパティ**で設定します。

STEP 02

セルの文字の書式を設定しよう

セルの文字（フォント）の書式に関する設定も、VBAで変更できます。文字関連の書式としては、フォント、フォントサイズ、フォントの色などがあります。

セルのフォントを設定する

セルの文字に関する書式は、対象のセル（範囲）を表すRangeオブジェクトの**Fontプロパティ**で取得できる、**Fontオブジェクト**のプロパティとして設定します。「游ゴシック」や「MS P ゴシック」といったフォント（フォント名）は、Fontオブジェクトの**Nameプロパティ**で、文字列データとして取得・設定できます。フォント名を指定する場合、文字の全角／半角や文字間のスペースまで含めて、「ホーム」タブの「フォント」グループの**「フォント」に表示されるフォント名とまったく同じになるようにしてください**。

また、フォントの設定にも、実は**テーマ**（P.164参照）が関係しています。**テーマのフォント**として登録されているのは「本文」と「見出し」の2種類で、それぞれに「游ゴシック」などの具体的なフォント名を設定します。標準のテーマ「Office」の場合、「本文」には「游ゴシック」、「見出し」には「游ゴシック Light」が設定されています。ブックのテーマを切り替えると、これらのテーマのフォントも変化します。

テーマのフォントは、Fontオブジェクトの**ThemeFontプロパティ**で取得・設定できます。設定値は数値ですが、その判定や設定には定数が使用できます。「本文」はxlThemeFontMinor（実際の値は2）、「見出し」はxlThemeFontMajor（同1）です。

次のマクロプログラム「Sample168_1」では、セル範囲B2:E2のフォントをテーマのフォントの「見出し」に、セル範囲B3:E5のフォントを「HGP教科書体」に変更します。

ファイル「168_1.xlsm」

```
Sub Sample168_1()
    Range("B2:E2").Font.ThemeFont = xlThemeFontMajor
    Range("B3:E5").Font.Name = "HGP教科書体"
End Sub
```

テーマのフォントを設定

フォント名を設定

フォントサイズを設定する

セルのフォントサイズ（文字の大きさ）は、Font オブジェクトの **Size プロパティ**で取得・設定できます。設定値は、「ホーム」タブの「フォント」グループの「フォントサイズ」に表示される数値そのもので、単位はポイント（1 ポイント＝約 0.35mm）です。

次のマクロプログラム「Sample169_1」では、セル範囲 C3:E5 のフォントサイズを 14 ポイントに変更します。

ファイル「169_1.xlsm」

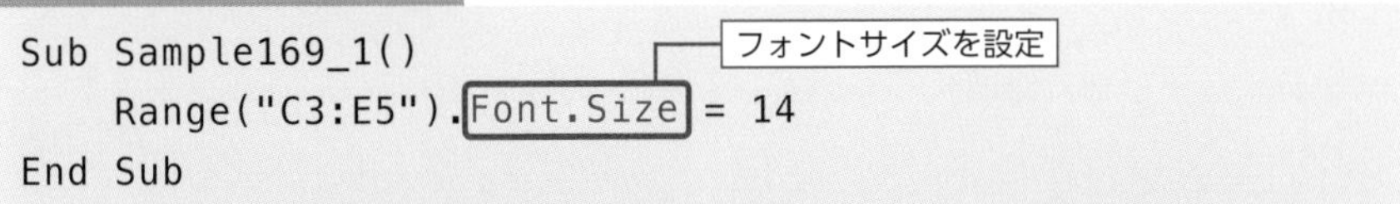

```
Sub Sample169_1()
    Range("C3:E5").Font.Size = 14
End Sub
```


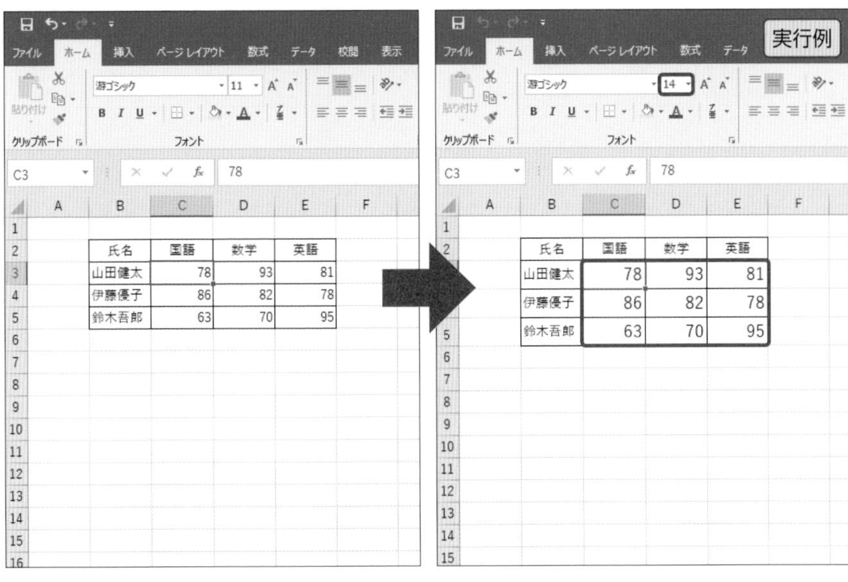

フォントの色を設定する

セルのフォントの色では、テーマの色とその濃淡で設定する場合はFontオブジェクトの**ThemeColorプロパティ**と**TintAndShadeプロパティ**、RGB値で指定する場合は**Colorプロパティ**を使用します。つまり、対象オブジェクトが異なるだけで、塗りつぶしの色の設定とまったく同じなのです。

次のマクロプログラム「Sample170_1」では、まずセル範囲B2:E2のフォントの色をテーマの色の「アクセント5」にして、25%の濃さに変更します。ここでは、オブジェクトの指定をまとめるため、Withステートメントを使用します。次に、セル範囲B3:B5のフォントの色を赤に変更します。

ファイル「170_1.xlsm」

```
Sub Sample170_1()
    With Range("B2:E2").Font
        .ThemeColor = xlThemeColorAccent5
        .TintAndShade = -0.25
    End With
    Range("B3:B5").Font.Color = rgbRed
End Sub
```

フォントのテーマの色と濃淡を設定

フォントの色をRGB値で設定

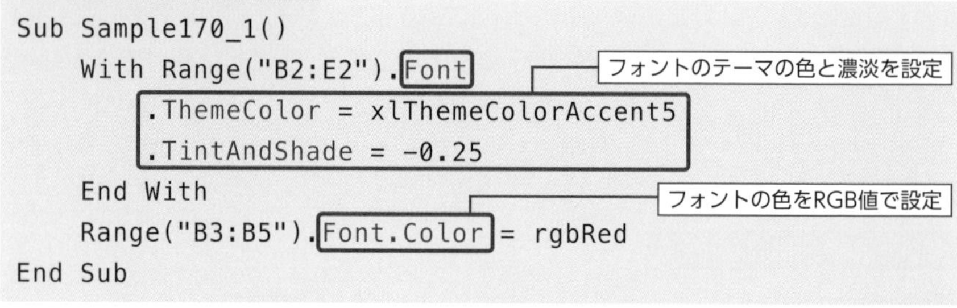

そのほかのフォントの書式を設定する

文字に設定可能なそのほかの書式としては、「太字」や「斜体」、「下線」、「取り消し線」、「上付き」、「下付き」があります。

とくに「太字」と「斜体」は**フォントスタイル**と呼ばれ、VBAではFontオブジェクトの**FontStyleプロパティ**で、まとめて設定することができます。このプロパティの設定値は、「標準」「太字」「斜体」「太字 斜体」のいずれかの文字列です。

また、Fontオブジェクトの**Boldプロパティ**や**Italicプロパティ**を使い、True/Falseの指定でこれらの書式を個別に設定することも可能です。

次のマクロプログラム「Sample171_1」では、FontStyle プロパティを使い、セル範囲 B2:E2 の文字に太字と斜体を同時に設定します。

ファイル「171_1.xlsm」

```
Sub Sample171_1()
    Range("B2:E2").Font.FontStyle = "太字 斜体"
End Sub
```

フォントスタイルを設定

実行例

なお、このほかのフォントの書式については、Font オブジェクトの次のようなプロパティで設定できます。

書式	プロパティ	設定値
下線	Underline	下線の種類を表す数値（定数）
取り消し線	Strikethrough	True/False
上付き	Superscript	True/False
下付き	Subscript	True/False

Underline プロパティの設定用の定数は 5 種類ありますが、ここではそのうちの 3 種類を紹介しておきます。

- 「下線」は「xlUnderlineStyleSingle」（実際の値は 2）
- 「二重下線」は「xlUnderlineStyleDouble」（同 -4119）
- 「下線なし」は「xlUnderlineStyleNone」（同 -4142）

上のマクロプログラム「Sample171_1」を実行した後、セルE2 のフォントの書式を表すFontオブジェクトのBoldプロパティとItalicプロパティは、それぞれどのような値になっているでしょうか。

STEP 03

セルの罫線を設定しよう

セルの罫線の書式は、四辺をまとめて設定することも、各辺を個別に設定することも可能です。これらの設定方法を確認していきましょう。

セルの四辺に罫線を設定する

まず、セル（範囲）の四辺の罫線を、すべて一括で設定する方法から解説していきましょう。

操作対象のセル（範囲）を表すRangeオブジェクトの**Bordersプロパティ**で、セルの四辺の罫線を表す**Bordersコレクション**を取得できます。そのプロパティで、次のような罫線の各書式を設定します。

書式	プロパティ	設定値
太さ	Weight	線の太さを表す数値(定数)
線種	LineStyle	線の種類を表す数値(定数)
色(RGB値)	Color	RGB値を表す1つの数値
テーマの色	ThemeColor	テーマの色の種類を表す数値(定数)
濃淡	TintAndShade	色の濃淡を表す-1～1の範囲の小数

太さを設定する**Weightプロパティ**に利用できる定数には、次のような種類があります。なお、太さそのものを、ミリメートル単位などの数値で設定することはできません。

定数	値	太さ
xlHairline	1	ヘアライン(極細線)
xlThin	2	細線
xlMedium	-4138	中太線
xlThick	4	太線

P.171 解答 Boldプロパティ、Italicプロパティとも、太字・斜体が設定されていることを表す「True」という値になっています。

また、線種を設定する**LineStyle プロパティ**に利用できる定数には、次のような種類があります。

定数	値	線種
xlLineStyleNone	-4142	線なし
xlContinuous	1	実線
xlDash	-4115	破線
xlDashDot	4	一点鎖線
xlDashDotDot	5	二点鎖線
xlDot	-4118	点線
xlDouble	-4119	二重線
xlSlantDashDot	13	斜め一点鎖線

色に関する設定については、塗りつぶしやフォントと同様です。

次のマクロプログラム「Sample173_1」は、セル範囲 B2:E5 の罫線を中太の破線にし、さらに色をテーマの色の「アクセント 2」に変更します。

ファイル「173_1.xlsm」

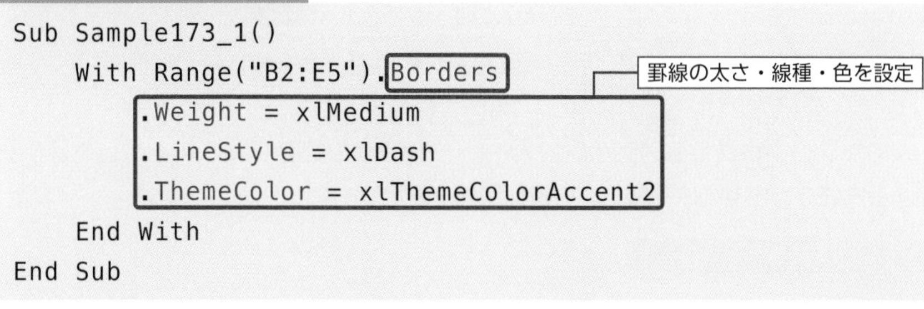

```
Sub Sample173_1()
    With Range("B2:E5").Borders
        .Weight = xlMedium
        .LineStyle = xlDash
        .ThemeColor = xlThemeColorAccent2
    End With
End Sub
```


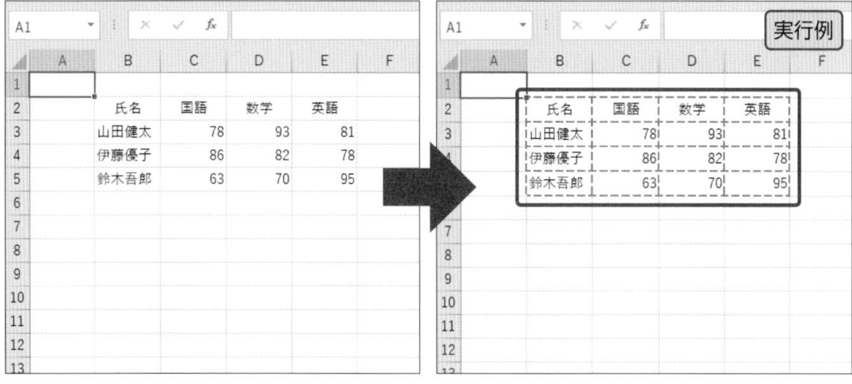

各辺の罫線を設定する

次に、セルの四辺すべてではなく、各辺について、個別に罫線を設定していきましょう。単体のセルではなくセル範囲を対象とする場合、その範囲の内側の水平線および垂直線に一括で罫線を設定することもできます。さらに、各セルの内側に斜線を設定することも可能です。

これらの各罫線は、Range オブジェクトの Borders プロパティで取得した **Borders コレクションにインデックスを指定して取得します**。インデックスに指定する値は数値ですが、よりわかりやすく表すために、次のような定数を使用することができます。

定数	値	取得できる罫線の位置
xlEdgeLeft	7	セル(範囲)の左側の端
xlEdgeTop	8	セル(範囲)の上側の端
xlEdgeBottom	9	セル(範囲)の下側の端
xlEdgeRight	10	セル(範囲)の右側の端
xlInsideVertical	11	セル範囲の内側の垂直線
xlInsideHorizontal	12	セル範囲の内側の水平線
xlDiagonalDown	5	セルの左上から右下への斜線
xlDiagonalUp	6	セルの左下から右上への斜線

次のマクロプログラム「Sample174_1」では、セル範囲 B2:E5 の上辺と下辺に緑の太い実線を、内側の水平線に赤の細い実線を設定します。

ファイル「174_1.xlsm」

上辺の罫線に対する設定

下辺の罫線に対する設定

```
Sub Sample174_1()
    With Range("B2:E5").Borders(xlEdgeTop)
        .LineStyle = xlContinuous
        .Weight = xlThick
        .Color = rgbGreen
    End With
    With Range("B2:E5").Borders(xlEdgeBottom)
        .LineStyle = xlContinuous
        .Weight = xlThick
        .Color = rgbGreen
    End With
```

```
    With Range("B2:E5").Borders(xlInsideHorizontal)
        .LineStyle = xlContinuous
        .Weight = xlThin
        .Color = rgbRed
    End With
End Sub
```

内側の水平線に対する設定

	A	B	C	D	E	F
1						
2		氏名	国語	数学	英語	
3		山田健太	78	93	81	
4		伊藤優子	86	82	78	
5		鈴木吾郎	63	70	95	

実行例

	A	B	C	D	E	F
1						
2		氏名	国語	数学	英語	
3		山田健太	78	93	81	
4		伊藤優子	86	82	78	
5		鈴木吾郎	63	70	95	

太さや線種、色なんかも各辺で細かく設定できるのね。これなら見やすくてオシャレな表に仕上げられそう！

練習問題

P.174 のマクロプログラム「Sample174_1」を実行した後の状態の表で、さらに見出し行のセル範囲B2:E2 の下側に赤い二重線を設定するとします。空欄のAとBには、それぞれどのような語（定数）が入るでしょうか。

ファイル「175_1.xlsm」

```
Sub Sample175_1()
    With Range("B2:E2").Borders(    A    )
        .LineStyle =    B
        .Color = rgbRed
    End With
End Sub
```

STEP 04

セルの表示形式を設定しよう

セルの表示形式を指定することで、数値を通貨の形式で表示したり、数値に「個」を付けて表示したりできます。ここでは、こうした設定方法を紹介します。

セルの表示形式を変更する

セルの**表示形式**は、数値などの実際のデータに対し、桁区切りのカンマや通貨記号などの装飾を施した形でセル上に表示できる機能です。Excel の通常の操作では、「数値」や「通貨」、「日付」、「時刻」など、データの種類に応じた複数のパターンがあらかじめ用意されており、その中から選択するだけで設定できます。一方、Excel には表示形式を定義するための**書式記号**が用意されており、こうした既存の表示形式も、実はすべて書式記号で表すことができます。

表示形式は、「ホーム」タブ→「セル」グループの「書式」→「セルの書式」をクリックすると表示できる「セルの書式設定」ダイアログの「表示形式」タブで設定できます。ここで、まず既存の表示形式を選択してから「ユーザー定義」を選択すると、「種類」でその表示形式を表す書式記号が確認できます。

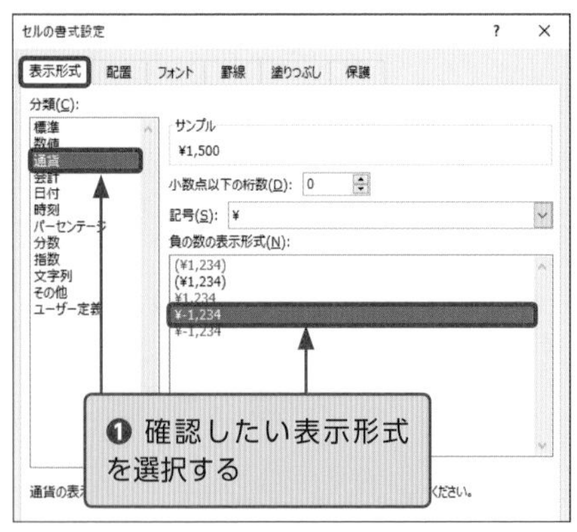

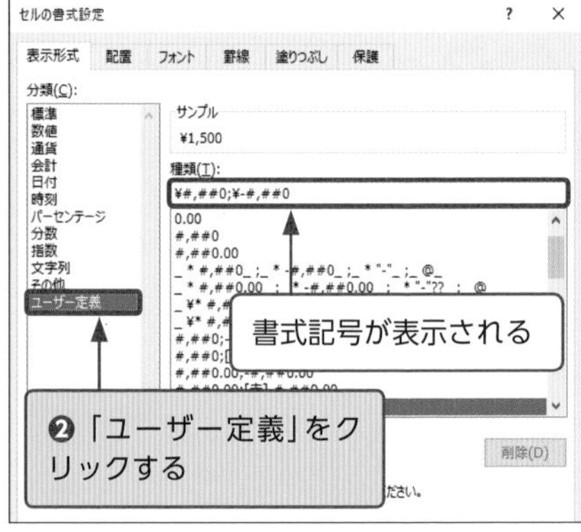

VBA で表示形式を設定する場合も、対象のセル（範囲）を表す Range オブジェクトの **NumberFormatLocal プロパティ**で、設定値としてこの書式記号を指定します。

P.175 解答　A には定数「xlEdgeBottom」、B には定数「xlDouble」が入ります。

次のマクロプログラム「Sample177_1」では、セル範囲 C3:C6 に一般的な「通貨」の表示形式を、セル範囲 D3:D6 に数字に「個」を付けて表す表示形式を設定します。

ファイル「177_1.xlsm」

```
Sub Sample177_1()
    Range("C3:C6").NumberFormatLocal = "¥#,##0;¥-#,##0"
    Range("D3:D6").NumberFormatLocal = "0個"
End Sub
```

表示形式を設定

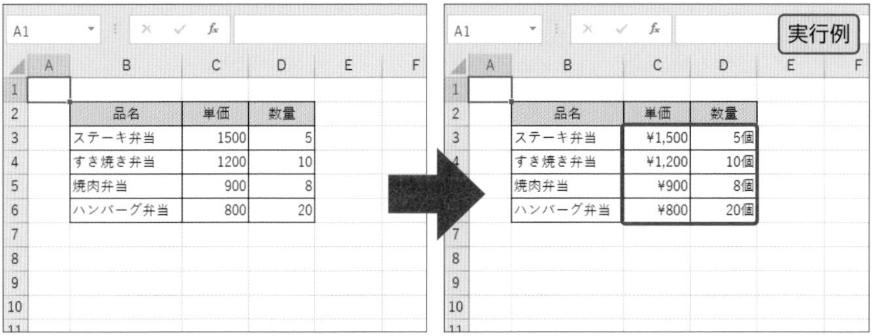

	A	B	C	D	E	F
1						
2		品名	単価	数量		
3		ステーキ弁当	1500	5		
4		すき焼き弁当	1200	10		
5		焼肉弁当	900	8		
6		ハンバーグ弁当	800	20		

実行例

	A	B	C	D	E	F
1						
2		品名	単価	数量		
3		ステーキ弁当	¥1,500	5個		
4		すき焼き弁当	¥1,200	10個		
5		焼肉弁当	¥900	8個		
6		ハンバーグ弁当	¥800	20個		

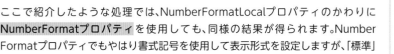

セル範囲 D3:D6 に設定した書式記号「0 個」の「0」は数値を表し、1 の位の値が 0 であっても 0 を表示するというものです。その後に「個」を付けることで、数値の後に「個」が付いて表示されます。なお、この「個」自体は書式記号ではないため、文字列として扱われます。

この表示形式を Excel の通常操作で設定する場合、「セルの書式設定」ダイアログの「表示形式」タブで「ユーザー定義」を選択し、「種類」には「0"個"」のように、「個」の前後だけを「"」で囲んで指定します。

MEMO NumberFormatプロパティとの違い

ここで紹介したような処理では、NumberFormatLocalプロパティのかわりにNumberFormatプロパティを使用しても、同様の結果が得られます。NumberFormatプロパティでもやはり書式記号を使用して表示形式を設定しますが、「標準」を表す書式記号が、NumberFormatLocalプロパティでは「G/標準」であるのに対し、NumberFormatプロパティでは「General」である点が異なります。
つまり、NumberFormatプロパティが英語環境での表示形式を表している一方、NumberFormatLocalプロパティは各言語の環境における表示形式を表しているということです。

STEP 05

セル内のデータの配置を設定しよう

セル内に表示されるデータの、水平方向・垂直方向の配置を設定することができます。ここでは、それぞれの配置を変更する方法を確認しましょう。

セル内のデータの配置を変更する

■横位置を設定する

セル内のデータの横位置の設定は、対象のセル（範囲）を表すRangeオブジェクトの**HorizontalAlignmentプロパティ**で設定できます。設定値は各配置を表す数値で、指定には次のような定数が使用できます。

定数	値	配置
xlGeneral	1	標準
xlLeft	-4131	左詰め（インデント）
xlCenter	-4108	中央揃え
xlRight	-4152	右詰め（インデント）
xlFill	5	くり返し
xlJustify	-4130	両端揃え
xlCenterAcrossSelection	7	選択範囲内で中央
xlDistributed	-4117	均等割り付け（インデント）

また、「左詰め」や「右詰め」、「均等割り付け」を設定した場合、Rangeオブジェクトの**IndentLevelプロパティ**で、インデントのレベルを設定できます。

次のマクロプログラム「Sample179_1」では、セル範囲B3:B6の各文字列を「均等割り付け」で表示し、その前後のインデントのレベルを「2」に設定します。

ファイル「179_1.xlsm」

```
Sub Sample179_1()
    Range("B3:B6").HorizontalAlignment = xlDistributed
    Range("B3:B6").IndentLevel = 2
End Sub
```

横位置を設定

インデントのレベルを設定

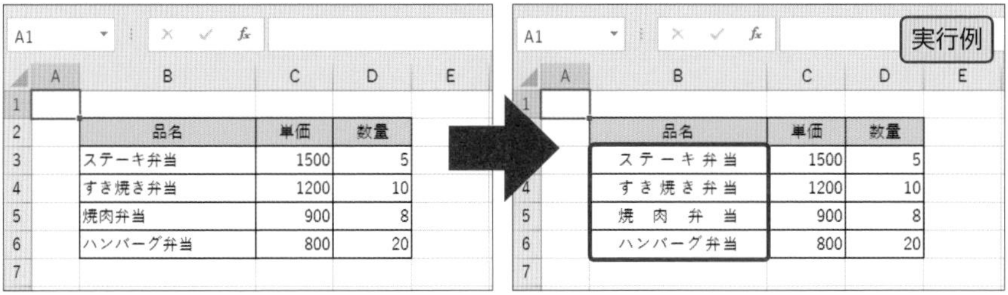

	A	B	C	D	E
1					
2		品名	単価	数量	
3		ステーキ弁当	1500	5	
4		すき焼き弁当	1200	10	
5		焼肉弁当	900	8	
6		ハンバーグ弁当	800	20	
7					

実行例

	A	B	C	D	E
1					
2		品名	単価	数量	
3		ス テ ー キ 弁 当	1500	5	
4		す き 焼 き 弁 当	1200	10	
5		焼　肉　弁　当	900	8	
6		ハンバーグ弁当	800	20	
7					

■縦位置を設定する

セル内のデータの縦位置の設定は、対象のセル（範囲）を表すRangeオブジェクトの**VerticalAlignmentプロパティ**で設定できます。設定値は各配置を表す数値で、指定には次のような定数が使用できます。

定数	値	配置
xlTop	-4160	上詰め
xlCenter	-4108	中央揃え
xlBottom	-4107	下詰め
xlJustify	-4130	両端揃え
xlDistributed	-4117	均等割り付け

なお、配置に関連したRangeオブジェクトのそのほかのプロパティには、次のようなものがあります。

設定	プロパティ	設定値
折り返して全体を表示する	WrapText	True/False
縮小して全体を表示する	ShrinkToFit	True/False
文字の方向を指定する	Orientation	角度または方向を表す数値(定数)
前後にスペースを入れる	AddIndent	True/False

STEP 06

セル範囲を結合しよう

複数のセルを含む長方形のセル範囲を結合し、1つのセルのように扱うことができます。ここでは、セル範囲を結合する操作を実行する方法について解説します。

隣接するセル範囲を結合する

セル範囲を結合する操作は、対象のセル範囲を表すRangeオブジェクトの**Mergeメソッド**で実行できます。

```
Rangeオブジェクト.Merge Across
```

実行すると、対象のRangeオブジェクトに含まれるセル範囲が結合されます。また、**引数Across**にTrueを指定すると、**対象のセル範囲が行単位で結合されます**。この指定を省略するとFalseとみなされ、対象のセル範囲全体が結合されます。

対象のセル範囲にもともとデータが入力されていた場合、入力済みのセルが1つだけなら、そのデータがそのまま結合セルのデータになります。一方、入力済みのセルが複数あった場合は、警告メッセージでデータが失われてもよいかをユーザーに確認したうえで、**もっとも先頭（左上端）に近いセルのデータが結合セルのデータになります**。複数のデータがあっても、この警告メッセージを出さずにセル範囲の結合を実行したい場合は、Applicationオブジェクトの**DisplayAlertsプロパティ**にFalseを設定して、警告を非表示にします。目的の操作を実行したら、DisplayAlertsプロパティをTrueに戻して、再び警告メッセージが表示されるようにします。

次のマクロプログラム「Sample180_1」では、セル範囲C5:F7を行単位で結合します。また、警告なしで、各行の先頭のセルのデータだけを結合セルのデータにします。

ファイル「180_1.xlsm」

```
Sub Sample180_1()
    Application.DisplayAlerts = False
    Range("C5:F7").Merge Across:=True
    Application.DisplayAlerts = True
End Sub
```

警告メッセージを表示しない設定

セル範囲を行単位で結合

	A	B	C	D	E	F	G
1							
2		氏名	1日	2日	3日	4日	5日
3		佐藤聡	出勤	出勤	出勤	出勤	出勤
4		柴田翔平	出勤	出勤	出勤	出勤	出勤
5		鈴木華	夏休み	夏休み	夏休み	夏休み	出勤
6		先崎誠也	夏休み	夏休み	夏休み	夏休み	出勤
7		曽我園子	夏休み	夏休み	夏休み	夏休み	出勤
8							

実行例

	A	B	C	D	E	F	G
1							
2		氏名	1日	2日	3日	4日	5日
3		佐藤聡	出勤	出勤	出勤	出勤	出勤
4		柴田翔平	出勤	出勤	出勤	出勤	出勤
5		鈴木華	夏休み				出勤
6		先崎誠也	夏休み				出勤
7		曽我園子	夏休み				出勤
8							

■結合を解除する

セル範囲の結合を解除して、もとの単独のセルの集合に戻すには、対象の結合セルを表す Range オブジェクトの **UnMerge メソッド**を実行します。

次のマクロプログラム「Sample181_1」では、セル範囲 C5:F7 のすべての結合状態を解除します。

ファイル「181_1.xlsm」

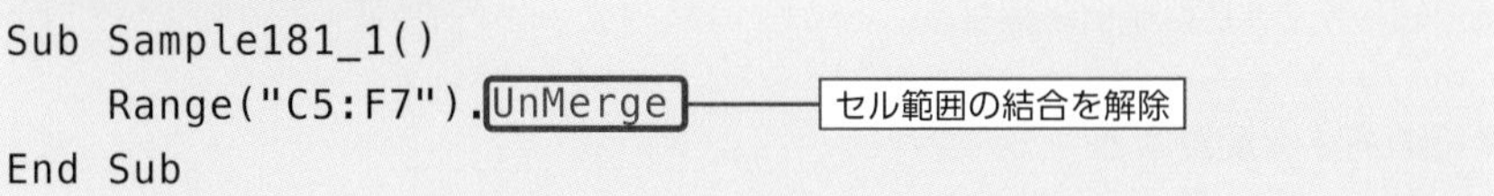

```
Sub Sample181_1()
    Range("C5:F7").UnMerge
End Sub
```


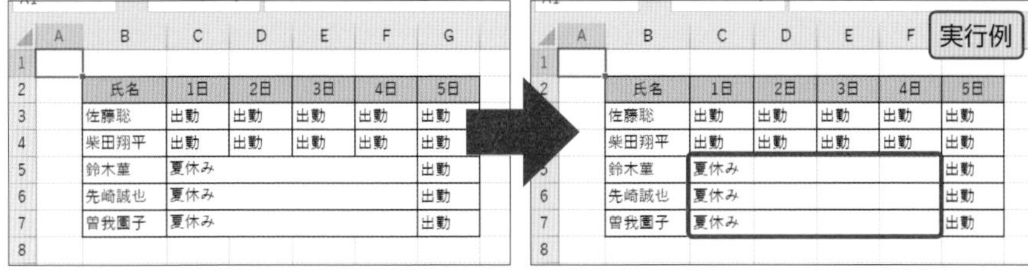

	A	B	C	D	E	F	G
1							
2		氏名	1日	2日	3日	4日	5日
3		佐藤聡	出勤	出勤	出勤	出勤	出勤
4		柴田翔平	出勤	出勤	出勤	出勤	出勤
5		鈴木華	夏休み				出勤
6		先崎誠也	夏休み				出勤
7		曽我園子	夏休み				出勤
8							

実行例

	A	B	C	D	E	F	G
1							
2		氏名	1日	2日	3日	4日	5日
3		佐藤聡	出勤	出勤	出勤	出勤	出勤
4		柴田翔平	出勤	出勤	出勤	出勤	出勤
5		鈴木華	夏休み				出勤
6		先崎誠也	夏休み				出勤
7		曽我園子	夏休み				出勤
8							

なお、Range オブジェクトの **MergeCells プロパティ**で、対象のセル（範囲）の現在の結合状態を取得することができます。対象のセルが結合セルの一部なら True、そうでなければ False を返します。

また、**このプロパティに True/False の値を設定して、セル範囲の結合や解除を実行することもできます**。次のマクロプログラム「Sample181_2」では、セル範囲 C5:F7 がすべて 1 つのセルに結合されます。警告メッセージを表示させたくない場合は、やはり DisplayAlerts プロパティの設定を追加してください。

ファイル「181_2.xlsm」

```
Sub Sample181_2()
    Range("C5:F7").MergeCells = True
End Sub
```

対象のセル範囲を結合

STEP 07

行の高さや列の幅を変更しよう

ワークシートの行の高さと列の幅も、VBA で変更できます。また、その行や列に入力されたデータに応じて、高さや幅を自動設定することも可能です。

高さや幅を設定する

セルの高さと幅は、それぞれ行全体、列全体に対して設定します。同じ行のセルで高さを変えたり、同じ列のセルで幅を変えたりすることはできません。また、**行の高さと列の幅を表す数値は単位が異なる**ことにも注意しましょう。

行の高さを変更する

行の高さは、その行全体、または行に含まれるセルを表す Range オブジェクトの **RowHeight プロパティ**で取得・設定できます。**高さの単位はポイントで、1 ポイントは約 0.35mm** です。標準の行の高さは標準フォントなどの環境によっても変わりますが、Excel の最近のバージョンの標準フォント「游ゴシック」の場合、初期設定では「18.75」になっています。

次のマクロプログラム「Sample182_1」では、2～6 行の高さをすべて「22」に変更します。ただし、行の高さをちょうど「22」で表示できない設計のため、表示上は、それに近い表示可能値の「21.75」になります。

ファイル「182_1.xlsm」

```
Sub Sample182_1()
    Range("2:6").RowHeight = 22
End Sub
```

行の高さを設定

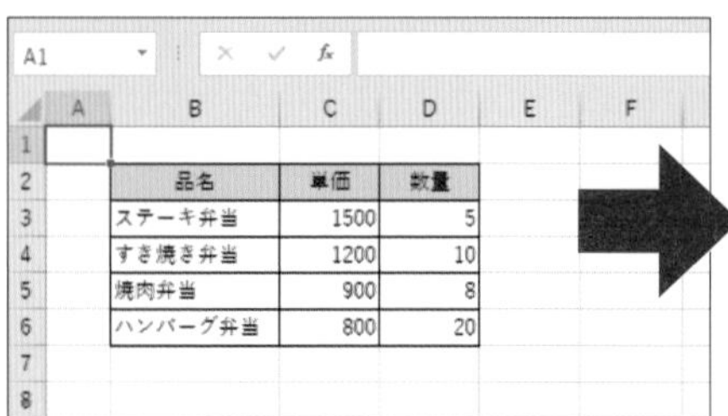

■列の幅を変更する

列の幅は、その列全体、または列に含まれるセルを表す Range オブジェクトの **ColumnWidth プロパティ**で取得・設定できます。**幅の単位は、標準フォントの「0」の幅を 1 とする独自の単位**です。行の高さのポイントのような一定の長さではなく、同じ数値でも、環境によって異なる長さになることに注意してください。

次のマクロプログラム「Sample183_1」では、C ～ D 列の幅を「10」に変更します。

ファイル「183_1.xlsm」

```
Sub Sample183_1()
    Range("C:D").ColumnWidth = 10
End Sub
```

列の幅を設定

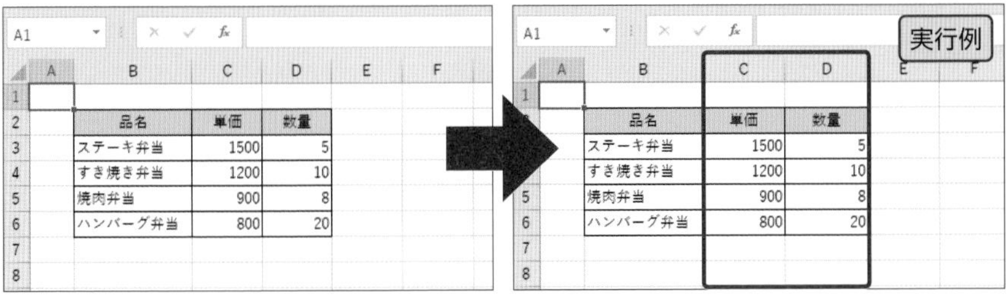

	A	B	C	D	E	F
1						
2		品名	単価	数量		
3		ステーキ弁当	1500	5		
4		すき焼き弁当	1200	10		
5		焼肉弁当	900	8		
6		ハンバーグ弁当	800	20		
7						
8						

実行例

	A	B	C	D	E	F
1						
2		品名	単価	数量		
3		ステーキ弁当	1500	5		
4		すき焼き弁当	1200	10		
5		焼肉弁当	900	8		
6		ハンバーグ弁当	800	20		
7						
8						

MEMO **RowsプロパティとColumnsプロパティ**

Rangeプロパティを使用して、行・列を表すRangeオブジェクトを取得する方法について解説しましたが、行単位のRangeオブジェクトを取得するには**Rowsプロパティ**、列単位のRangeオブジェクトを取得するには**Columnsプロパティ**を使用することもできます。
対象オブジェクトなしでRowsプロパティを使用すると、ワークシートのすべてのセルを行単位のグループにしたRangeコレクションを取得できます。また、対象オブジェクトなしでColumnsプロパティを使用すると、すべてのセルを列単位のグループにしたRangeコレクションを取得できます。
こうしたRangeコレクションに対して、さらにインデックスとして、先頭行または先頭列から数えた番号で、特定の 1 行または 1 列を表すRangeオブジェクトを取得できます。また、行の範囲や列の範囲を表す参照文字列を指定することで、それぞれの行や列の範囲を表すRangeコレクションを取得できます。具体的には、「Rows("2:6")」や「Columns("C:D")」のような指定方法です。「Range("2:6")」や「Range("C:D")」のように指定しても同じ範囲を表すRangeオブジェクトになりますが、この場合はセル単位のグループであり、行単位や列単位のグループとは、実行できる処理の内容に多少違いがあります（P.184 参照）。

高さや幅を自動設定する

セルに入力されている文字のサイズや文字列の長さに応じて、行の高さや列の幅を自動設定することが可能です。以下では列の幅の自動設定について説明しますが、行の高さについてもほぼ同様なので、「列」を「行」、「Column」を「Row」に読み替えてください。

列の幅の自動調整は、対象のセルを**列単位のグループとして表したRangeオブジェクト**を取得し、その**AutoFitメソッド**で実行します。セル単位のグループを表すRangeオブジェクトに対して、このメソッドを実行することはできません。そのため、列全体を表すRangeコレクションを、**Columnsプロパティ**、またはセル単位のRangeオブジェクトの**EntireColumnsプロパティ**で取得します。このRangeオブジェクトを対象にAutoFitメソッドを実行すると、その列の中でもっとも長い文字幅に合わせて列の幅を自動設定できるのです。

一方、列全体ではなく、一部のセル（範囲）の中だけで、もっとも長いデータに合わせて列幅を自動設定したい場合は、そのセル範囲を表すRangeオブジェクトの**Columnsプロパティ**で、セル単位のRangeオブジェクトを列単位のRangeオブジェクトとして取得し直します。こうすることで、ワークシートの列全体でなくても、列単位のグループと見なされます。

次のマクロプログラム「Sample184_1」では、まず列C:Dの列全体を対象に、その中のデータの長さに合わせて列幅を自動設定します。次に、列全体ではなくセル範囲B3:B7だけを対象に、その中でもっとも長い文字列に合わせて列幅を自動設定します。

ファイル「184_1.xlsm」

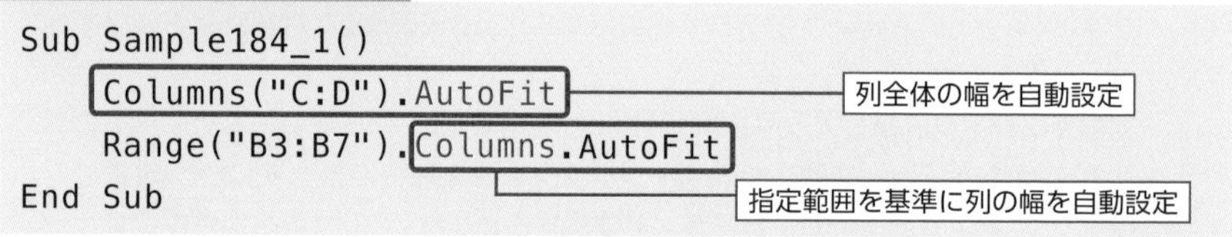

```
Sub Sample184_1()
    Columns("C:D").AutoFit
    Range("B3:B7").Columns.AutoFit
End Sub
```


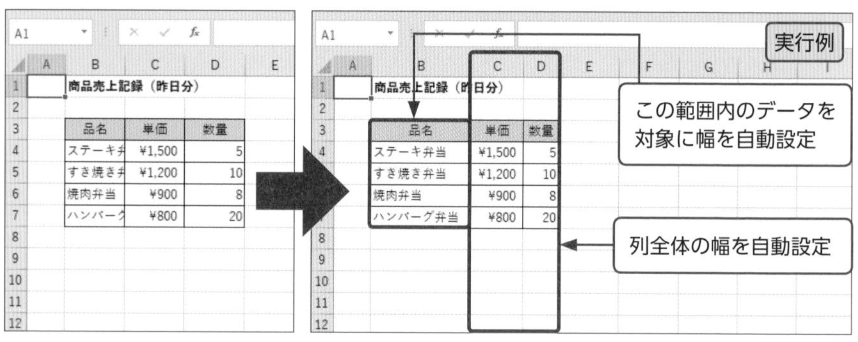

第5章

表やグラフをVBAで操作しよう

この章では、テーブルやグラフをVBAのプログラムで操作する方法について解説していきます。テーブルの操作では、集計行を追加したり、テーブルを初期化したりする方法を紹介します。グラフの操作では、複数の表からグラフを作成したり、複数のグラフの特定の要素を一括で操作したりする方法も解説します。スタイルもぜひ設定して、見やすいテーブルやグラフを仕上げましょう。

もみもみ

あの～鹿島さん？
いまメールでデータを
送ったんだけれど

あ、はい…
これですかね

なんかイヤな予感…

そうそう、うちの
ネットサービスの
会員数の、3カ月分の
都市別推移なんだ

データはまだほかにも
あるんだけれどね

むーん…
なにやら表の下に
不穏なスペースが
空いてますね

ちらっ

あ、あの～
グラフはまだ
ちょっ…

…お
お任せください！

キラ
キラ

とは言った
ものの…

手作業で1つ1つグラフを
作っていくのは大変だしなあ
位置と大きさを揃えるのも
難しそうだし…

なんとかVBAで
やれないかな

…うーん

うわっ
速水センパイ！

ごめんごめん
ちょっと
通りかかって

でも大丈夫、これは
それほど難しくない！
表が全部「テーブル」
だからね

テーブルだと
どうして
いいんですか？

複数の表を1つ1つグラフに
する場合、元データのセル範囲を
VBAで特定するのは確かに
結構面倒なんだ
でも表がテーブルになっていれば
すべてのテーブルを対象とした
くり返し処理ができるんだよ
なるほど

その各セル範囲を
元データとして位置と
サイズもそのセル範囲に
合わせてグラフを
作成すれば一瞬だよ！
ちょっと
パソコンいいかな
助かります…！

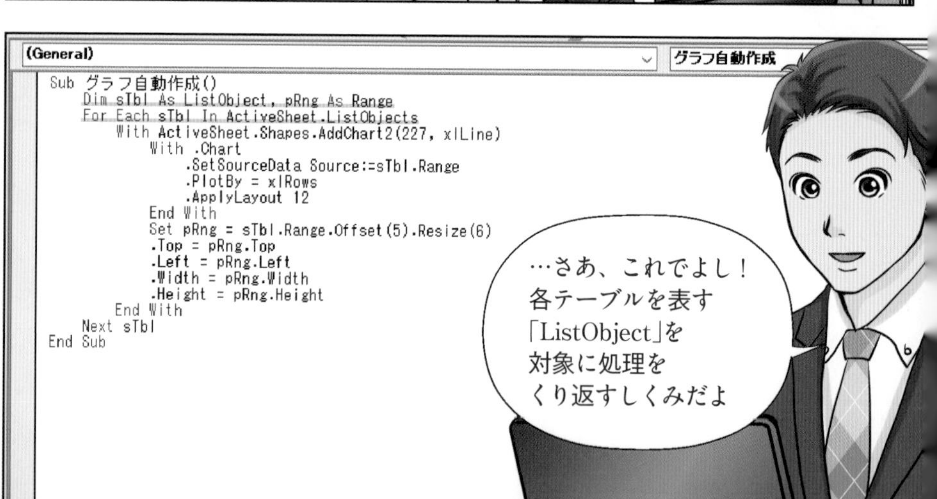

```
(General)                                    グラフ自動作成
Sub グラフ自動作成()
    Dim sTbl As ListObject, pRng As Range
    For Each sTbl In ActiveSheet.ListObjects
        With ActiveSheet.Shapes.AddChart2(227, xlLine)
            With .Chart
                .SetSourceData Source:=sTbl.Range
                .PlotBy = xlRows
                .ApplyLayout 12
            End With
            Set pRng = sTbl.Range.Offset(5).Resize(6)
            .Top = pRng.Top
            .Left = pRng.Left
            .Width = pRng.Width
            .Height = pRng.Height
        End With
    Next sTbl
End Sub
```

…さあ、これでよし！
各テーブルを表す
「ListObject」を
対象に処理を
くり返すしくみだよ

ピカーッ

都市別会員数推移（3カ月分）

北海道

都市名	1月	2月	3月
札幌市	1,254	1,323	1,541
函館市	765	803	795
小樽市	639	903	916

青森県

都市名	1月	2月	3月
弘前市	635	624	610
青森市	742	715	722
八戸市	538	546	550

岩手県

都市名	1月	2月	3月
盛岡市	842	856	912
一関市	483	512	506
奥州市	586	541	510

宮城県

都市名	1月	2月	3月
仙台市	1,463	1,451	1,503
石巻市	574	593	618
大崎市	410	403	429

秋田県

都市名	1月	2月	3月
秋田市	738	752	791
横手市	472	489	502
大仙市	328	334	369

山形県

都市名	1月	2月	3月
山形市	623	705	741
鶴岡市	595	613	627
酒田市	217	269	314

Sheet1

うっとり
うっ…
うつくしい♡

山崎部長
お疲れ様です。
先ほどのデータをお送り
いたします。
鹿島

おっ
鹿島さんから
早速データが
返ってきた！

ピシッ
うっ…！
うっとり
うつくしい♡♡
山崎部長？

STEP 01

テーブルを作成・操作しよう

ここでは、データを蓄積するのに適した「テーブル」を、VBAで扱うための基本を紹介します。まず、入力済みのデータをテーブルに変換する方法から始めましょう。

セル範囲をテーブルに変換する

住所録や商品台帳のような、複数の項目を含むデータを数多く蓄積するタイプの表は、**リスト**形式で作成するのが基本です。リストとは、1行目が各列の見出しで、2行目以降、1行に1件分のデータを入力していく形式のことです。リスト形式の表は、さらに**テーブル**に変換することで、各種の便利な機能を利用できるようになります。

テーブルとは、ワークシート上に設定された特殊なデータ範囲のことです。VBAでは**ListObjectオブジェクト**として表され、テーブル独自の機能をVBAからも利用可能です。新しいテーブルは、対象のワークシートを表すWorksheetオブジェクトの**ListObjectsプロパティ**で、そのシートのすべてのテーブルを表す**ListObjectsコレクション**を取得し、その**Addメソッド**で作成します。

```
ListObjectsコレクション.Add(SourceType, Source, ⮐
LinkSource, XlListObjectHasHeaders, Destination, ⮐
TableStyleName)
```

引数SourceTypeには、元データの種類を数値（定数）で指定します。セル範囲をテーブルに変換する場合は定数xlSrcRangeを指定しますが、これは既定値のため省略可能です。元データがセル範囲の場合、**引数Source**にはそのセル範囲を表すRangeオブジェクトを指定します。**引数LinkSource**と**引数Destination**は、主に元データが外部データのときに必要な指定のため、ここでは説明を省きます。**引数XlListObjectHasHeaders**は、元データがセル範囲の場合、その先頭行をテーブルの列見出しとして使用するかしないかを、次のような定数で指定します。

定数	値	先頭行を列見出しとして使用
xlYes	1	する
xlNo	2	しない
xlGuess	0	データの内容から自動判定（既定値）

引数 TableStyleName には、設定したいテーブルスタイル名を表す文字列を指定します。省略した場合は、既定のテーブルスタイルが設定されます。組み込みのテーブルスタイルを指定する場合、日本語版 Excel で表示されるスタイル名ではなく、本来の英語名で指定する必要があります。具体的には、次のような 3 系統計 60 種類のテーブルスタイルが設定可能です。

テーブルスタイル	設定する文字列
テーブルスタイル(淡色)1〜21	TableStyleLight1〜21
テーブルスタイル(中間)1〜28	TableStyleMedium1〜28
テーブルスタイル(濃色)1〜11	TableStyleDark1〜11

また、Add メソッドでは戻り値として、作成されたテーブルを表す ListObject オブジェクトを返します。このオブジェクトを以降の処理で使用する場合は、式として指定するため引数を「()」内に入れ、オブジェクト変数などで戻り値を受け取ります。戻り値を使用しない場合は、半角スペースを空けて引数を指定し、このメソッドを命令として実行します。

次のマクロプログラム「Sample191_1」では、データ入力済みのセル範囲 B2:E5 をテーブルに変換します。この範囲の先頭行を列見出しとみなし、テーブルスタイルとして「テーブルスタイル(中間)10」を設定します。

ファイル「191_1.xlsm」

```
Sub Sample191_1()
    ActiveSheet.ListObjects.Add Source:=Range("B2:E5"), _
        XlListObjectHasHeaders:=xlYes, _
        TableStyleName:="TableStyleMedium10"
End Sub
```

元データ範囲の指定

先頭行を列見出しとみなす

テーブルスタイルの指定

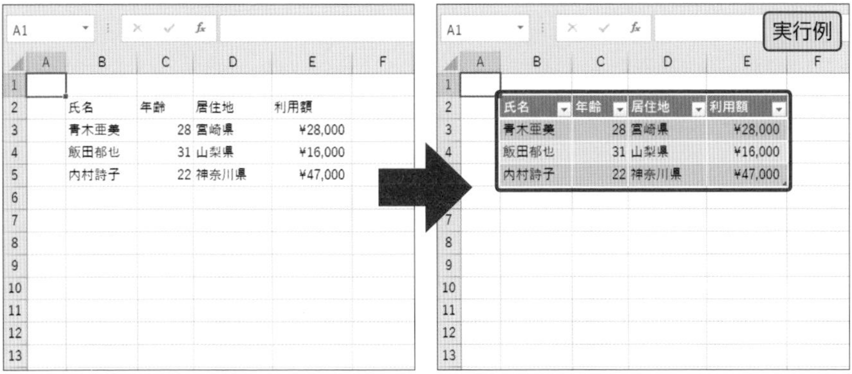

	A	B	C	D	E	F
1						
2		氏名	年齢	居住地	利用額	
3		青木亜美	28	宮崎県	¥28,000	
4		飯田郁也	31	山梨県	¥16,000	
5		内村詩子	22	神奈川県	¥47,000	

実行例

	A	B	C	D	E	F
1						
2		氏名	年齢	居住地	利用額	
3		青木亜美	28	宮崎県	¥28,000	
4		飯田郁也	31	山梨県	¥16,000	
5		内村詩子	22	神奈川県	¥47,000	

■テーブル作成時にテーブル名を付ける

セル範囲から変換したテーブルには、自動的に「テーブル 1」などのテーブル名が付けられます。1 つのブック内で、同じテーブル名を重複して設定することはできません。テーブル名は、対象のテーブルを表す ListObject オブジェクトの **Name プロパティ**で設定できます。

テーブル作成後にその ListObject オブジェクトを取得して、テーブル名を変更する方法もありますが、ここでは Add メソッドの戻り値をそのまま ListObject オブジェクトとして使用し、その Name プロパティを設定する例を紹介しましょう。次のマクロプログラム「Sample192_1」では、「Sample191_1」のものと同じデータをテーブルに変換し、そのままテーブル名を「会員情報」に変更します。今回は、引数 XlListObjectHasHeaders と TableStyleName の指定は省略します。

ファイル「192_1.xlsm」

```
Sub Sample192_1()
    ActiveSheet.ListObjects.Add(Source:=Range("B2:E5")) _
        .Name = "会員情報"
End Sub
```

テーブル名を設定

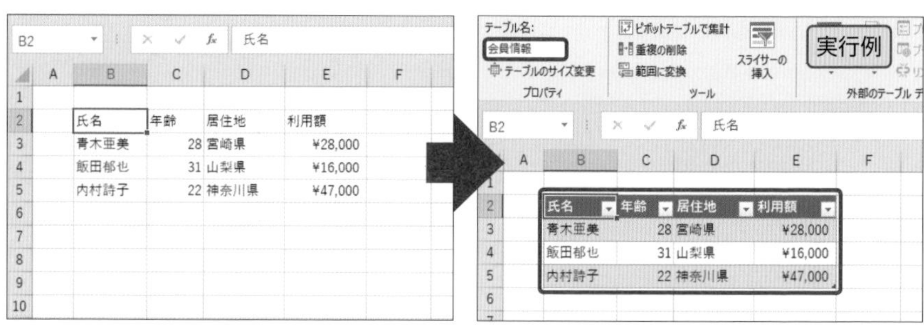

なお、ここでは取得した ListObject オブジェクトに対して、テーブル名を付けるという操作を 1 つだけ実行しましたが、複数の操作を実行したい場合は、「With」の後に Add メソッドの式を指定し、「End With」の行までの間で複数の操作を実行するという方法もあります（P.70 参照）。

作成済みのテーブルを操作する

作成済みのテーブルを表すListObjectオブジェクトを取得し、そのテーブルスタイルを変更しましょう。対象のワークシートを表すWorksheetオブジェクトのListObjectsプロパティで、そのシートのすべてのテーブルを表すListObjectsコレクションを取得し、これにインデックスとしてテーブル名の文字列、または作成した順番を表す数値を指定することで、そのテーブルを表すListObjectオブジェクトを取得できます。テーブルスタイルは、その**TableStyleプロパティ**で設定できます。

次のマクロプログラム「Sample193_1」では、「会員情報」という名前を付けたテーブルのテーブルスタイルを「テーブルスタイル（淡色）12」に変更します。

ファイル「193_1.xlsm」

```
Sub Sample193_1()
    ActiveSheet.ListObjects("会員情報").TableStyle = _
        "TableStyleLight12"
End Sub
```

テーブルスタイルの設定

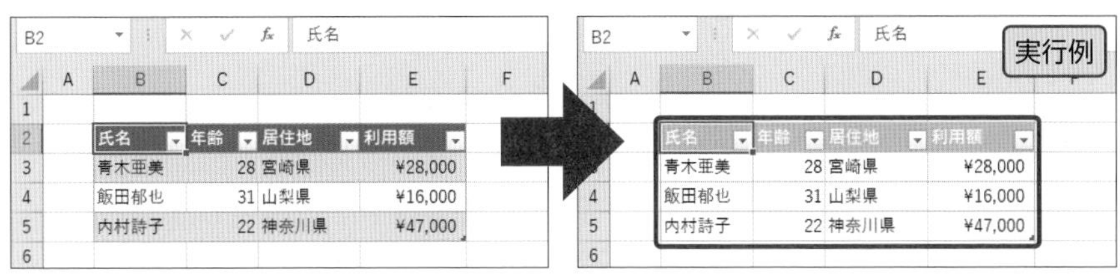

次のマクロプログラム「Sample193_2」を実行して作成されるテーブルのテーブルスタイルは、「テーブルスタイル（淡色）8」または「テーブルスタイル（中間）10」のどちらになるでしょうか。

ファイル「193_2.xlsm」

```
Sub Sample193_2()
    ActiveSheet.ListObjects.Add( _
        Source:=Range("B2:E5"), _
        TableStyleName:="TableStyleLight8") _
        .TableStyle = "TableStyleMedium10"
End Sub
```

STEP 02

テーブルにデータを追加しよう

作成済みのテーブル（ListObjectオブジェクト）の範囲をVBAで拡張し、データを追加します。その過程で、テーブルの構成要素のVBA表現について理解していきましょう。

テーブルに行・列を追加して入力する

■テーブルに行を追加する

テーブルに新しい行を追加し、そこにデータを入力してみましょう。テーブルを表すListObjectオブジェクト内の**ListRowsプロパティ**で、そのテーブルのすべてのデータ行を表す**ListRowsコレクション**を取得できます。その**Addメソッド**で、テーブルに新しい行を追加できます。

```
ListRowsコレクション.Add(Position, AlwaysInsert)
```

引数Positionでは、新しい行を追加する位置を、テーブル内の行の順番を表す数値で指定します。この引数を省略すると、テーブルの下端行の下に新行が追加されます。**引数AlwaysInsert**は、下端行の下に行を追加する場合、下の行を常に下方向へずらすかどうかの設定です。ちなみに「Always」には「常に」、「Insert」には「挿入する」という意味があります。ここから、常に（下の行をずらして）新行を挿入する、という命令だと覚えましょう。この引数にTrueを指定すると、下の行にすでにデータが入力されているかどうかに関係なく、下の行を下方向へずらします。Falseを指定すると、下の行にデータが入力されている場合のみ、下の行を下方向へずらします。

また、このメソッドでは、戻り値として、追加されたテーブルの行を表す**ListRowオブジェクト**を取得できます。このオブジェクトの**Rangeプロパティ**で、その行のセル範囲を表すRangeオブジェクトを取得できます。

次のマクロプログラム「Sample195_1」では、テーブル「おにぎり」に行を追加し、その行の3つのセルにデータを入力します。ここでは、取得したRangeオブジェクトにインデックスを指定して、新しい行の3つのセルに1つずつデータを入力しています。

P.193 解答 「テーブルスタイル（中間）10」が設定されます。なお、この記述は問題用にあえてしたもので、実際にこのような二重指定をする意味はありません。

ファイル「195_1.xlsm」

```
Sub Sample195_1()
    With ActiveSheet.ListObjects("おにぎり").ListRows.Add
        .Range(1).Value = "ツナ"
        .Range(2).Value = 817
        .Range(3).Value = 782
    End With
End Sub
```

テーブルに行を追加
追加行の各セルに入力

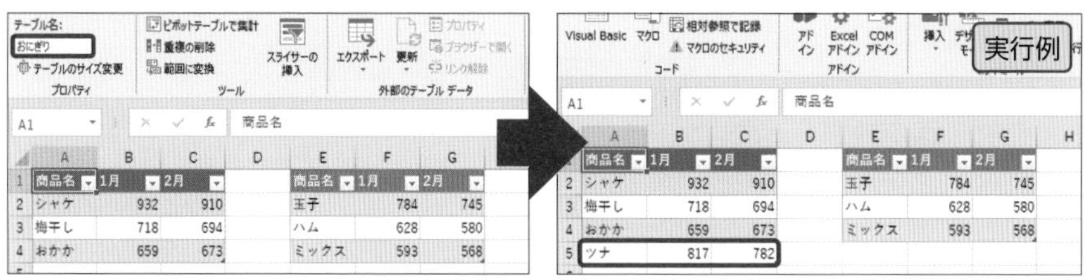

また、**配列**を利用することで、このセル範囲に一括でデータを入力することも可能です。横一列のセル範囲の場合、Array 関数（P.93 参照）で作成した 1 次元配列をそのまま代入できます。

次のマクロプログラム「Sample195_2」では、「Sample195_1」と同じ入力操作を、1 行のコードで実行します。

ファイル「195_2.xlsm」

```
Sub Sample195_2()
    With ActiveSheet.ListObjects("おにぎり").ListRows.Add
        .Range.Value = Array("ツナ", 817, 782)
    End With
End Sub
```

配列でセル範囲に一括入力

■テーブルに列を追加する

テーブルに新しい列を追加し、その新列にデータを入力する方法も確認しましょう。テーブルを表す ListObject オブジェクトの **ListColumns プロパティ**で、そのテーブルのすべてのデータ列を表す **ListColumns コレクション**を取得できます。その **Add メソッド**で、テーブルに新しい列を追加できます。

```
ListColumnsコレクション.Add(Position)
```

引数は **Position** のみで、新しい列を追加する位置を、テーブル内の列の順番を表す数値で指定します。この引数を省略すると、テーブルの右端列の右に新しい列が追加されます。列を追加するとテーブルの右側にあったデータはすべて右方向にずれます。

このメソッドでは、戻り値として、追加されたテーブルの行を表す ListColumn オブジェクトを取得できます。このオブジェクトの **Range プロパティ**で、その列のセル範囲を表す **Range オブジェクト**を取得できます。

次のマクロプログラム「Sample196_1」では、テーブル「おにぎり」に列を追加し、その列の 5 つのセルにそれぞれデータを入力します。

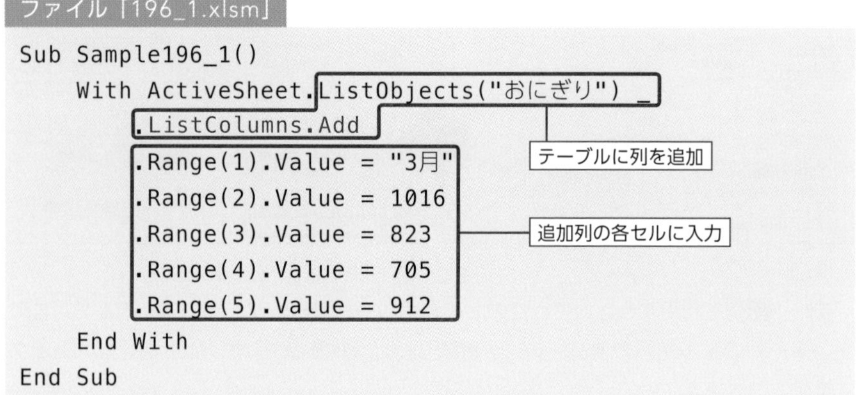

ファイル「196_1.xlsm」

```
Sub Sample196_1()
    With ActiveSheet.ListObjects("おにぎり") _
        .ListColumns.Add
        .Range(1).Value = "3月"
        .Range(2).Value = 1016
        .Range(3).Value = 823
        .Range(4).Value = 705
        .Range(5).Value = 912
    End With
End Sub
```


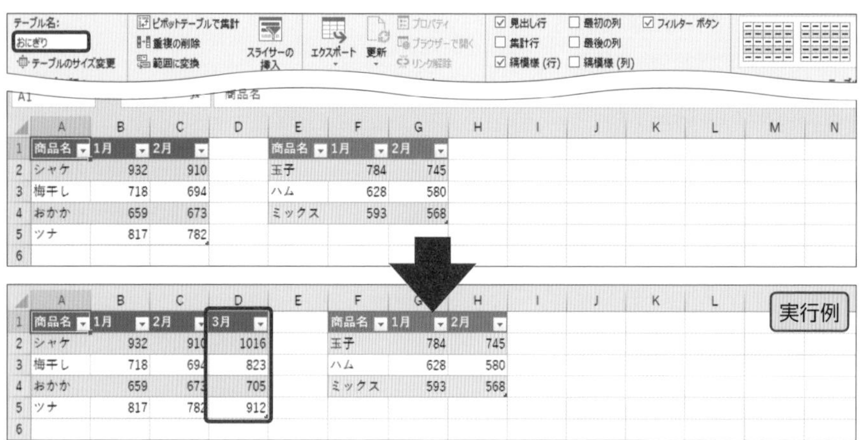

	A	B	C	D	E	F	G
1	商品名	1月	2月		商品名	1月	2月
2	シャケ	932	910		玉子	784	745
3	梅干し	718	694		ハム	628	580
4	おかか	659	673		ミックス	593	568
5	ツナ	817	782				

	A	B	C	D	E	F	G	H
1	商品名	1月	2月	3月		商品名	1月	2月
2	シャケ	932	910	1016		玉子	784	745
3	梅干し	718	694	823		ハム	628	580
4	おかか	659	673	705		ミックス	593	568
5	ツナ	817	782	912				

なお、行の場合と同様、配列を利用して縦一列のデータを追加することも可能ですが、1 次元配列ではなく 1 列の 2 次元配列にする必要があるため、行の場合のように Array 関数でかんたんに指定することはできません。

テーブルの範囲を変更する

テーブルの行や列を追加するには、作成済みのテーブルの範囲を変更するという方法もあります。ただし、この方法は、行数や列数を指定するのではなく、テーブルのセル範囲を指定するというものです。

具体的には、対象の ListObject オブジェクトの **Resize メソッド**を使用します。このメソッドでは、引数 Range に、変更後のテーブルの範囲を表す Range オブジェクトを指定します。ただし、変更前のテーブルの列見出しのセルを最低 1 つ残す形で、新しいテーブルの範囲を指定する必要があります。つまり、**テーブルの先頭行を移動させることはできない**のです。

次のマクロプログラム「Sample197_1」では、テーブル「サンドイッチ」の設定範囲を、セル範囲 G1:K5 に変更します。

ファイル「197_1.xlsm」

```
Sub Sample197_1()
    ActiveSheet.ListObjects("サンドイッチ") _
        .Resize Range:=Range("G1:K5")
End Sub
```

テーブルの範囲を変更

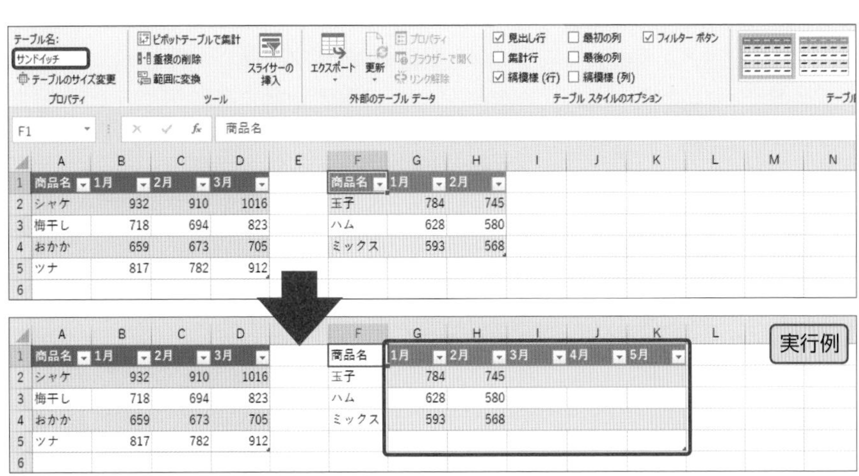

範囲の変更で追加された列では、既存の列見出しの規則性に従って、自動的に新しい列見出しが設定される場合があります。この例では、「1 月」「2 月」から右方向に 3 列追加されているため、「3 月」「4 月」「5 月」の列見出しが自動設定されています。

STEP 03 テーブルのデータを消して初期化しよう

テーブルの内容によっては、頻繁に初期化して入力をやり直したい場合もあります。初期化の処理を通じて、VBA でテーブルのデータ行を操作する方法を覚えましょう。

テーブルを初期化する

テーブルの**初期化**とは、データ行に入力されたすべてのデータを消去し、その行数を最小の 1 行だけにすることです。ただし、各列に設定してある表示形式などはそのまま残しておきたいため、実行するのは「すべて消去」ではなく「数式と値の消去」の操作です。また、集計行がある場合、この行は表示した状態のまま、データ行だけを初期化するようにします。

ListObject オブジェクトの**DataBodyRange プロパティ**で、そのテーブルのデータ行を表す Range オブジェクトを取得することができます。その数式と値を消去するには、**ClearContents メソッド**を使用します。また、1 行だけ残して削除するには、やはりデータ行を表す Range オブジェクトを **Resize プロパティ**で 1 行減らし、**Delete メソッド**で削除します。なお、Delete メソッドの**引数 Shift** に定数 xlUp（上方向）を指定すると、削除行の下の行が上方向にシフトします。

次のマクロプログラム「Sample198_1」では、「購入リスト」という名前のテーブルを初期化します。

ファイル「198_1.xlsm」

```
Sub Sample198_1()
    With ActiveSheet.ListObjects("購入リスト") _
        .DataBodyRange
        .ClearContents
        .Resize(RowSize:=.Rows.Count - 1) _
            .Delete Shift:=xlUp
    End With
End Sub
```

テーブルのデータ行を取得

数式と値の消去

全行数－1 行分を削除

	A	B	C	D
1	購入商品リスト			
2				
3	商品名	分類	単価	数量
4	食パン	主食パン	¥350	1
5	メロンパン	菓子パン	¥160	3
6	カレーパン	総菜パン	¥180	2
7	ホットドッグ	総菜パン	¥240	2
8	クリームパン	菓子パン	¥140	1
9	集計			9

実行例

	A	B	C	D
1	購入商品リスト			
2				
3	商品名	分類	単価	数量
4				
5	集計			0

この処理は、実はもっとかんたんに実現できます。

まず、ListObject オブジェクトを経由しなくても、**Range プロパティで直接そのデータ行の範囲を表す Range オブジェクトを取得できます**。テーブルのデータ行の範囲は、セルの数式で参照する場合は、そのテーブル名で指定することもできるからです。Range プロパティの引数にはセル参照を表す文字列はすべて指定できるので、テーブル名もそのまま指定可能なのです。

また、テーブルのデータ行を削除する操作として、ここでは Resize プロパティを使って 1 行残しましたが、**実際には全行削除してもデータ行がすべて消えてなくなることはなく、最低 1 行は保持されます**。さらに、この全行削除の操作によってすべてのデータがなくなるため、ClearContents メソッドを実行する必要もありません。

つまり、次のシンプルなマクロプログラム「Sample199_1」でも、同様にテーブルを初期化することができます。

ファイル「199_1.xlsm」

```
Sub Sample199_1()
    Range("購入リスト").Delete Shift:=xlUp
End Sub
```

テーブルのデータ行を取得

次のマクロプログラム「Sample199_2」では、セル範囲B2:E5 をテーブルに変換し、その見出し行を除いたデータ行の範囲全体を選択します。空欄のAには何が入るでしょうか。

ファイル「199_2.xlsm」

```
Sub Sample199_2()
    ActiveSheet.ListObjects _
        .Add(Source:=Range("B2:E5")).[   A   ].Select
End Sub
```

STEP 04

テーブルの集計行を表示しよう

テーブルの要素を VBA で操作する例として、集計行の表示／非表示を変更したり、その集計方法を変更したりするマクロプログラムを見ていきましょう。

集計結果を表示する

テーブルでは、最下行の下に**集計行**を表示して、各列の合計や平均といった集計結果を表示することができます。集計行の表示／非表示は、対象のテーブルを表すListObject オブジェクトの **ShowTotals プロパティ**に、True/False で設定できます。また、集計行の各列にどのような集計結果を表示するかは、対象の列を表すListColumn オブジェクトの **TotalsCalculation プロパティ**で設定します。このプロパティの設定値は数値ですが、次のような定数で指定することが可能です。

定数	値	集計方法
xlTotalsCalculationNone	0	なし
xlTotalsCalculationSum	1	合計
xlTotalsCalculationAverage	2	平均
xlTotalsCalculationCount	3	個数
xlTotalsCalculationCountNums	4	数値の個数
xlTotalsCalculationMin	5	最小
xlTotalsCalculationMax	6	最大
xlTotalsCalculationStdDev	7	標本標準偏差
xlTotalsCalculationVar	8	不偏分散

次のマクロプログラム「Sample201_1」では、テーブル「購入リスト」の集計行を表示し、その「数量」列と「金額」列に「合計」を表示して、「分類」列の集計結果を「なし」にします。

P.199 解答 「DataBodyRange」が入ります。このプロパティは、対象の ListObject オブジェクトのデータ行の範囲を表す Range オブジェクトを返します。

ファイル「201_1.xlsm」

```
Sub Sample201_1()
    With ActiveSheet.ListObjects("購入リスト")
        .ShowTotals = True
        .ListColumns("数量").TotalsCalculation = _
            xlTotalsCalculationSum
        .ListColumns("金額").TotalsCalculation = _
            xlTotalsCalculationSum
        .ListColumns("分類").TotalsCalculation = _
            xlTotalsCalculationNone
    End With
End Sub
```

集計行を表示

合計

合計

なし

各列の集計方法を設定

	A	B	C	D	E
1	購入商品リスト				
2					
3	商品名	単価	数量	金額	分類
4	食パン	¥350	1	¥350	主食パン
5	メロンパン	¥160	3	¥480	菓子パン
6	カレーパン	¥180	2	¥360	総菜パン
7	ホットドッグ	¥240	2	¥480	総菜パン
8	クリームパン	¥140	1	¥140	菓子パン
9					

実行例

	A	B	C	D	E
1	購入商品リスト				
2					
3	商品名	単価	数量	金額	分類
4	食パン	¥350	1	¥350	主食パン
5	メロンパン	¥160	3	¥480	菓子パン
6	カレーパン	¥180	2	¥360	総菜パン
7	ホットドッグ	¥240	2	¥480	総菜パン
8	クリームパン	¥140	1	¥140	菓子パン
9	**集計**		**9**	**¥1,810**	

MEMO テーブルの各部分を取得する

テーブルを構成する各要素は、それぞれListObjectオブジェクトのプロパティで、Rangeオブジェクトとして取得することが可能です。たとえば、データ行全体を取得したい場合は、すでに紹介したDataBodyRangeプロパティを使用します。見出し行のセル範囲はHeaderRowRangeプロパティ、集計行のセル範囲はTotalsRowRangeプロパティで、それぞれRangeオブジェクトとして取得できます。また、特定の行や列は、それぞれListRowオブジェクト、ListColumnオブジェクトとして取得し、そのRangeプロパティで、やはりRangeオブジェクトとして取得することが可能です。

STEP 05

表を行単位で並べ替えよう

リスト形式のデータやテーブルは、行単位で並べ替えることが可能です。これをVBAで実行する方法はいくつかありますが、ここでは2種類の方法の基本を紹介しましょう。

リストをSortメソッドで並べ替える

リスト形式で入力された表のデータを、金額順など、行単位で並べ替えるには、対象のセル範囲を表すRangeオブジェクトの**Sortメソッド**を使用するのがかんたんです。並べ替えのオプションは、すべてこのメソッドの引数で指定します。

```
Rangeオブジェクト.Sort Key1, Order1, Key2, Type, Order2, ⏎
Key3, Order3, Header, OrderCustom, MatchCase, ⏎
Orientation, SortMethod, DataOption1, DataOption2, ⏎
DataOption3, SubField1
```

対象のRangeオブジェクトは、並べ替えたいセル範囲全体を指定するのが確実ですが、その中の**1つのセルを指定すると、自動的にそのアクティブセル領域**（P.150参照）**が対象**になります。すべての引数は省略可能で、省略した場合は既定値または前回の設定で並べ替えられます。主要な引数について確認していきましょう。

引数Key1～**Key3**には、並べ替えのキーとなる列のセルを表すRangeオブジェクト、または列見出しの文字列を指定します。なお、引数Key1～Key3に列見出しの文字列を指定するときは、範囲の1行目が列見出しである必要があります。引数Key1～Key3のそれぞれについて、**引数Order1**～**Order3**で、それぞれの並べ替えの方法を定数xlAscending（昇順）またはxlDescending（降順）で指定できます。

引数Headerは対象の範囲の1行目を見出し行とみなすかどうかの指定で、定数xlYes（みなす）、xlNo（みなさない）、xlGuess（自動判定）のいずれかを指定します。また、**引数SortMethod**は並べ替えにふりがなを使用するかどうかの設定で、使用する場合は定数xlPinYinを、使用しない場合は定数xlStrokeを指定します。そのほかの引数については、ここでは説明を省略します。

次のマクロプログラム「Sample203_1」では、B2セルを含む表の見出し行を除いた範囲を、キーとなるE列、つまり「利用額」の大きい順（降順）に並べ替えます。

ファイル「203_1.xlsm」

```
Sub Sample203_1()
    Range("B2").Sort Key1:=Range("E2"), _
        Order1:=xlDescending, Header:=xlYes
End Sub
```

並べ替えを実行

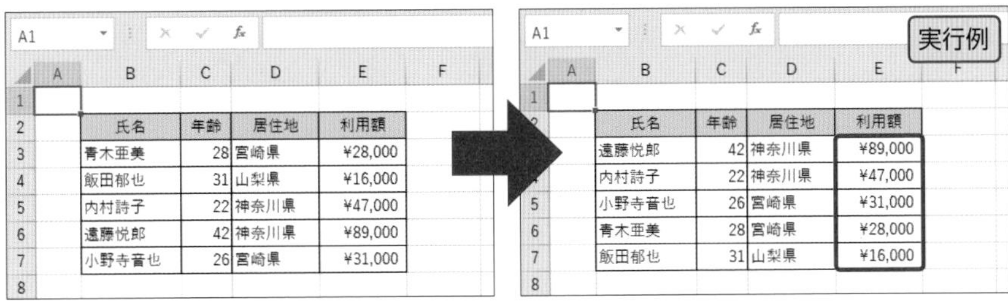

氏名	年齢	居住地	利用額
青木亜美	28	宮崎県	¥28,000
飯田郁也	31	山梨県	¥16,000
内村詩子	22	神奈川県	¥47,000
遠藤悦郎	42	神奈川県	¥89,000
小野寺音也	26	宮崎県	¥31,000

実行例

氏名	年齢	居住地	利用額
遠藤悦郎	42	神奈川県	¥89,000
内村詩子	22	神奈川県	¥47,000
小野寺音也	26	宮崎県	¥31,000
青木亜美	28	宮崎県	¥28,000
飯田郁也	31	山梨県	¥16,000

次に、Sortメソッドのもう少し複雑な利用例を紹介しましょう。次のマクロプログラム「Sample203_2」では、まず1つ目のキー「居住地」の五十音順（昇順）で並べ替え、居住地が同じである場合は2つ目のキー「年齢」の大きい順（降順）で並べ替えます。また、今回は、並べ替えのキーをRangeオブジェクトではなく列見出しの文字列で指定しています。

ファイル「203_2.xlsm」

```
Sub Sample203_2()
    Range("B2").Sort Key1:="居住地", _
        Order1:=xlAscending, Key2:="年齢", _
        Order2:=xlDescending, SortMethod:=xlPinYin, _
        Header:=xlYes
End Sub
```

昇順

降順

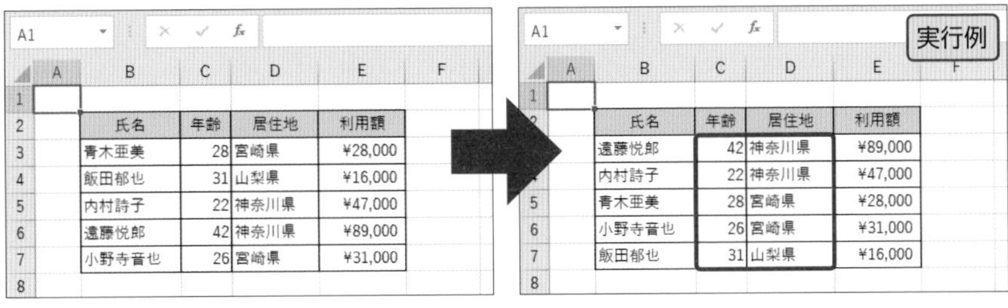

氏名	年齢	居住地	利用額
青木亜美	28	宮崎県	¥28,000
飯田郁也	31	山梨県	¥16,000
内村詩子	22	神奈川県	¥47,000
遠藤悦郎	42	神奈川県	¥89,000
小野寺音也	26	宮崎県	¥31,000

実行例

氏名	年齢	居住地	利用額
遠藤悦郎	42	神奈川県	¥89,000
内村詩子	22	神奈川県	¥47,000
青木亜美	28	宮崎県	¥28,000
小野寺音也	26	宮崎県	¥31,000
飯田郁也	31	山梨県	¥16,000

テーブルをSortオブジェクトで並べ替える

最新のExcelの並べ替え機能では、たとえば色などの書式をキーとして並べ替えるといったことも可能です。こうした新しい並べ替えには、やや古いSortメソッドは対応しておらず、後から追加された**Sortオブジェクト**を使用する必要があります。

テーブルについては、そのセル範囲を表すRangeオブジェクトのSortメソッドで並べ替えることも可能です。しかし、ListObjectオブジェクトとしてテーブルを扱う場合は、その**Sortプロパティ**で**Sortオブジェクト**を取得して並べ替えを行います。

Sortオブジェクトでは、並べ替えの各オプションはプロパティとして設定します。たとえば、ふりがなを使用するかどうかは**SortMethodプロパティ**で、Sortメソッドの引数SortMethodと同様の定数で設定できます。

また、並べ替えのキーとなる列は、**SortFieldオブジェクト**として指定します。この指定は、Sortオブジェクトの**SortFieldsプロパティ**で**SortFieldsコレクション**を取得し、その**Addメソッド**で新しいSortFieldオブジェクトを作成することで行えます。Addメソッドの書式は次のとおりです。

```
SortFieldsコレクション.Add(Key, SortOn, Order, ⏎
CustomOrder, DataOption)
```

引数Keyには、キー列に設定する列のセルを表すRangeオブジェクトを指定します。**引数SortOn**には、並べ替えのキーの属性を次のような定数で指定します。

定数	値	キーの属性
xlSortOnValues	0	値
xlSortOnCellColor	1	セルの色
xlSortOnFontColor	2	フォントの色
xlSortOnIcon	3	セルのアイコン(条件付き書式)

引数Orderには、並べ替えの方法を定数xlAscending（昇順）かxlDescending（降順）で指定します。それ以降の引数については解説を省略します。

キー列を複数指定する場合は、その分だけ**Addメソッド**でSortFieldオブジェクトを追加します。キー列を設定したら、SortオブジェクトのApplyメソッドで、対象のテーブル（ListObjectオブジェクト）の並べ替えを実行します。

次のマクロプログラム「Sample205_1」は、「Sample203_2」と同様の並べ替え処理を、テーブル「会員情報」を対象に、SortメソッドではなくSortオブジェクトを使って実行した例です。なお、並べ替えのキーとなる列は前回実行時の設定が引き継がれるため、ここでは最初にSortFieldsコレクションの**Clearメソッド**を実行して、キー列の設定を初期化しています。

ファイル「205_1.xlsm」

```
Sub Sample205_1()
    With ActiveSheet.ListObjects("会員情報").Sort
        .SortMethod = xlPinYin
        With .SortFields
            .Clear
            .Add Key:=Range("会員情報[居住地]"), _
                SortOn:=xlSortOnValues, Order:=xlAscending
            .Add Key:=Range("会員情報[年齢]"), _
                SortOn:=xlSortOnValues, _
                Order:=xlDescending
        End With
        .Apply
    End With
End Sub
```

キー列の設定を初期化

キー列を設定

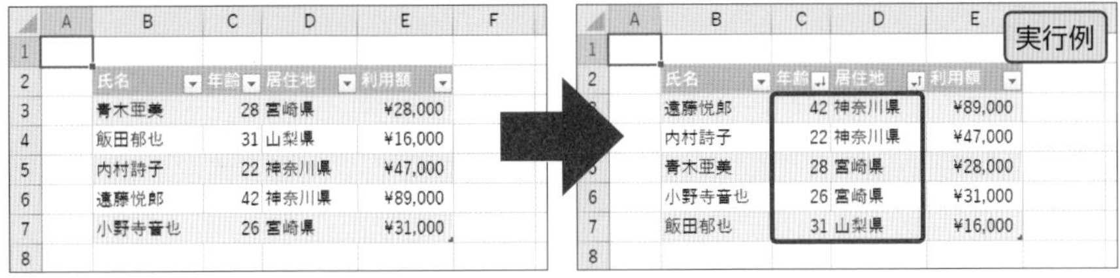

氏名	年齢	居住地	利用額
青木亜美	28	宮崎県	¥28,000
飯田郁也	31	山梨県	¥16,000
内村詩子	22	神奈川県	¥47,000
遠藤悦郎	42	神奈川県	¥89,000
小野寺普也	26	宮崎県	¥31,000

氏名	年齢	居住地	利用額
遠藤悦郎	42	神奈川県	¥89,000
内村詩子	22	神奈川県	¥47,000
青木亜美	28	宮崎県	¥28,000
小野寺普也	26	宮崎県	¥31,000
飯田郁也	31	山梨県	¥16,000

■セル範囲をSortオブジェクトで並べ替える

Sortオブジェクトによる並べ替えの処理は、テーブルだけでなく、通常のセル範囲（リスト形式のデータ）を対象に実行することも可能です。その場合、ListObjectオブジェクトではなく、対象のセル範囲を含むワークシートを表すWorksheetオブジェクトのSortプロパティで、Sortオブジェクトを取得します。

さらに、そのSortオブジェクトの**SetRangeメソッド**で、引数にRangeオブジェクトを指定して、並べ替える範囲を指定します。並べ替えの対象がテーブルの場合は1行目が常に見出し行として扱われますが、セル範囲の場合は、Sortオブジェクトの**Headerプロパティ**で、Sortメソッドの引数Headerと同様の定数で、見出し行とみなすかどうかを設定できます。

STEP 06

表のデータからグラフを作成しよう

Excelでは、入力済みの表のデータに基づいて、さまざまなグラフを作成できます。ここでは、VBAを使ってグラフ作成を実行するプログラムを確認しましょう。

表から集合縦棒グラフを作成する

グラフには、シートとしてグラフを作成する「グラフシート」と、ワークシート上にグラフを配置する「埋め込みグラフ」の2種類がありますが、ここでは埋め込みグラフをVBAで作成する方法を解説します。埋め込みグラフの作成は、以前のバージョンでは、ワークシート内の埋め込みグラフを表すChartObjectsコレクションのAddメソッドを使用する方法が一般的でしたが、現在では図形などほかの描画オブジェクトと同じく**Shapesコレクション**から作成する方法が主流になっています。

対象のワークシートを表すWorksheetオブジェクトの**Shapesプロパティ**で、そのシートのすべての描画オブジェクトを表す**Shapesコレクション**が取得できます。埋め込みグラフは、そのShapesコレクションの**AddChart2メソッド**（Excel 2013以降。2007/2010はAddChartメソッド）で作成します。

```
Shapesコレクション. AddChart2(Style, XlChartType, Left, ⏎
Top, Width, Height, NewLayout)
```

すべての引数は省略可能で、省略した場合は既定値が使用されます。**引数Style**には、グラフのスタイルを表す数値を指定します。「-1」（既定値）を指定した場合は、各グラフの既定のスタイルが適用されます。**引数XlChartType**には、作成するグラフの種類を表す数値を指定します。この指定に使用できる主な定数は以下のとおりです。

定数	値	グラフの種類
xlColumnClustered	51	集合縦棒
xlColumnStacked	52	積み上げ縦棒
xlPie	5	円
xlLine	4	折れ線
xlLineMarkers	65	データマーカー付き折れ線

引数 Left、**Top**、**Width**、**Height** で、それぞれグラフの左位置、上位置、幅、高さを、いずれもポイント単位で指定します。また、**引数 NewLayout** は True（既定値）または False で指定し、True の場合はグラフの新しいレイアウト規則（グラフタイトルを表示し、系列が 2 つ以上の場合は凡例を表示するもの）に基づいてグラフを作成します。

Shapes コレクションの AddChart2 メソッドを式として記述すると、戻り値として、作成されたグラフを表す **Shape オブジェクト**を取得することができます。ただし、Shape オブジェクトは、グラフだけでなく、図形などの描画オブジェクト全般を表すオブジェクトです。この時点ではまだグラフの元データは設定されていないため、その **Chart プロパティ**でグラフ機能を表す Chart オブジェクトを取得し、その **SetSourceData メソッド**で、**引数 Source** に元データの範囲を表す Range オブジェクトを指定します。

次のマクロプログラム「Sample207_1」では、位置とサイズを指定して集合縦棒グラフを作成し、セル範囲 A1:C4 をその元データに設定します。

ファイル「207_1.xlsm」

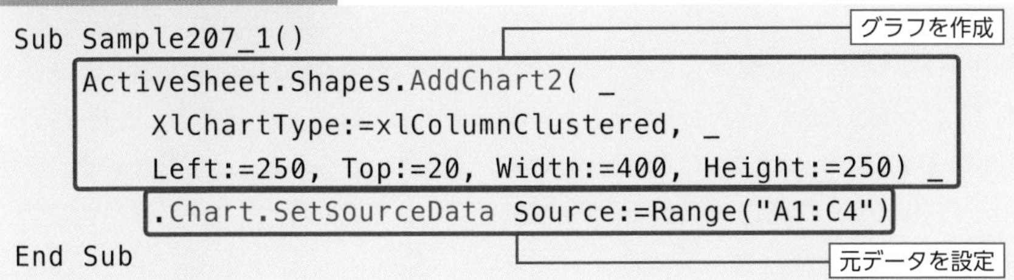

```
Sub Sample207_1()
    ActiveSheet.Shapes.AddChart2( _
        XlChartType:=xlColumnClustered, _
        Left:=250, Top:=20, Width:=400, Height:=250) _
        .Chart.SetSourceData Source:=Range("A1:C4")
End Sub
```


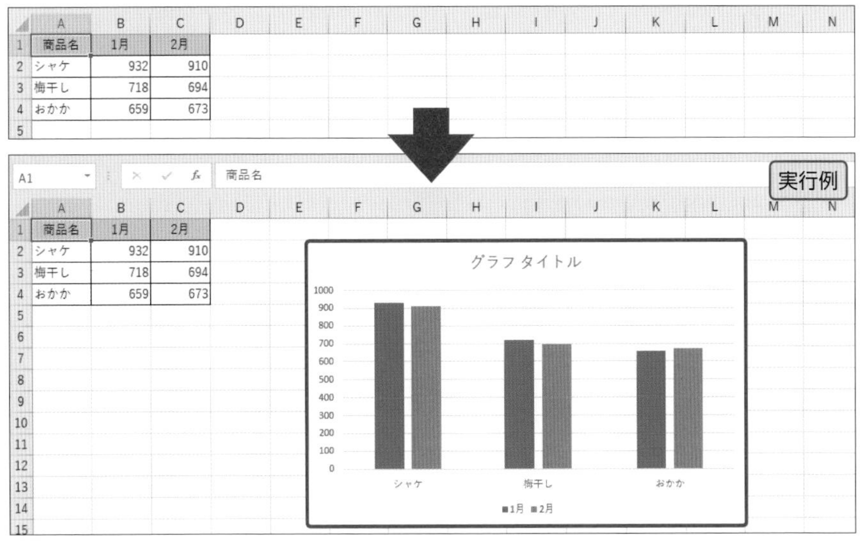

商品名	1月	2月
シャケ	932	910
梅干し	718	694
おかか	659	673

STEP 07

複数の表から グラフを作成しよう

グラフ作成の応用例として、ワークシート上に作成された複数の表のデータから、その各表の位置に合わせて複数のグラフを自動作成する方法を紹介します。

複数のテーブルから折れ線グラフを作成する

ワークシート上に作成した複数の表から自動的にグラフを作成したい場合、まず問題となるのはその各セル範囲をどのように指定するかです。この問題のかんたんな解決方法は、**グラフの元データにしたい表を、それぞれテーブルに変換しておく**ことです。

対象のワークシートを表すWorksheetオブジェクトの**ListObjectsプロパティ**で、そのワークシート上のすべてのテーブルを表す**ListObjectsコレクション**を取得します。これをFor Each ～ Nextステートメント(P.110参照)に指定することで、各テーブルを表すListObjectオブジェクトを対象に、処理をくり返すことができます。その各テーブルのセル範囲をグラフの元データに指定し、その位置とサイズに合わせてグラフを作成しましょう。

各テーブルのセル範囲は、そのListObjectオブジェクトの**Rangeプロパティ**で、Rangeオブジェクトとして取得できます。そのセル範囲の左位置は**Leftプロパティ**で、上位置は**Topプロパティ**で、幅は**Widthプロパティ**で、高さは**Heightプロパティ**で、それぞれポイント単位の値として取得できます。WidthプロパティとHeightプロパティでは、ColumnWidthプロパティやRowHeightプロパティと違って、対象のセル範囲全体の幅や高さを取得可能だということもポイントです(ColumnWidthプロパティでは値の単位も異なります)。

次のマクロプログラム「Sample208_1」では、この方法で複数のグラフを自動作成します。各グラフのサイズが小さいため、グラフタイトルや凡例も非表示にします。

ファイル「208_1.xlsm」

各テーブルの位置を基準に折れ線グラフを作成

```
Sub Sample208_1()
    Dim tbl As ListObject
    For Each tbl In ActiveSheet.ListObjects
        With ActiveSheet.Shapes _
```

```
      .AddChart2(XlChartType:=xlLine, _
      Left:=tbl.Range.Left, Top:=tbl.Range.Top _
      + tbl.Range.Height + 10, _
      Width:=tbl.Range.Width, Height:=94).Chart
      .SetSourceData Source:=tbl.Range
      .PlotBy = xlRows
      .HasTitle = False
      .HasLegend = False
    End With
  Next tbl
End Sub
```

元データを設定
データ系列の方向を設定
グラフタイトルを非表示にする
凡例を非表示にする

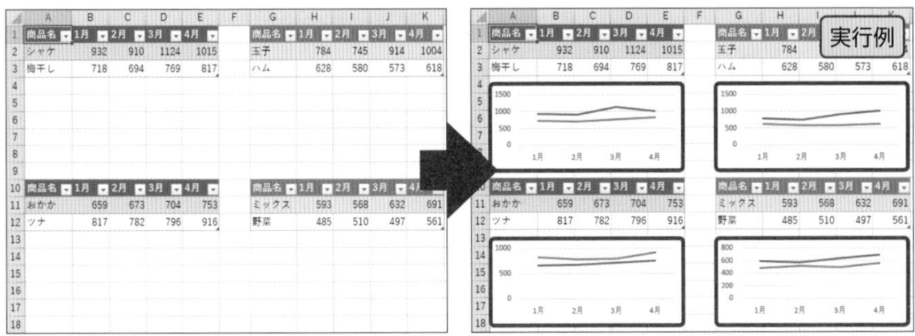

グラフを作成するAddChart2メソッドの引数LeftとWidthには、このLeftプロパティとWidthプロパティの値をそのまま指定しています。引数Topには、Topプロパティの値にHeightプロパティの値と10を加算した値を指定しており、引数Heightには直接「94」を指定しています。

グラフの元データには、Rangeプロパティで取得したテーブルのセル範囲を表すRangeオブジェクトを、そのまま指定しています。

作成されたグラフのデータ系列の方向は、Chartオブジェクトの**PlotByプロパティ**で設定できますが、ここでは行方向を指す定数xlRowを指定しています。なお、列方向にしたい場合は、定数xlColumnを指定します。

さらに、**HasTitleプロパティ**と**HasLegendプロパティ**にいずれもFalseを設定することで、グラフタイトルと凡例を非表示にしています。

複数範囲を選択してグラフを作成する

グラフ化する表をテーブルに変換したくない場合もあるでしょう。また、実行時に範囲を指定して、臨機応変に複数のグラフを作成したいというケースもあるかもしれません。そのためここでは、「Ctrl」キーを押しながらドラッグして選択した複数のセル範囲をそれぞれ元データとして、それぞれの右側に円グラフを作成してみましょう。

このような複数の領域を含むセル範囲を表すRangeオブジェクトを扱う場合は、その**Areasプロパティ**で、四角形の領域の集合を表す**Areasコレクション**を取得します。ただし、単体の「Areaオブジェクト」は存在せず、Areasコレクションの要素のオブジェクトはそれぞれRangeオブジェクトになることに注意してください。AreasコレクションをFor Each ～ Nextステートメントに指定することで、各領域のセル範囲を表すRangeオブジェクトを対象に、以降の処理をくり返しましょう。

次のマクロプログラム「Sample210_1」では、この方法で、ワークシート上に入力した複数の表の横に、それぞれ円グラフを作成します。選択範囲の領域ごとにグラフを作成している点を除けば「Sample208_1」とほぼ同じ流れですが、今回は表の下ではなく右側に作成するため、上位置と高さを表と揃え、左位置には表の左位置に表の幅と10を加算した値を、幅には直接「142」という値を指定しています。

このマクロを実行する前に、セル範囲A2:B7、A9:B14、F2:G7、F9:G14を選択した状態にします。なお、凡例やデータラベルを表示する余裕がないため、あらかじめ表の各項目名のセルに、円グラフの各領域と同じ系統の薄めの色を設定しています。

ファイル「210_1.xlsm」

```
Sub Sample210_1()
    Dim rng As Range
    For Each rng In Selection.Areas
        With ActiveSheet.Shapes. _
            AddChart2(XlChartType:=xlPie, _
            Left:=rng.Left + rng.Width + 10, _
            Top:=rng.Top, Width:=142, _
            Height:=rng.Height).Chart
            .SetSourceData Source:=rng
            .HasTitle = False
            .HasLegend = False
        End With
    Next rng
End Sub
```

選択範囲の領域ごとにくり返し

各領域の位置を基準に円グラフを作成

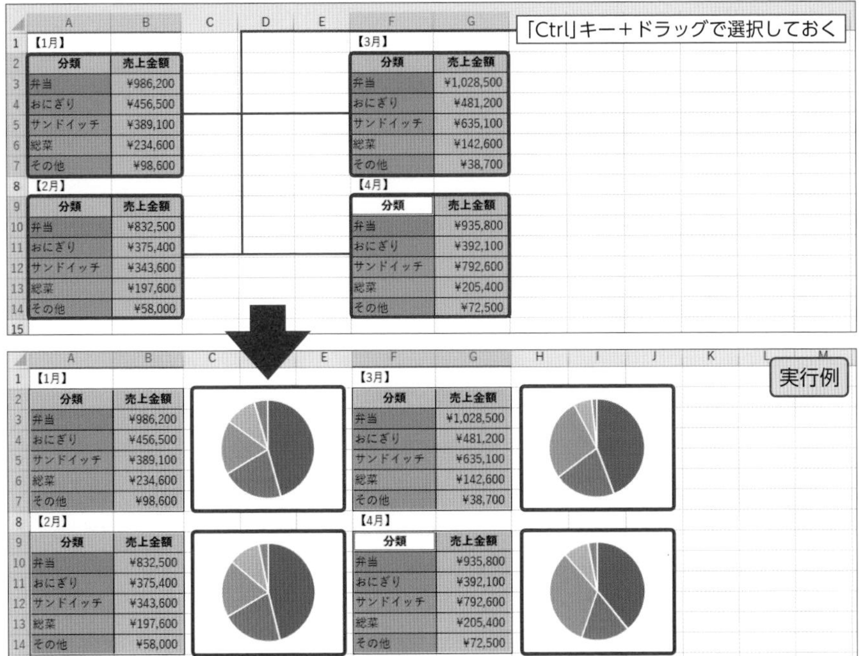

次のマクロプログラム「Sample211_1」を実行すると、どの種類のグラフが、元データの表（選択範囲）に対してどのような位置に作成されるでしょうか。

ファイル「211_1.xlsm」

```
Sub Sample211_1()
    With ActiveSheet.Shapes _
        .AddChart2(XlChartType:=xlLine, _
        Left:=Selection.Left, Top:=Selection.Top, _
        Width:=Selection.Width, _
        Height:=Selection.Height).Chart
        .SetSourceData Source:=Selection
        .PlotBy = xlRows
        .HasTitle = False
        .HasLegend = False
    End With
End Sub
```

STEP 08 グラフの種類に応じてスタイルを変更しよう

作成済みの複数のグラフの種類に応じて異なる処理を実行することも可能です。ここでは、折れ線グラフだけを対象に、レイアウトとスタイルを変更しましょう。

折れ線グラフだけスタイルを変更する

作成済みのグラフのうち、特定の種類のグラフだけを対象に処理したい場合は、すべてのグラフを対象としたくり返し処理で、各グラフの種類を判定します。具体的には、対象の Worksheet オブジェクトの **ChartObjects メソッド**で、そのワークシート内のすべての埋め込みグラフを表す **ChartObjects コレクション**を取得し、これを For Each ～ Next ステートメントに指定します。各くり返しの中では、個々の埋め込みグラフを表す ChartObject オブジェクトの **Chart プロパティ**で、グラフ機能を表す **Chart オブジェクト**を取得し、その **ChartType プロパティ**で、P.206 のものと同様の定数を使ってグラフが折れ線グラフかどうかを判定します。そして、If ～ Then ステートメントで、判定結果が True の場合のみ以降の処理を実行するのです。

Chart オブジェクトの **ApplyLayout メソッド**では、グラフの「クイックレイアウト」の機能で設定できるレイアウトを適用できます。**引数 Layout** には、クイックレイアウトの番号を指定します。また、Chart オブジェクトの **ChartStyle プロパティ**では、グラフのスタイルを、やはり番号で指定します。目的のグラフスタイルを表す番号は、マクロの記録機能などを使って確認してください。

以上の処理をまとめたものが、マクロプログラム「Sample212_1」です。

ファイル「212_1.xlsm」

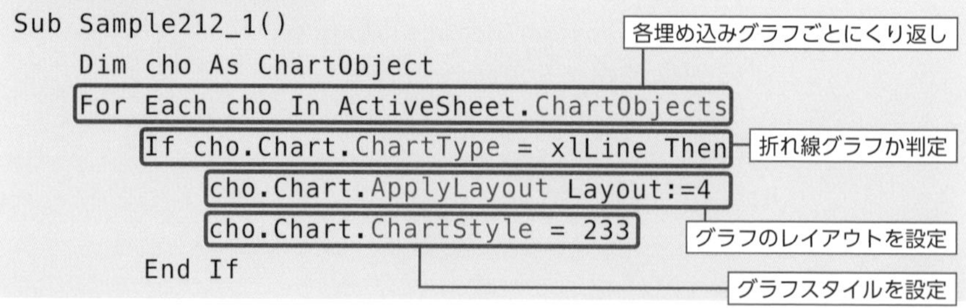

```
Sub Sample212_1()
    Dim cho As ChartObject
    For Each cho In ActiveSheet.ChartObjects
        If cho.Chart.ChartType = xlLine Then
            cho.Chart.ApplyLayout Layout:=4
            cho.Chart.ChartStyle = 233
        End If
```


P.211 解答　選択範囲の表と同じ位置、同じサイズにぴったり重なるように、折れ線グラフが作成されます。

```
    Next cho
End Sub
```

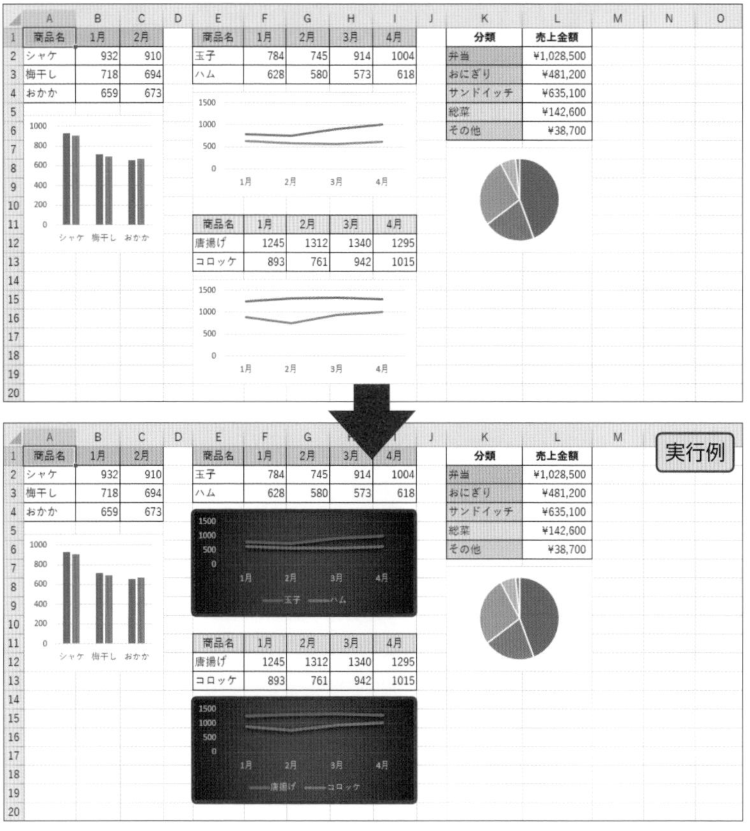

MEMO　ShapeオブジェクトとChartObjectオブジェクト

STEP 06、07 では、埋め込みグラフはShapesコレクションから作成し、作成されたグラフはShapeオブジェクトとして扱われました。一方、このSTEP 08 では、ChartObjectsコレクションを介し、各グラフをChartObjectオブジェクトとして扱っています。実は、ChartObjectsコレクションのAddメソッドで、新しいグラフを作成することも可能なのです。Shapesコレクションにはグラフ以外の図形も含まれるため、グラフだけを対象とした処理にはChartObjectsコレクションを利用したほうが効率的です。ただし、ChartObjectsコレクションはやや古い機能のため、本書では、グラフの作成にはShapesコレクションを使用しています。

STEP 09

すべてのグラフの特定の要素を操作しよう

最後に、グラフの中の特定の要素を操作する方法についても取り上げておきましょう。ここでは、すべてのグラフのタイトルや系列の色を一括で変更します。

すべてのグラフの要素を一括で変更する

グラフは複数の要素によって構成されています。たとえば、グラフ全体を表示するキャンバスに当たる**グラフエリア**、その中で実際に縦棒や折れ線が描画される領域の**プロットエリア**、同じ色の縦棒や1本1本の折れ線などを意味する**系列**、**縦軸（数値軸）**と**横軸（項目軸）**、**グラフタイトル**、**凡例**などのグラフ要素があります。

ここでは、テーブルを元データとして同じワークシート上に作成した4つの集合縦棒グラフに対し、その要素を一括で変更するマクロプログラムを作成してみましょう。まず、各グラフ上にグラフタイトルを表示し、その文字列を元データのテーブル名と同じにして、フォントサイズを10に変更します。次に、縦棒グラフの2番目の系列の棒の色を「テーマの色」のアクセント6（緑）に変更します。

ただし、VBAではグラフの元データの範囲はプロパティとしては取得できないため、やや複雑な手順が必要となります。そこで、ここでは元データのテーブルの作成順に合わせてグラフを作成した、という前提で、インデックスが同一のテーブルを、各グラフの元データと見なします。具体的には、For Each ～ Nextステートメントではなく**For ～ Nextステートメント**を使用し、1から、ChartObjectsコレクションの**Countプロパティ**で取得したグラフ数まで、変数iを1ずつ変化させて、以降の処理をくり返します。

くり返しの中では、まずインデックスで指定して各**ChartObjectオブジェクト**を取得し、そのChartプロパティで**Chartオブジェクト**を取得します。その**HasTitleプロパティ**にTrueを指定して、グラフタイトルを表示します。さらに、**ChartTitleプロパティ**でグラフタイトルを表す**ChartTitleオブジェクト**を取得し、その**Captionプロパティ**でタイトルの文字列を指定します。また、**Fontオブジェクト**の**Sizeプロパティ**で、グラフタイトルのフォントサイズを設定します。

特定の系列は、Chartオブジェクトの**SeriesCollectionメソッド**に引数としてインデックスを指定することで、**Seriesオブジェクト**として取得可能です。その**Format**

プロパティで、グラフの書式を表す**ChartFormat オブジェクト**を取得できます。以下、図形（Shape オブジェクト）と同様に複数のプロパティを重ねて、塗りつぶしのテーマの色を設定します。

以上の手順をまとめたものが、次のマクロプログラム「Sample215_1」です。

ファイル「215_1.xlsm」

```
Sub Sample215_1()
    Dim i As Integer
    For i = 1 To ActiveSheet.ChartObjects.Count
        With ActiveSheet.ChartObjects(i).Chart
            .HasTitle = True
            With .ChartTitle
                .Caption = ActiveSheet.ListObjects(i).Name
                .Font.Size = 10
            End With
            .SeriesCollection(2).Format.Fill.ForeColor _
                .ObjectThemeColor = xlThemeColorAccent6
        End With
    Next i
End Sub
```

- For i = 1 To ActiveSheet.ChartObjects.Count：1 から埋め込みグラフの数までくり返し
- .Caption = ActiveSheet.ListObjects(i).Name：グラフタイトルをテーブル名と同じにする
- .Font.Size = 10：グラフタイトルのフォントサイズを変更する
- .SeriesCollection(2).Format.Fill.ForeColor _ .ObjectThemeColor = xlThemeColorAccent6：2 番目の系列の色を変更する

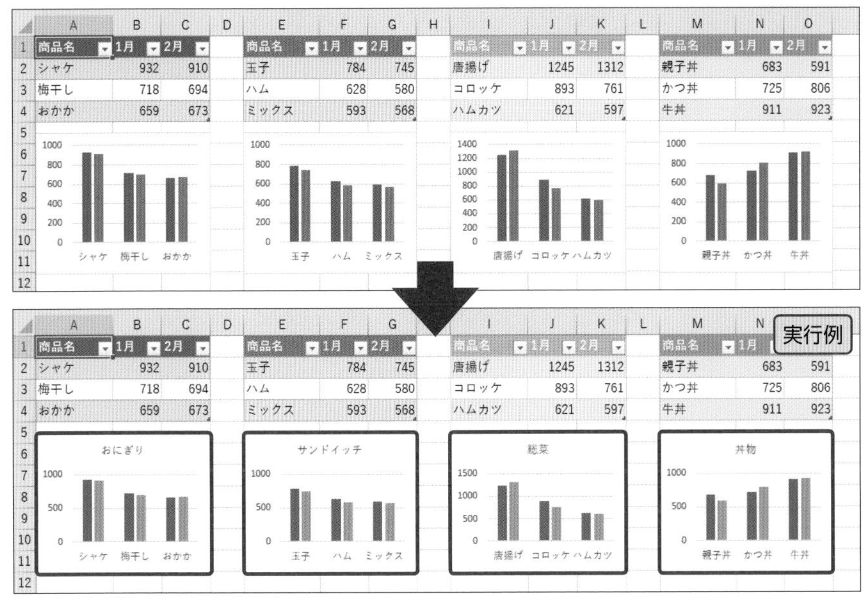

主なグラフ要素について

Excelのグラフに含まれる主なグラフ要素と、それらのVBAでのオブジェクトとしての扱われ方について、かんたんに紹介しておきましょう。次の表は、各グラフ要素とそれを表すオブジェクト、およびそのオブジェクトの主な取得方法です。

グラフ要素	オブジェクト	主な取得方法
グラフエリア	ChartArea	ChartオブジェクトのChartAreaプロパティ
プロットエリア	PlotArea	ChartオブジェクトのPlotAreaプロパティ
系列	Series	ChartオブジェクトのSeriesCollectionメソッド
グラフタイトル	ChartTitle	ChartオブジェクトのChartTitleプロパティ
凡例	Legend	ChartオブジェクトのLegendプロパティ
軸	Axis	ChartオブジェクトのAxesメソッド
近似曲線	Trendline	SeriesオブジェクトのTrendlinesメソッド

また、Chartオブジェクトの**SetElementメソッド**で、指定したグラフ要素の表示状態を変更することも可能です。

次のマクロプログラム「Sample216_1」を実行すると、作業中のワークシート上にあるすべてのグラフの一部の色がテーマの色の「アクセント 4」に変化します。変化するのはグラフのどの部分でしょうか。

ファイル「216_1.xlsm」

```
Sub Sample216_1()
    Dim cho As ChartObject
    For Each cho In ActiveSheet.ChartObjects
        cho.Chart.PlotArea.Format.Fill.ForeColor _
            .ObjectThemeColor = msoThemeColorAccent4
    Next cho
End Sub
```

第6章

データの管理・加工を効率化しよう

この章では、セル範囲に入力されたデータを、VBA で効率的に処理するためのさまざまなテクニックを紹介していきます。新しいプロパティやメソッドのほか、これまでに学習してきた知識も組み合わせて長めのプログラムを作成していくため、忘れてしまっている部分はその都度しっかりと復習するようにしましょう。

いただきまーす！

ん〜！
ウチの社員食堂の
麻婆豆腐、ホント
おいしいなあ〜

僕も大好物だよ！
にしても鹿島さん
ご機嫌だね

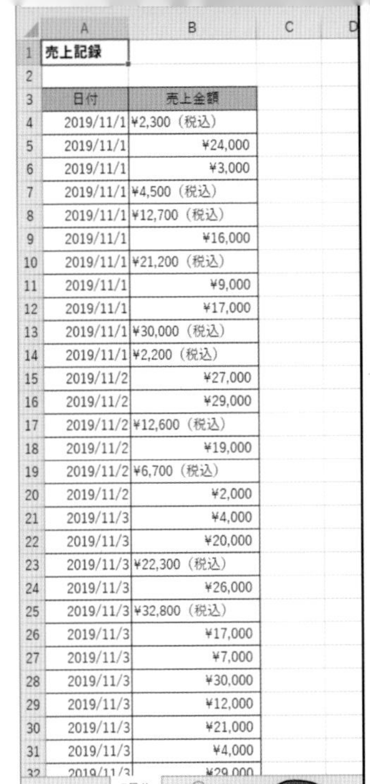

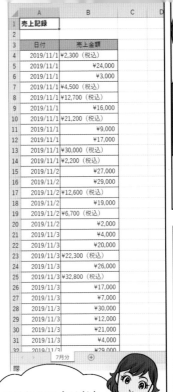

	A	B
1	売上記録	
2		
3	日付	売上金額
4	2019/11/1	¥2,300（税込）
5	2019/11/1	¥24,000
6	2019/11/1	¥3,000
7	2019/11/1	¥4,500（税込）
8	2019/11/1	¥12,700（税込）
9	2019/11/1	¥16,000
10	2019/11/1	¥21,200（税込）
11	2019/11/1	¥9,000
12	2019/11/1	¥17,000
13	2019/11/1	¥30,000（税込）
14	2019/11/1	¥2,200（税込）
15	2019/11/2	¥27,000
16	2019/11/2	¥29,000
17	2019/11/2	¥12,600（税込）
18	2019/11/2	¥19,000
19	2019/11/2	¥6,700（税込）
20	2019/11/2	¥2,000
21	2019/11/3	¥4,000
22	2019/11/3	¥20,000
23	2019/11/3	¥22,300（税込）
24	2019/11/3	¥26,000
25	2019/11/3	¥32,800（税込）
26	2019/11/3	¥17,000
27	2019/11/3	¥7,000
28	2019/11/3	¥30,000
29	2019/11/3	¥12,000
30	2019/11/3	¥21,000
31	2019/11/3	¥4,000
32	2019/11/3	¥29,000

7月分

これなんですけどね
ほら、売上データの金額に
「(税込)」って付いてるのと
付いてないのが混ざってること
結構多いじゃないですか
あるあるだね
パクパク
そこで！
VBAで自動的に「(税込)」を
取って税抜金額に修正する
マクロを作ったんです！
カチッ
どれどれ

	A	B
1	売上記録	
2		
3	日付	売上金額
4	2019/11/1	¥2,091
5	2019/11/1	¥24,000
6	2019/11/1	¥3,000
7	2019/11/1	¥4,091
8	2019/11/1	¥11,545
9	2019/11/1	¥16,000
10	2019/11/1	¥19,273
11	2019/11/1	¥9,000
12	2019/11/1	¥17,000
13	2019/11/1	¥27,273
14	2019/11/1	¥2,000
15	2019/11/2	¥27,000
16	2019/11/2	¥29,000
17	2019/11/2	¥11,455
18	2019/11/2	¥19,000
19	2019/11/2	¥6,091
20	2019/11/2	¥2,000
21	2019/11/3	¥4,000
22	2019/11/3	¥20,000
23	2019/11/3	¥20,273
24	2019/11/3	¥26,000
25	2019/11/3	¥29,818
26	2019/11/3	¥17,000
27	2019/11/3	¥7,000
28	2019/11/3	¥30,000

大量のデータも
このとおり
どうです？この傑作
うふ

よくできてるけど…
このマクロ、ちょっと
処理に時間がかかるな
ん～
…え!?
ほ、ほんの数秒じゃ
ないですか~~~
ガーン

```
Sub 税別変換()
    Dim cRng As Range
    For Each cRng In Selection
        If Right(cRng.Value, 4) = "（税込）" Then
            cRng.Value = Left(cRng.Value, Len(cRng.Value) - 4) / 1.1
        End If
    Next cRng
End Sub
```

…やっぱり
「For Each ～ Next」の
くり返しで、各セルの値を
1つ1つ処理してる

もっと速く処理する
方法があるよ

そんな方法が
あるんですか…？

ぐっすん

ほら、キッチン
見てごらん

カタ カタ

…これで
よし、と

```
Sub 税別変換高速版()
    Dim cData() As Variant, i As Long
    cData = Selection.Value
    For i = 1 To Selection.Cells.Count
        If Right(cData(i, 1), 4) = "（税込）" Then
            cData(i, 1) = Left(cData(i, 1), Len(cData(i, 1)) - 4) / 1.1
        End If
    Next i
    Selection.Value = cData
End Sub
```

同じように、データをまとめて
取り扱える「配列」として
いったん全部取り出して
一気に処理してから、改めて
セル範囲に戻すと効率的なんだ

コードは少し複雑に
なるけど、処理速度は
全然違うよ

実行してみて

はい…

カチ

パッ!!

…あっ！一瞬
スゴイ！

ま、こんなところだね
VBAの道はまだまだ
これから──
そ〜
キラ―ン！
ジャッ
処理速度が
まだまだだね
くく…

STEP 01 表のデータを特定の条件で一括加工しよう

セル範囲に入力されたデータは、日付や時刻などの特定の条件に応じて、一括で変更できます。「くり返し処理」と「条件分岐」を駆使して挑戦してみましょう。

日付に応じて税別金額に変更する

ここでは、商品を販売した日付と税込金額が記録されている表の、税込金額の表示を一括で税別金額に修正します。日付が消費税改定日の2019年10月1日以降であれば消費税10%、それより前であれば8%で計算しましょう。ここでは、「日付」列のセル範囲を手動で選択し、「売上金額」列の各行をくり返し修正する処理にします。

選択範囲を対象としたくり返し処理では、**For Each ～ Next ステートメント**（P.110参照）に、**Selection プロパティ**で取得した**Range コレクション**を指定します。また、各日付の判定には、**If ～ Then ステートメント**（P.96参照）を使用します。VBAのコード中に直接日付データを指定するには、日付の前後を「#」で囲みます。このようなデータを**日付リテラル**と呼びます。なお、日付は「月 / 日 / 年」の形式に自動修正されるため、「#2019/10/1#」と指定しても、自動的に「#10/1/2019#」となることに注意してください。その判定結果に応じて、**Offset プロパティ**（P.126参照）で売上金額（ここでは2列右）の数値を消費税を表す1.1または1.08で割り、同じセルに再入力します。以上の操作をまとめたのが、マクロプログラム「Sample222_1」です。

ファイル「222_1.xlsm」

```
Sub Sample222_1()
    Dim rng As Range
    For Each rng In Selection
        If rng.Value >= #10/1/2019# Then
            rng.Offset(, 2).Value = _
                rng.Offset(, 2).Value / 1.1
        Else
            rng.Offset(, 2).Value = _
                rng.Offset(, 2).Value / 1.08
        End If
```

選択範囲を対象にくり返し

2019年10月以降かどうかを判定し、2列右の売上金額を修正

P.216 解答 プロットエリア（折れ線が描画されている部分）の色が変化します。

```
    Next rng
End Sub
```

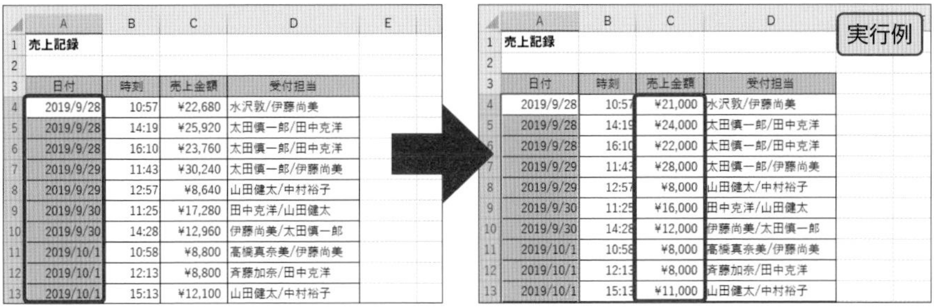

	A	B	C	D	E
1	売上記録				
2					
3	日付	時刻	売上金額	受付担当	
4	2019/9/28	10:57	¥22,680	水沢敦/伊藤尚美	
5	2019/9/28	14:19	¥25,920	太田慎一郎/田中克洋	
6	2019/9/28	16:10	¥23,760	太田慎一郎/田中克洋	
7	2019/9/29	11:43	¥30,240	太田慎一郎/伊藤尚美	
8	2019/9/29	12:57	¥8,640	山田健太/中村裕子	
9	2019/9/30	11:25	¥17,280	田中克洋/山田健太	
10	2019/9/30	14:28	¥12,960	伊藤尚美/太田慎一郎	
11	2019/10/1	10:58	¥8,800	高橋真奈美/伊藤尚美	
12	2019/10/1	12:13	¥8,800	斉藤加奈/田中克洋	
13	2019/10/1	15:13	¥12,100	山田健太/中村裕子	

実行例

	A	B	C	D
1	売上記録			
2				
3	日付	時刻	売上金額	受付担当
4	2019/9/28	10:57	¥21,000	水沢敦/伊藤尚美
5	2019/9/28	14:19	¥24,000	太田慎一郎/田中克洋
6	2019/9/28	16:10	¥22,000	太田慎一郎/田中克洋
7	2019/9/29	11:43	¥28,000	太田慎一郎/伊藤尚美
8	2019/9/29	12:57	¥8,000	山田健太/中村裕子
9	2019/9/30	11:25	¥16,000	田中克洋/山田健太
10	2019/9/30	14:28	¥12,000	伊藤尚美/太田慎一郎
11	2019/10/1	10:58	¥8,000	高橋真奈美/伊藤尚美
12	2019/10/1	12:13	¥8,000	斉藤加奈/田中克洋
13	2019/10/1	15:13	¥11,000	山田健太/中村裕子

同じ処理を、別のアプローチで実現する例も紹介しましょう。前の例では「日付」列の範囲を選択し、この列を基準に「売上金額」列のセルの値を修正しましたが、今回は「売上金額」列を基準とします。また、あらかじめ対象範囲を選択しなくても、セルC4から下方向へ、連続してデータが入力されているセル範囲を自動的に判定し、その各セルの2列左のセルに入力されている日付に基づいて、各セルの税込金額を税別金額に変換することができます。

「売上金額」列でデータが入力されている範囲の取得には、セルC4を表すRangeオブジェクトの**Endプロパティ**（P.148参照）を使用し、セルC4からその列の下方向の終端セルまでの範囲をRangeオブジェクトとして取得します。これをFor Each ～ Nextステートメントに指定し、Offsetプロパティで求めた日付の判定に基づいて、1.1または1.08で割った値に変換します。以上の操作をまとめたのが、マクロプログラム「Sample223_1」です。

ファイル「223_1.xlsm」

```
Sub Sample223_1()
    Dim rng As Range
    For Each rng In Range("C4", Range("C4").End(xlDown))
        If rng.Offset(, -2).Value >= #10/1/2019# Then
            rng.Value = rng.Value / 1.1
        Else
            rng.Value = rng.Value / 1.08
        End If
    Next rng
End Sub
```

くり返しの対象範囲を自動判定

2列左の日付が2019年10月以降かどうかを判定し、売上金額を修正

3	日付	時刻	売上金額	受付担当
4	2019/9/28	10:57	¥22,680	水沢敦/伊藤尚美
5	2019/9/28	14:19	¥25,920	太田慎一郎/田中克洋
6	2019/9/28	16:10	¥23,760	太田慎一郎/田中克洋
7	2019/9/29	11:43	¥30,240	太田慎一郎/伊藤尚美
8	2019/9/29	12:57	¥8,640	山田健太/中村裕子
9	2019/9/30	11:25	¥17,280	田中克洋/山田健太
10	2019/9/30	14:28	¥12,960	伊藤尚美/太田慎一郎
11	2019/10/1	10:58	¥8,800	高橋真奈美/伊藤尚美

実行例

3	日付	時刻	売上金額	受付担当
4	2019/9/28	10:57	¥21,000	水沢敦/伊藤尚美
	2019/9/28	14:19	¥24,000	太田慎一郎/田中克洋
	2019/9/28	16:10	¥22,000	太田慎一郎/田中克洋
	2019/9/29	11:43	¥28,000	太田慎一郎/伊藤尚美
8	2019/9/29	12:57	¥8,000	山田健太/中村裕子
9	2019/9/30	11:25	¥16,000	田中克洋/山田健太
10	2019/9/30	14:28	¥12,000	伊藤尚美/太田慎一郎
11	2019/10/1	10:58	¥8,000	高橋真奈美/伊藤尚美

時刻に応じて担当者名を取り出す

同じ表を対象として、今度は「受付担当」列の文字列データを処理してみましょう。この列には注文を受け付けた担当者名を記録していますが、13時に担当者が交替するため、その両方の名前を「/」で区切って入力しています。そこで、同じ行の「時刻」列のセルの時刻が13時より前であれば「/」より前、13時以降であれば「/」より後の名前だけを残し、それ以外は削除します。また、実行時に特定のセルを選択しておく必要がないように、対象のセル範囲として、A3セルを含む表の範囲全体（アクティブセル領域）を自動判定します。

アクティブセル領域の取得には**CurrentRegionプロパティ**（P.150参照）を使用し、取得したRangeオブジェクト（コレクション）を**Withステートメント**（P.70参照）の対象に指定します。

くり返し処理にはFor Each ～ Nextステートメントではなく**For ～ Nextステートメント**（P.107参照）を使い、表の見出し行を除いた2行目から、「Rows.Count」で調べた表の行数まで、変数numの値を変化させながら処理をくり返します。

ところで、Rangeコレクションに行と列のインデックスを指定することで、その位置にあるセルをRangeオブジェクトとして取得することができます（P.123参照）。これはいわばRangeコレクションの既定の機能ですが、この機能を明示的に記述したい場合は、**Itemプロパティ**を使用します。Withステートメントを使用すると対象コレクションとインデックスの指定が離れてしまうため、今回は「Item」を記述して指定します。たとえば、「.Item(2, 2)」であれば表の2行目で2列目のセル、つまり、「時刻」列のデータ行の最初のセルを表します。

また、Excelの時刻データの実体は1時間を1/24とする小数なのですが、そのままIf ～ Thenステートメントでの判定に使用すると、コンピューターの処理上の問題（演算誤差）が発生する可能性があります。そこで、1時間を1とするために「24」を掛け、さらに1分を1とするために「60」を掛けます。つまり、24と60を掛けた「1440」を掛けて分単位の整数に変換し、さらに小数単位の端数（誤差）をなくすために**Round関数**で四捨五入して整数にします。この値が、13時を表す780より少ないかどうかに応じて、同じ行の4列目、つまり「受付担当」列の文字列の前半か後半を取り出し、改めて同じセルに入力します。

13 時よりも前の場合は、**InStr 関数**で「/」がもとの文字列の何文字目かを調べ、それよりも 1 文字少ない文字数分だけ、もとの文字列の先頭から **Left 関数**で取り出します。一方、13 時以降の場合は、**Len 関数**で求めたもとの文字列の文字数から「/」までの文字数を引いた文字数分を、もとの文字列の末尾から **Right 関数**で取り出します。

以上の操作をまとめたのが、マクロプログラム「Sample225_1」です。

ファイル「225_1.xlsm」

```
Sub Sample225_1()
    Dim num As Long
    With Range("A3").CurrentRegion
        For num = 2 To .Rows.Count
            If Round(.Item(num, 2).Value * 1440) < 780 _
                Then
                With .Item(num, 4)
                    .Value = Left(.Value, _
                        InStr(.Value, "/") - 1)
                End With
            Else
                With .Item(num, 4)
                    .Value = Right(.Value, _
                        Len(.Value) - InStr(.Value, "/"))
                End With
            End If
        Next num
    End With
End Sub
```

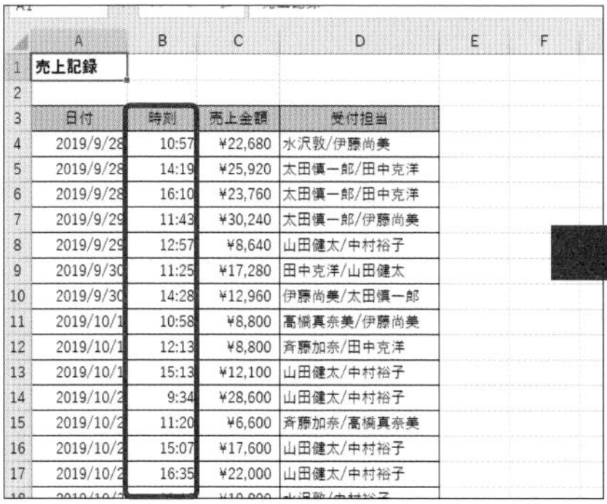

	A	B	C	D	E	F
1	売上記録					
2						
3	日付	時刻	売上金額	受付担当		
4	2019/9/28	10:57	¥22,680	水沢敦/伊藤尚美		
5	2019/9/28	14:19	¥25,920	太田慎一郎/田中克洋		
6	2019/9/28	16:10	¥23,760	太田慎一郎/田中克洋		
7	2019/9/29	11:43	¥30,240	太田慎一郎/伊藤尚美		
8	2019/9/29	12:57	¥8,640	山田健太/中村裕子		
9	2019/9/30	11:25	¥17,280	田中克洋/山田健太		
10	2019/9/30	14:28	¥12,960	伊藤尚美/太田慎一郎		
11	2019/10/1	10:58	¥8,800	高橋真奈美/伊藤尚美		
12	2019/10/1	12:13	¥8,800	斉藤加奈/田中克洋		
13	2019/10/1	15:13	¥12,100	山田健太/中村裕子		
14	2019/10/2	9:34	¥28,600	山田健太/中村裕子		
15	2019/10/2	11:20	¥6,600	斉藤加奈/高橋真奈美		
16	2019/10/2	15:07	¥17,600	山田健太/中村裕子		
17	2019/10/2	16:35	¥22,000	山田健太/中村裕子		

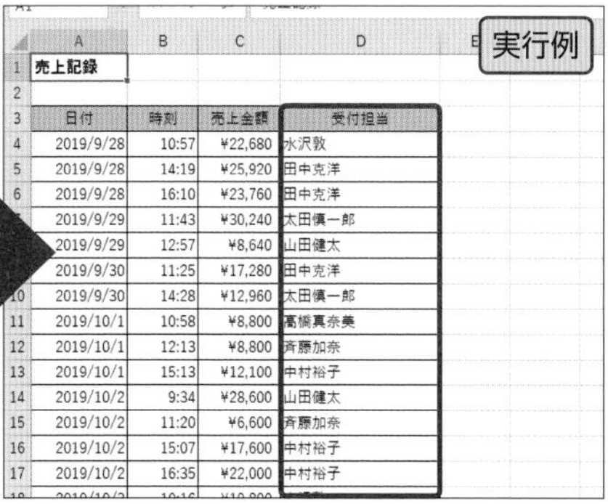

実行例

	A	B	C	D
1	売上記録			
2				
3	日付	時刻	売上金額	受付担当
4	2019/9/28	10:57	¥22,680	水沢敦
5	2019/9/28	14:19	¥25,920	田中克洋
6	2019/9/28	16:10	¥23,760	田中克洋
7	2019/9/29	11:43	¥30,240	太田慎一郎
8	2019/9/29	12:57	¥8,640	山田健太
9	2019/9/30	11:25	¥17,280	田中克洋
10	2019/9/30	14:28	¥12,960	太田慎一郎
11	2019/10/1	10:58	¥8,800	高橋真奈美
12	2019/10/1	12:13	¥8,800	斉藤加奈
13	2019/10/1	15:13	¥12,100	中村裕子
14	2019/10/2	9:34	¥28,600	山田健太
15	2019/10/2	11:20	¥6,600	斉藤加奈
16	2019/10/2	15:07	¥17,600	中村裕子
17	2019/10/2	16:35	¥22,000	中村裕子

STEP 02

大量のデータをすばやく一括加工しよう

STEP 01の売上金額に対する処理を、大量のデータを対象に実行しましょう。同じマクロプログラムでも問題ありませんが、処理をより高速にするヒントを提供します。

配列を利用して処理を高速化する

STEP 01では、For Each ～ Nextステートメントや For ～ Nextステートメントを利用して、セルの値を1つ1つ確認して条件に応じた処理を実行し、その値を再びセルに入力していました。データの数がそれほど多くなければ、このプログラムでも、処理はほぼ一瞬で完了します。しかし、データ量や処理の内容、使用しているパソコン環境によっては、処理完了までにやや時間がかかってしまう場合もあります。そのためここでは、セル範囲のデータを一括処理する際に、**配列**（P.90参照）を利用して、その速度を向上させるためのヒントを紹介しましょう。

まず、P.223のマクロプログラム「Sample223_1」に、処理完了までにかかった時間を計測するためのコードを追加します。そこで利用するのが、その日の午前0時からの経過秒数を返す**Timer関数**で、処理の開始前に、まずこの値を変数sTimeに収めます。そして、処理終了後に再びその時点のTimer関数の値を求め、そこから開始時の変数sTimeの値を引くことで経過時間を求め、その値を**MsgBox関数**でメッセージボックスに表示します。

このマクロプログラム「Sample227_1」を、5,000行を超えるサンプルデータを対象に実行してみましょう。

ファイル「226_1.xlsm」

```
Sub Sample226_1()
    Dim sTime As Single, rng As Range
    sTime = Timer                                    開始時の秒数を記録
    For Each rng In Range("C4", Range("C4").End(xlDown))
        If rng.Offset(, -2).Value >= #10/1/2019# Then
            rng.Value = rng.Value / 1.1
        Else
```

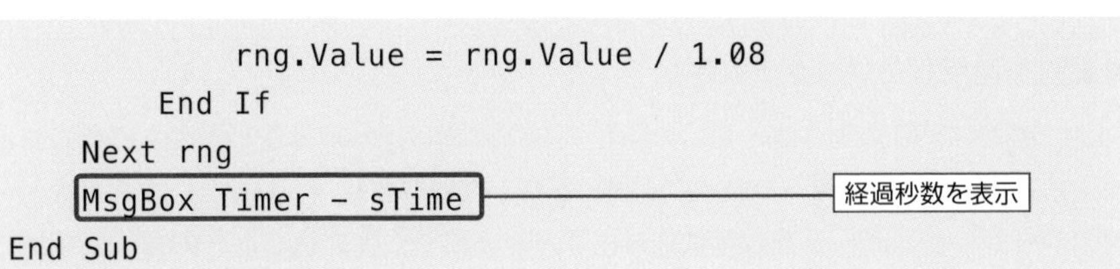

```
            rng.Value = rng.Value / 1.08
        End If
    Next rng
    MsgBox Timer - sTime
End Sub
```


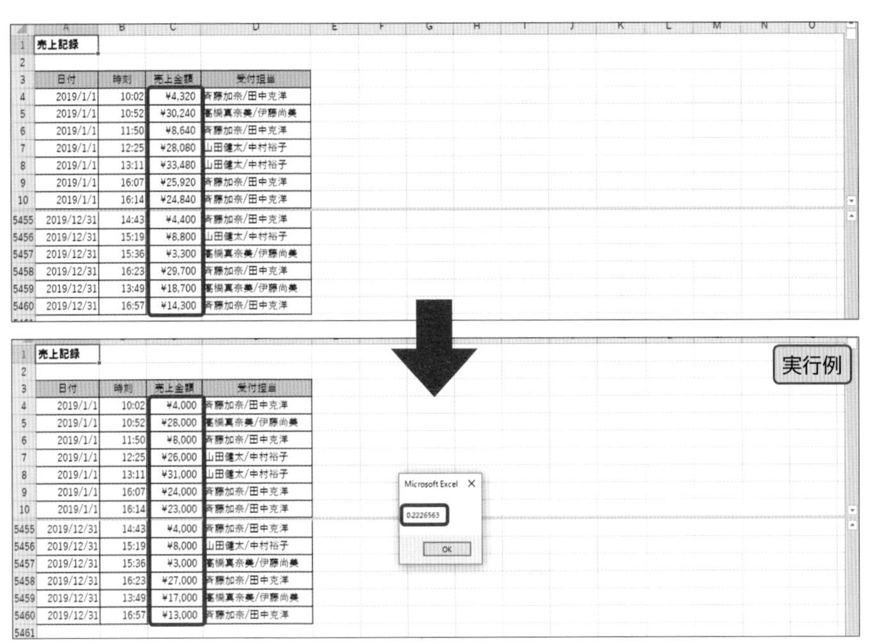

	A	B	C	D
1	売上記録			
2				
3	日付	時刻	売上金額	受付担当
4	2019/1/1	10:02	¥4,320	斉藤加奈/田中克洋
5	2019/1/1	10:52	¥30,240	髙橋真奈美/伊藤尚美
6	2019/1/1	11:50	¥8,640	斉藤加奈/田中克洋
7	2019/1/1	12:25	¥28,080	山田健太/中村裕子
8	2019/1/1	13:11	¥33,480	山田健太/中村裕子
9	2019/1/1	16:07	¥25,920	斉藤加奈/田中克洋
10	2019/1/1	16:14	¥24,840	斉藤加奈/田中克洋
5455	2019/12/31	14:43	¥4,400	斉藤加奈/田中克洋
5456	2019/12/31	15:19	¥8,800	山田健太/中村裕子
5457	2019/12/31	15:36	¥3,300	髙橋真奈美/伊藤尚美
5458	2019/12/31	16:23	¥29,700	斉藤加奈/田中克洋
5459	2019/12/31	13:49	¥18,700	髙橋真奈美/伊藤尚美
5460	2019/12/31	16:57	¥14,300	斉藤加奈/田中克洋

1	売上記録			
2				
3	日付	時刻	売上金額	受付担当
4	2019/1/1	10:02	¥4,000	斉藤加奈/田中克洋
5	2019/1/1	10:52	¥28,000	髙橋真奈美/伊藤尚美
6	2019/1/1	11:50	¥8,000	斉藤加奈/田中克洋
7	2019/1/1	12:25	¥26,000	山田健太/中村裕子
8	2019/1/1	13:11	¥31,000	山田健太/中村裕子
9	2019/1/1	16:07	¥24,000	斉藤加奈/田中克洋
10	2019/1/1	16:14	¥23,000	斉藤加奈/田中克洋
5455	2019/12/31	14:43	¥4,000	斉藤加奈/田中克洋
5456	2019/12/31	15:19	¥8,000	山田健太/中村裕子
5457	2019/12/31	15:36	¥3,000	髙橋真奈美/伊藤尚美
5458	2019/12/31	16:23	¥27,000	斉藤加奈/田中克洋
5459	2019/12/31	13:49	¥17,000	髙橋真奈美/伊藤尚美
5460	2019/12/31	16:57	¥13,000	斉藤加奈/田中克洋
5461				

比較的単純な処理のため、このぐらいのデータ量でも、筆者の環境で約 0.22 秒で処理が完了しました。これでも十分速く、決してストレスを感じるほどではありませんが、配列を利用することでこの処理時間をどのぐらい短縮できるかを、次のページで確認してみましょう。

あ、私のパソコンだと処理が完了するまでに0.7 秒かかった！　確かにもっとデータ量が多くなると、処理時間が気になりそうね。

■配列を利用したプログラム例

これまでのプログラムは、セルの値を1つ1つ取り出して修正し、改めて同じセルに入力するという形式だったため、処理に時間がかかりました。しかし、セルとのデータのやり取りを、**データを最初に取り出すときと最後に書き込むときの各1回だけにすれば、処理を高速化できます**。

そのためにはまず、1つの長方形のセル範囲を表すRangeオブジェクトの**Valueプロパティ**で、その各セルの値（数式の場合はその計算結果）を、同じサイズ（行数×列数）の2次元配列として取り出し、バリアント型（P.73参照）の配列変数（P.90参照）に代入します。さらに、For ～ Nextステートメントなどのくり返しでこの配列の各データを処理し終わった後、変更した配列変数のデータをもとのRangeオブジェクトのValueプロパティに代入して、そのセル範囲にデータを一括で入力するのです。

具体的には、「日付」列のデータ行の範囲の値を配列変数arr1、「売上金額」列のデータ行の範囲の値を配列変数arr2にそれぞれ代入します。セル範囲から直接取り出したデータの配列は、たとえ1行でも必ず2次元配列になります。また、その行・列のインデックスの最小値は、Option Baseの指定（P.91参照）に関係なく「1」になります。そこで、**UBound関数**でこの配列の1番目の次元（行）のインデックスの最大値を求め、1からその数までFor ～ Nextステートメントによるくり返し処理を実行します。

各くり返しでは、行のインデックスに変数numの値を、列のインデックスに「1」を指定して、配列変数arr1の日付データが2019年10月1日以降かどうかを判定し、その真偽に応じて配列変数arr2の売上金額を税別金額に変更します。配列のすべての行を処理したら、配列変数arr2の値を、「売上金額」列のもとの範囲に戻します。

以上の操作をまとめたのが、マクロプログラム「Sample228_1」です。

ファイル「228_1.xlsm」

```
Sub Sample228_1()
    Dim sTime As Single, num As Long
    Dim arr1() As Variant, arr2() As Variant
    sTime = Timer
    arr1 = Range("A4", Range("A4").End(xlDown)).Value
    arr2 = Range("C4", Range("C4").End(xlDown)).Value
    For num = 1 To UBound(arr1, 1)
        If arr1(num, 1) >= #10/1/2019# Then
            arr2(num, 1) = arr2(num, 1) / 1.1
        Else
            arr2(num, 1) = arr2(num, 1) / 1.08
```

配列変数を宣言

2列目と4列目を配列変数に代入

1からインデックスの最大値までくり返し

```
        End If
    Next num
    Range("C4", Range("C4").End(xlDown)).Value = arr2
    MsgBox Timer - sTime
End Sub
```

元のセル範囲に配列変数の値を代入

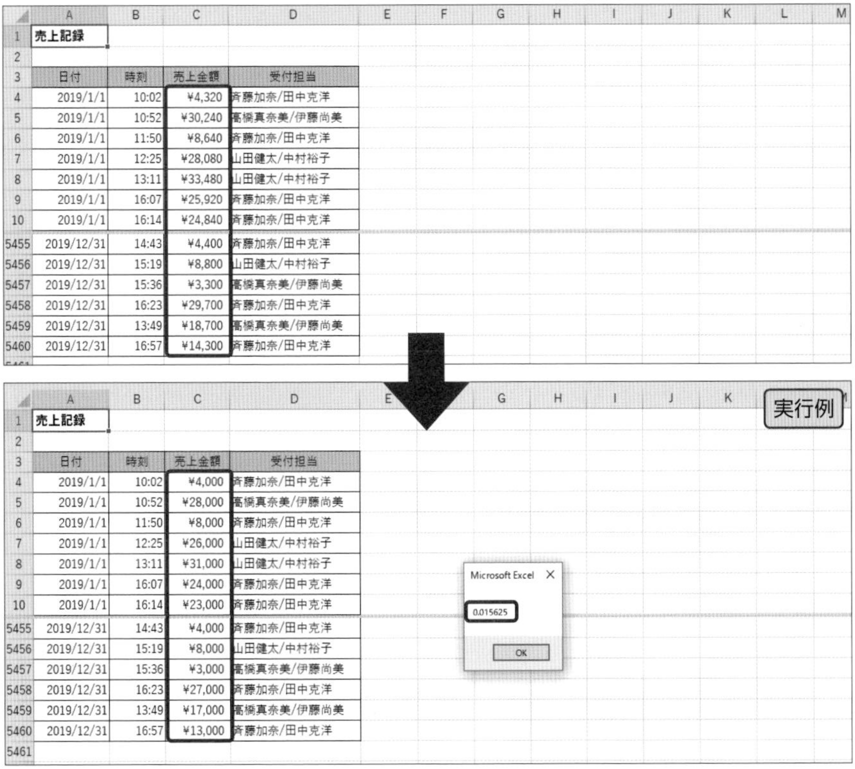

	A	B	C	D
1	売上記録			
2				
3	日付	時刻	売上金額	受付担当
4	2019/1/1	10:02	¥4,320	斉藤加奈/田中克洋
5	2019/1/1	10:52	¥30,240	髙橋真奈美/伊藤尚美
6	2019/1/1	11:50	¥8,640	斉藤加奈/田中克洋
7	2019/1/1	12:25	¥28,080	山田健太/中村裕子
8	2019/1/1	13:11	¥33,480	山田健太/中村裕子
9	2019/1/1	16:07	¥25,920	斉藤加奈/田中克洋
10	2019/1/1	16:14	¥24,840	斉藤加奈/田中克洋
5455	2019/12/31	14:43	¥4,400	斉藤加奈/田中克洋
5456	2019/12/31	15:19	¥8,800	山田健太/中村裕子
5457	2019/12/31	15:36	¥3,300	髙橋真奈美/伊藤尚美
5458	2019/12/31	16:23	¥29,700	斉藤加奈/田中克洋
5459	2019/12/31	13:49	¥18,700	髙橋真奈美/伊藤尚美
5460	2019/12/31	16:57	¥14,300	斉藤加奈/田中克洋

実行例

	A	B	C	D
1	売上記録			
2				
3	日付	時刻	売上金額	受付担当
4	2019/1/1	10:02	¥4,000	斉藤加奈/田中克洋
5	2019/1/1	10:52	¥28,000	髙橋真奈美/伊藤尚美
6	2019/1/1	11:50	¥8,000	斉藤加奈/田中克洋
7	2019/1/1	12:25	¥26,000	山田健太/中村裕子
8	2019/1/1	13:11	¥31,000	山田健太/中村裕子
9	2019/1/1	16:07	¥24,000	斉藤加奈/田中克洋
10	2019/1/1	16:14	¥23,000	斉藤加奈/田中克洋
5455	2019/12/31	14:43	¥4,000	斉藤加奈/田中克洋
5456	2019/12/31	15:19	¥8,000	山田健太/中村裕子
5457	2019/12/31	15:36	¥3,000	髙橋真奈美/伊藤尚美
5458	2019/12/31	16:23	¥27,000	斉藤加奈/田中克洋
5459	2019/12/31	13:49	¥17,000	髙橋真奈美/伊藤尚美
5460	2019/12/31	16:57	¥13,000	斉藤加奈/田中克洋
5461				

Microsoft Excel
0.015625
OK

このマクロの処理時間は、筆者の環境では約 0.02 秒と、P.226 の「Sample226_1」の 10 分の 1 以下になりました。また、同じプログラムでも、同じ Excel の起動中に連続して実行すると、処理時間がさらに短くなる場合もあります。より膨大なデータを対象とした処理や、より複雑な処理では、セルを 1 つ 1 つ修正していくプログラムと配列で一括処理するプログラムの実行速度の差は、さらに大きくなることでしょう。

もっとも、配列を利用した一括処理の場合は、通常、各セルを処理するタイプのプログラムよりもやや複雑になります。**対象のデータの構成や量、処理の内容に応じて、これらの書き方をうまく使い分けるとよい**でしょう。

STEP 03

全シートの表のデータを一括加工しよう

STEP 01の「受付担当」の文字列に対する処理を、すべてのワークシートの表を対象に実行しましょう。先に紹介したプログラムを、さらにくり返しの中に入れればOKです。

すべてのシートに対して処理をくり返す

作業中のブックの各ワークシートに入力された売上記録を対象として、同じ処理をくり返してみましょう。ここではSTEP 01のマクロと同様に、「時刻」列の時刻が13時より前かそれ以降かに応じて、「受付担当」列の2つの氏名のいずれかを取り出します。

次のマクロプログラム「Sample230_1」では、作業中のブックのすべてのワークシートを表す**Worksheetsコレクション**を**Worksheetsプロパティ**で取得し、これを**For Each ～ Nextステートメント**に指定して、くり返しを実行します。各くり返しの中のコードはP.225の「Sample225_1」と同様ですが、アクティブセル領域の基準となるセルA3を取得する**Rangeプロパティの前に、各ワークシートのWorksheetオブジェクトを表す変数wsを付けます**。

ファイル「230_1.xlsm」

```
Sub Sample230_1()
    Dim ws As Worksheet, num As Long
    For Each ws In Worksheets
        With ws.Range("A3").CurrentRegion
            For num = 2 To .Rows.Count
                If Round(.Item(num, 2).Value * 1440) _
                    < 780 Then
                    With .Item(num, 4)
                        .Value = Left(.Value, _
                            InStr(.Value, "/") - 1)
                    End With
                Else
                    With .Item(num, 4)
                        .Value = Right(.Value, Len _
```

各ワークシートについてくり返し（For Each ws In Worksheets）

各シートの表の範囲を取得（With ws.Range("A3").CurrentRegion）

```
                                    (.Value) - InStr(.Value, "/"))
                        End With
                    End If
                Next num
            End With
        Next ws
End Sub
```

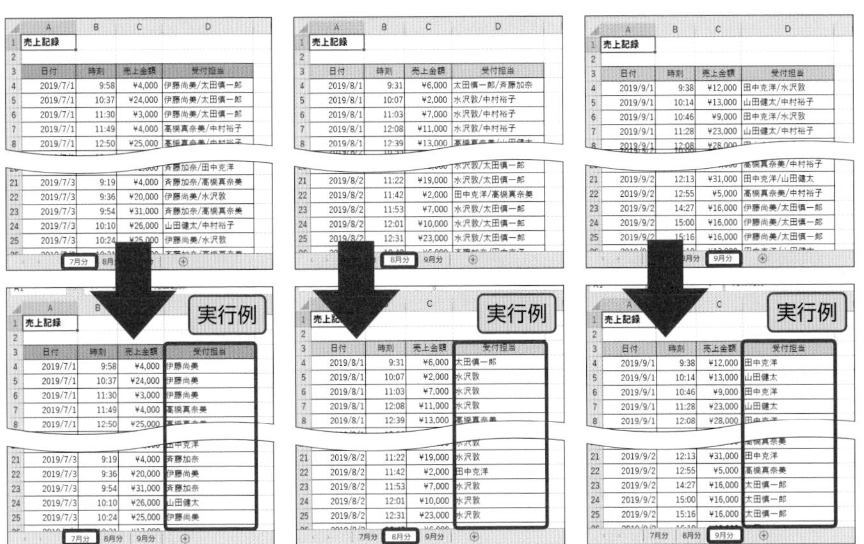

このマクロは、対象のブック内のワークシートであれば、どのシートを開いた状態で実行しても構いません。また、ワークシートの表示自体は切り替わることなく、すべてのシートに対して指定した処理が実行されます。

MEMO　文字列を処理するVBAの関数

マクロプログラム「Sample225_1」や「Sample230_1」では、「受付担当」列のデータから「/」より前または後の文字列を取り出すために、VBAの文字列処理用の関数を使用しています。文字列の先頭から指定して文字数分の文字列を取り出すLeft関数、文字列の末尾から取り出すRight関数、文字列の文字数を求めるLen関数などは、Excelの同名のワークシート関数とほぼ同様の機能です。また、対象の文字列中の指定文字の位置を求めるInStr関数は、ワークシート関数のFIND関数などに相当します。

■配列を利用したプログラム例

参考例として、P.230 の「Sample230_1」と同様の処理を、配列を利用してより高速に実行するマクロプログラム「Sample232_1」も紹介しておきましょう。処理の内容は P.228 の「Sample228_1」に近く、やはり For Each ～ Next ステートメントで、全ワークシートを表す Worksheets コレクションを対象としたくり返し処理を実行します。各くり返しでは、最初に「時刻」列と「受付担当」列のデータ行の範囲の値を配列変数 arr1 と arr2 に代入し、変数 num の値を行のインデックスとして、arr1 から取り出した時刻に応じて、arr2 の値の文字列を修正します。ポイントとなるのは、**範囲の指定に使う Range プロパティの前に、各ワークシートを表す変数 ws を付けている**点です。

ファイル「232_1.xlsm」

```
Sub Sample232_1()
    Dim ws As Worksheet, num As Long
    Dim arr1() As Variant, arr2() As Variant
    For Each ws In Worksheets
        arr1 = ws.Range("B4", ws.Range("B4") _
            .End(xlDown)).Value
        arr2 = ws.Range("D4", ws.Range("D4") _
            .End(xlDown)).Value
        For num = 1 To UBound(arr1, 1)
            If Round(arr1(num, 1) * 1440) < 780 Then
                arr2(num, 1) = Left(arr2(num, 1), _
                    InStr(arr2(num, 1), "/") - 1)
            Else
                arr2(num, 1) = Right(arr2(num, 1), _
                    Len(arr2(num, 1)) - _
                    InStr(arr2(num, 1), "/"))
            End If
        Next num
        ws.Range("D4", ws.Range("D4").End(xlDown)) _
            .Value = arr2
    Next ws
End Sub
```

2 列目と 4 列目を配列変数に代入

元のセル範囲に配列変数の値を代入

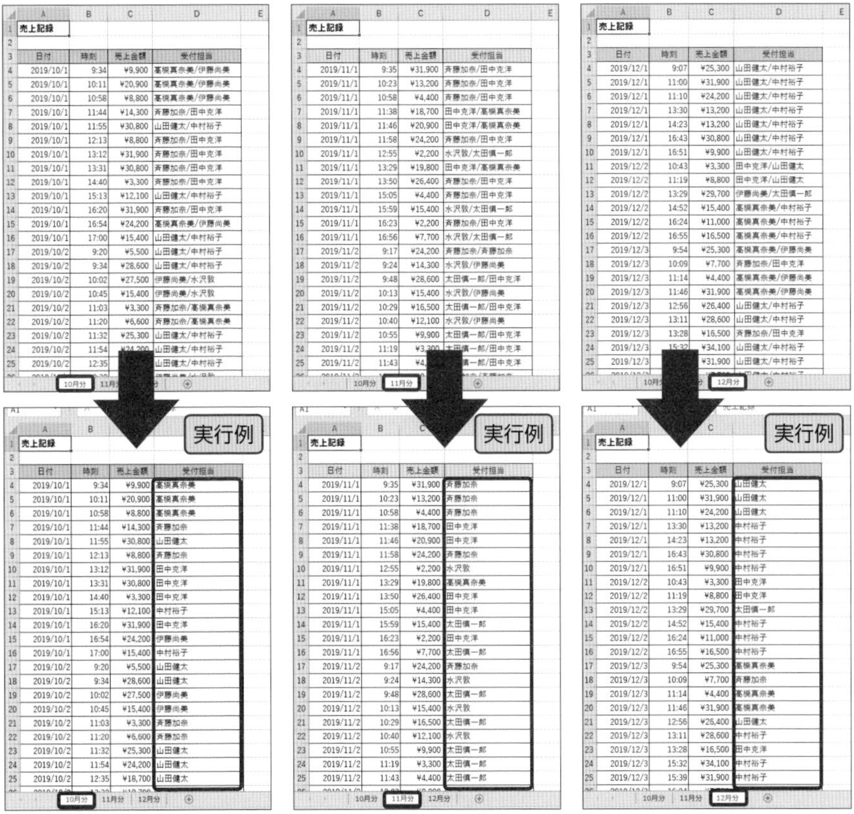

	A	B	C	D
1	売上記録			
2				
3	日付	時刻	売上金額	受付担当
4	2019/10/1	9:34	¥9,900	高橋真奈美/伊藤尚美
5	2019/10/1	10:11	¥20,900	高橋真奈美/伊藤尚美
6	2019/10/1	10:58	¥8,800	高橋真奈美/伊藤尚美
7	2019/10/1	11:44	¥14,300	斉藤加奈/田中克洋
8	2019/10/1	11:55	¥30,800	山田健太/中村裕子
9	2019/10/1	12:13	¥8,800	斉藤加奈/田中克洋
10	2019/10/1	13:12	¥31,900	斉藤加奈/田中克洋
11	2019/10/1	13:31	¥30,800	斉藤加奈/田中克洋
12	2019/10/1	14:40	¥3,300	斉藤加奈/田中克洋
13	2019/10/1	15:13	¥12,100	山田健太/中村裕子
14	2019/10/1	16:20	¥31,900	斉藤加奈/田中克洋
15	2019/10/1	16:54	¥24,200	高橋真奈美/伊藤尚美
16	2019/10/1	17:00	¥15,400	山田健太/中村裕子
17	2019/10/2	9:20	¥5,500	山田健太/中村裕子
18	2019/10/2	9:34	¥28,600	山田健太/中村裕子
19	2019/10/2	10:02	¥27,500	伊藤尚美/水沢敦
20	2019/10/2	10:45	¥15,400	伊藤尚美/水沢敦
21	2019/10/2	11:03	¥3,300	斉藤加奈/高橋真奈美
22	2019/10/2	11:20	¥6,600	斉藤加奈/高橋真奈美
23	2019/10/2	11:32	¥25,300	山田健太/中村裕子
24	2019/10/2	11:54	¥24,200	山田健太/中村裕子
25	2019/10/2	12:35	[illegible]	山田健太/中村裕子

練習問題

すべてのワークシートのセルA4から下端セルまでの範囲の背景色を薄い青にするため、マクロプログラム「Sample233_1」を作成しましたが、実行するとエラーが発生します。エラーの原因は何でしょうか？

ファイル「233_1.xlsm」

```
Sub Sample233_1()
    Dim ws As Worksheet
    For Each ws In Worksheets
        ws.Range("A4", Range("A4").End(xlDown)) _
            .Interior.Color = rgbLightBlue
    Next ws
End Sub
```

STEP 04

一定の規則でセル範囲に自動入力しよう

ここでは、先頭セルのデータに応じて、選択範囲の残りのセルに、一連のデータを自動的に入力するマクロプログラムを2種類紹介します。

水・木を除く日付の連続データを入力する

Excelの「連続データ」機能では、土・日を除く日付だけを一連のセル範囲に入力できます。ただし、土・日以外の特定の曜日を除く日付を連続データとして入力したい場合もあるでしょう。そこで､開始日のセルを先頭とするセル範囲を選択して実行すると、水・木を除く日付を連続データとして入力するマクロプログラム「Sample234_1」を作成します。

まず、**Selectionプロパティ**で取得した**Rangeコレクション**にインデックスとして「1」を指定し、選択範囲の先頭のセルを表すRangeオブジェクトを取得して、そのセルの日付を、変数iDayに代入します。次に、**For ～ Nextステートメント**で、変数numを2から選択範囲のセル数まで変化させて、処理をくり返します。各くり返しの中では、さらに**Do ～ Loopステートメント**によるくり返し処理で、変数iDayに1を加算します。VBAの**Weekday関数**では、第2引数に定数vbFridayを指定すると、第1引数に指定した日付が水曜日なら6、木曜日なら7を返します。その値が6未満、つまり金曜日から火曜日であればDo ～ Loopのくり返しを終了します。そして、選択範囲のnum番目のセルにiDayの日付を入力し、For ～ Nextの次のくり返しに移ります。

ファイル「234_1.xlsm」

```
Sub Sample234_1()
    Dim num As Integer, iDay As Date
    iDay = Selection(1).Value                        選択範囲の先頭セルの値を取得
    For num = 2 To Selection.Count
        Do
                                                     曜日を判定
            iDay = iDay + 1
            If Weekday(iDay, vbFriday) < 6 Then Exit Do
```


P.233 解答 「ws.Range("A4", Range("A4"). ～」の2つ目の「Range」の前にワークシートを表す変数が指定されていないことがエラーの原因です。「ws.」を追加しましょう。

```
        Loop
        Selection(num).Value = iDay
    Next num
End Sub
```

	A	B	C	D	E	F
1						
2		日付	担当			
3		2019/9/24	販売促進S班			
4						
5						
6						
7						
8						

実行例

	A	B	C	D
1				
2		日付	担当	
3		2019/9/24	販売促進S班	
4		2019/9/27		
5		2019/9/28		
6		2019/9/29		
7		2019/9/30		
8		2019/10/1		

■休日も除外して日付の連続データを入力する

このマクロを応用し、あらかじめ「休日」として指定した日付も除外して、選択範囲に日付の連続データを入力するマクロプログラム「Sample235_1」を作成しましょう。

休日を入力するセル範囲には、あらかじめ「休日」という名前を付けておきます。休日の判定には、ワークシート関数の**COUNTIF関数**を利用するとかんたんです。VBAでワークシート関数を利用するには、**WorksheetFunctionプロパティ**で**WorksheetFunctionオブジェクト**を取得し、そのメソッドとして関数名を指定します。そして、曜日を判定する部分で、Weekday関数の戻り値が6未満、かつ変数iDayの日付が「休日」の範囲になかった場合にDo～Loopのくり返しを抜けるように変更します。

ファイル「235_1.xlsm」

```
Sub Sample235_1()
    Dim num As Integer, iDay As Date
    iDay = Selection(1).Value
    For num = 2 To Selection.Count
        Do
            iDay = iDay + 1
            If Weekday(iDay, vbFriday) < 6 And _
                WorksheetFunction.CountIf(Range _
                    ("休日"), iDay) = 0 Then Exit Do
        Loop
        Selection(num).Value = iDay
    Next num
End Sub
```

休日の判定を追加

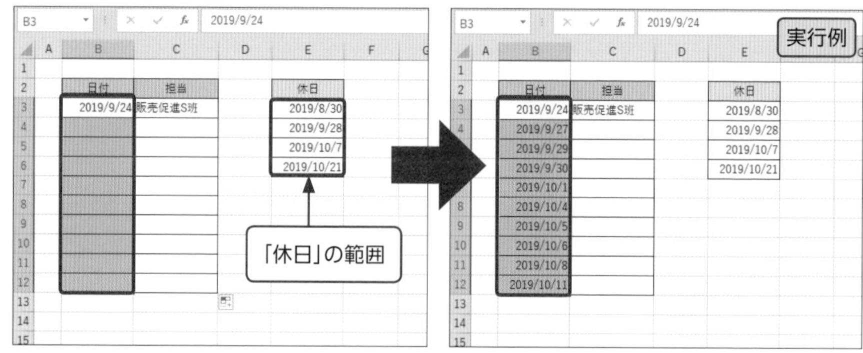

アルファベットの連続データを入力する

Excel には、文字列に数字を含むデータがセルに入力されている場合、その数字部分だけが増加する連続データを入力できる「オートフィル」機能があります。しかし、アルファベットは連続データとして入力することはできません。そこで、選択範囲の先頭セルに入力された文字列の中のアルファベットを、1 つずつ次の文字に変化させる連続データを選択範囲に入力するマクロプログラム「Sample237_1」を作成しましょう。大文字／小文字、全角／半角は問わず、同じ文字種の連続データになるようにします。また、「Z」の次は「A」に戻します。

選択範囲の先頭セルのデータを取り出して変数 oStr に収め、その文字列データがアルファベットを含むかどうかを、**If ～ Then ステートメント**と **Like 演算子**（P.77 参照）を使って判定します。「[A-Za-zＡ-Ｚａ-ｚ]」の部分は、半角大文字、半角小文字、全角大文字、全角小文字の「A」～「Z」を意味し、そのいずれか 1 文字が含まれていれば、以降の処理を実行します。

次に、**For ～ Next ステートメント**で、変数 num1 を 1 から変数 oStr の文字列の文字数まで変化させて、以降の処理をくり返します。**Mid 関数**で変数 oStr の文字列の num1 番目の 1 文字を取り出し、それがアルファベットであればその文字を変数 sChar に代入して、くり返しを終了します。

変数 sChar の文字をそのまま変数 tChar に代入し、再び For ～ Next ステートメントで、変数 num2 を 2 から選択範囲のセル数まで変化させて、以降の処理をくり返します。変数 tChar の文字が「Z」（半角／全角、大文字／小文字は問わない）であれば、**Asc 関数**でその文字コードを求めて 25 を引き、**Chr 関数**でそのコードの文字に戻すことで、同じ文字種の「A」にします。それ以外は、1 を足して 1 つ後のコードの文字にします。**Replace 関数**を使い、変数 oStr の文字列の中で最初に見つかった変数 sChar の文字を変数 tChar の文字に置換し、num2 番目のセルに入力します。この操作を、選択範囲の 2 番目から最後のセルまでくり返します。

ファイル「237_1.xlsm」

```
Sub Sample237_1()
    Dim oStr As String, sChar As String, tChar As String
    Dim num1 As Integer, num2 As Integer
    oStr = Selection(1).Value
    If oStr Like "*[A-Za-zＡ-Ｚａ-ｚ]*" Then
        For num1 = 1 To Len(oStr)
            If Mid(oStr, num1, 1) Like _
                "[A-Za-zＡ-Ｚａ-ｚ]" Then
                sChar = Mid(oStr, num1, 1)
                Exit For
            End If
        Next num1
        tChar = sChar
        For num2 = 2 To Selection.Count
            If tChar Like "[ZzＺｚ]" Then
                tChar = Chr(Asc(tChar) - 25)
            Else
                tChar = Chr(Asc(tChar) + 1)
            End If
            Selection(num2).Value = Replace _
                (oStr, sChar, tChar, , 1)
        Next num2
    End If
End Sub
```

アルファベットを含むかどうかを判定

アルファベットを変数sCharに代入

変数tCharを次のアルファベットにする

アルファベット部分を置換して各セルに入力

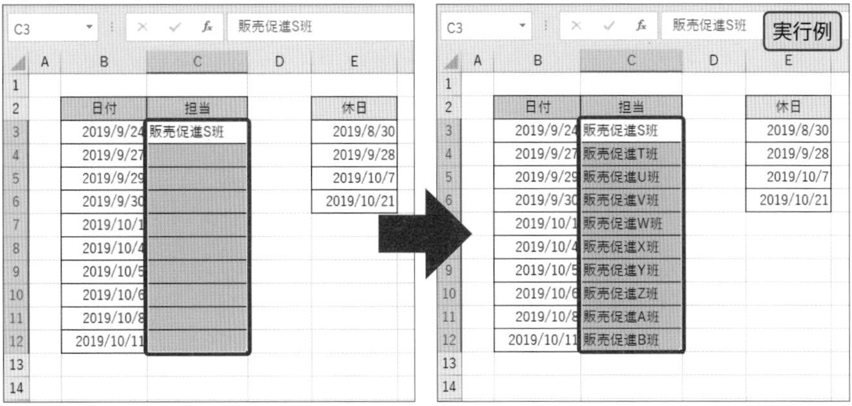

C3 ｜ 販売促進S班

	A	B	C	D	E
1					
2		日付	担当		休日
3		2019/9/24	販売促進S班		2019/8/30
4		2019/9/27			2019/9/28
5		2019/9/29			2019/10/7
6		2019/9/30			2019/10/21
7		2019/10/1			
8		2019/10/4			
9		2019/10/5			
10		2019/10/6			
11		2019/10/8			
12		2019/10/11			
13					
14					

実行例

C3 ｜ 販売促進S班

	A	B	C	D	E
1					
2		日付	担当		休日
3		2019/9/24	販売促進S班		2019/8/30
4		2019/9/27	販売促進T班		2019/9/28
5		2019/9/29	販売促進U班		2019/10/7
6		2019/9/30	販売促進V班		2019/10/21
7		2019/10/1	販売促進W班		
8		2019/10/4	販売促進X班		
9		2019/10/5	販売促進Y班		
10		2019/10/6	販売促進Z班		
11		2019/10/8	販売促進A班		
12		2019/10/11	販売促進B班		
13					
14					

STEP 05

案件ごとに請求書を自動作成しよう

ここでは、あらかじめ用意された請求書のフォーマットを複製し、その各部分に、別表にまとめた各案件の情報を代入して、案件ごとの請求書を自動的に作成します。

表のデータに基づいて請求書を自動作成する

下記のような請求書のフォーマットを作成し、すべての請求書に共通する部分にはあらかじめデータを入力しておきます。この「請求書」シートをブック内でコピーして、請求案件ごとに内容が異なるセル（下記の番号部分）に、別表にまとめた各データを自動的に転記します。

	A	B	C	D	E	F	G	H	I	J	K
1	No.	❶					❷				
2				御請求書							
3											
4		❸				株式会社闇黒システム開発					
5		❹	❺	様		担当：	❽				
6											
7		件　名	❻								
8		ご請求額	❼	円							
9											
10		振込先	三星USJ銀行新宿支店　当座00000010								
11											
12											

番号	セル	表示内容	転記元の列見出し
❶	B1	請求番号	No.
❷	G1	請求書の発行日	発行日
❸	B4	請求先の企業名	企業名
❹	B5	請求先の部署名	部署名
❺	C5	請求先の担当者名	先方担当者
❻	C7（C7:G7の結合セル）	請求案件の名称	件名
❼	C8	請求する金額	請求金額
❽	G5	自社側の担当者	当社担当者

各請求案件の情報をまとめた表は別のワークシートにテーブルとして作成し、そのテーブル名を「請求」に変更しておきます。

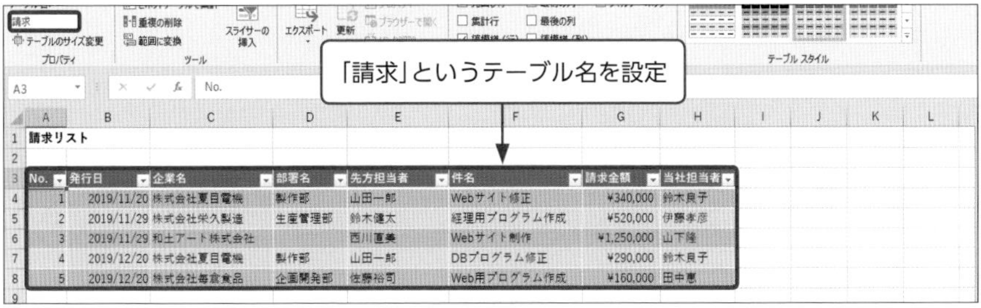

「請求」というテーブル名を設定
請求
テーブルのサイズ変更
プロパティ
重複の削除
範囲に変換
ツール
スライサーの挿入
エクスポート
更新
集計行
最後の列
テーブル スタイル
A3
No.
請求リスト
No. 発行日 企業名 部署名 先方担当者 件名 請求金額 当社担当者
1 2019/11/20 株式会社夏目電機 製作部 山田一郎 Webサイト修正 ¥340,000 鈴木良子
2 2019/11/29 株式会社栄久製造 生産管理部 鈴木健太 経理用プログラム作成 ¥520,000 伊藤孝彦
3 2019/11/29 和土アート株式会社 西川直美 Webサイト制作 ¥1,250,000 山下隆
4 2019/12/20 株式会社夏目電機 製作部 山田一郎 DBプログラム修正 ¥290,000 鈴木良子
5 2019/12/20 株式会社毎倉食品 企画開発部 佐藤裕司 Web用プログラム作成 ¥160,000 田中恵

次のマクロプログラム「Sample240_1」では、「請求書」シートをブック内で複製して「請求書 1」などのシート名を付け、その各セルにこの「請求」テーブルの各行の情報を転記します。

まず、**Range プロパティ**に引数としてテーブル名の「請求」を指定し、そのセル範囲を表す Range オブジェクトを取得します。その **SpecialCells メソッド**で、**引数 Type** に定数 xlCellTypeVisible を指定し、対象のセル範囲の中でも可視セル（非表示になっていないセル）だけを表す Range オブジェクトを取得し直します。さらにその **Rows プロパティ**で、セル範囲を行単位のまとまりにした Range コレクションを取得し、**For Each ～ Next ステートメント**の対象に指定して、以降の処理をくり返します。

各くり返しでは、まずこのブックの「請求書」シートを表す Worksheet オブジェクトを **Worksheets プロパティ**で取得し、その **Copy メソッド**で、このシートをブック内で複製します。「Sheets(Sheets.Count)」の部分では、ブック内の最後のシート（ワークシートまたはグラフシート）を表すオブジェクトを求めています。これを Copy メソッドの**引数 After** に指定することで、すべてのシートの後（右側）に「請求書」シートの複製が作成されます。

Copy メソッドに戻り値はなく、複製されたワークシートを表す Worksheet オブジェクトを直接取得することはできません。しかし、複製されたワークシートは自動的にアクティブになる（前面に表示される）ため、**ActiveSheet プロパティ**で取得できます。まずその **Name プロパティ**で、シート名を「請求書」＋請求番号に変更します。また、その Range プロパティで、このシート内のデータを入力する各セルを表す Range オブジェクトを取得し、その値を設定していきます。これらに対しては、「請求」テーブルの各行を表す Range オブジェクトを、**Cells プロパティ**でセル単位の Range コレクションに区切り直し、インデックスで指定した順番に当たるセルの値を取得して、設定値とします。

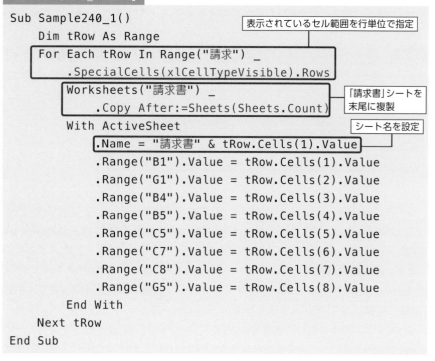

ファイル「240_1.xlsm」

```
Sub Sample240_1()
    Dim tRow As Range
    For Each tRow In Range("請求") _
        .SpecialCells(xlCellTypeVisible).Rows
        Worksheets("請求書") _
            .Copy After:=Sheets(Sheets.Count)
        With ActiveSheet
            .Name = "請求書" & tRow.Cells(1).Value
            .Range("B1").Value = tRow.Cells(1).Value
            .Range("G1").Value = tRow.Cells(2).Value
            .Range("B4").Value = tRow.Cells(3).Value
            .Range("B5").Value = tRow.Cells(4).Value
            .Range("C5").Value = tRow.Cells(5).Value
            .Range("C7").Value = tRow.Cells(6).Value
            .Range("C8").Value = tRow.Cells(7).Value
            .Range("G5").Value = tRow.Cells(8).Value
        End With
    Next tRow
End Sub
```

表示されているセル範囲を行単位で指定

「請求書」シートを末尾に複製

シート名を設定

この作例ファイルでは、「請求」テーブルに 5 件分の請求案件のデータが入力されており、テーブルのフィルター機能は使用していません。この状態でマクロプログラム「Sample240_1」を実行すると、「請求書 1」～「請求書 5」のシートが追加され、「請求」テーブルの各行の情報が、対応するセルに自動転記されます。

■一部の案件だけを請求書にする

マクロプログラム「Sample240_1」でSpecialCellsメソッドを使用し、表示されている行だけを処理の対象としたのは、テーブルのフィルター機能と組み合わせて、請求書にする案件を指定するという利用法を想定しているためです。たとえば、特定の請求番号の案件だけを請求書にしたい場合は、「No.」列のフィルターボタンをクリックし、その番号にだけチェックを付けて「OK」をクリックします。また、特定の企業宛の請求書だけを作成したい場合は、「企業名」列のフィルターボタンをクリックして、その企業名だけにチェックを付けて「OK」をクリックすると、テーブル内で該当する行だけが表示され、そのほかの行は非表示になります。

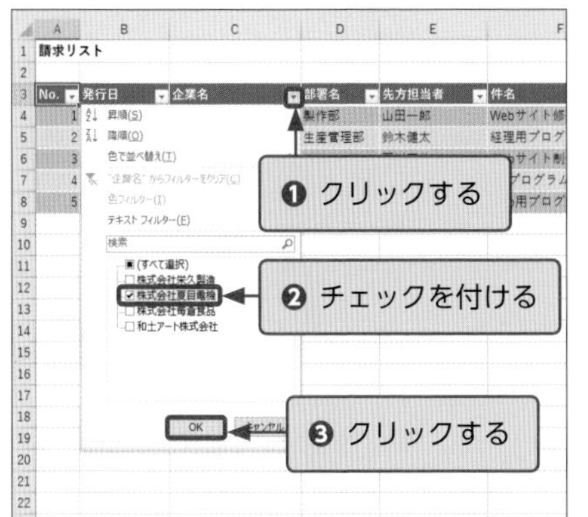

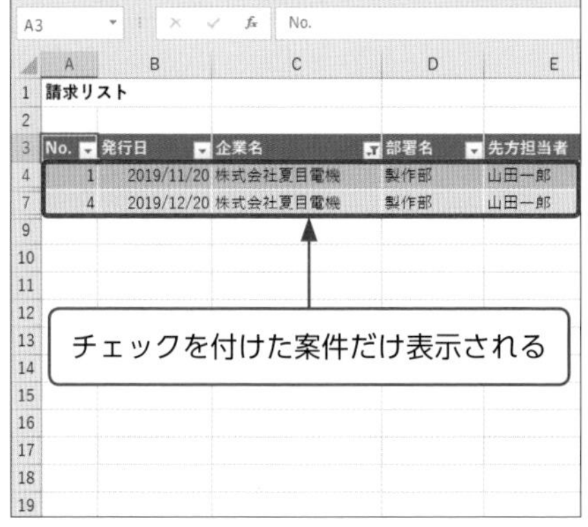

この状態でマクロ「Sample240_1」を実行すると、表示されている「1」と「4」の案件の請求書だけが作成されます。

STEP 06 検索機能を利用してデータを一括加工しよう

Excelの検索機能を利用すれば、くり返し処理ですべてのセルをチェックしなくても、すばやく目的のセルを見つけ出すことができます。

小数のセルを一括で小数第一位までの表示にする

平均などの計算の結果は小数点以下の桁まで求められますが、「ホーム」タブの「数値」グループで確認できる数値の書式が「標準」のセルの場合、小数点以下の値がセルの幅いっぱいまで表示されてしまいます。そこで、小数点以下2桁以上表示されているセルを検索し、見つかったセルの数値の書式を、**小数第一位までの表示に変更する**マクロプログラム「Sample243_1」を作成しましょう。

検索の操作をVBAで実行するには、対象のセル範囲を表すRangeオブジェクトの**Findメソッド**を利用します。検索に関する設定は、基本的にこのメソッドの引数として指定します。このメソッドの書式と、指定できる引数の内容を以下で確認しましょう。**引数What**は必須ですが、それ以外の引数は省略可能です。省略した場合は、既定値、または前回検索実行時の設定が使用されます。

```
Range.Find(What, After, LookIn, LookAt, SearchOrder, ⮐
SearchDirection, MatchCase, MatchByte, SearchFormat)
```

引数	指定内容	設定値
What	検索する文字列	文字列
After	検索の開始セル	Rangeオブジェクト
LookIn	検索対象(数式/値/コメント)	数値(定数)
LookAt	全体一致または部分一致	数値(定数)
SearchOrder	検索方向(行/列)	数値(定数)
SearchDirection	検索方向(後方/前方)	数値(定数)
MatchCase	大文字/小文字の区別	True/False
MatchByte	全角/半角の区別	True/False
SearchFormat	書式の検索	True/False

Excelの検索機能では、**任意の1文字を表す「?」や、0文字以上の任意の文字列を表す「*」といったワイルドカードが使用できます**。ここでは**引数What**に「.??」と指定し、「.」（小数点）の後に2文字が続いているデータを検索します。なお、**引数LookAt**に定数xlPartを指定すると、検索文字列はセルの値の一部にマッチ（部分一致）します。セルの値全体にマッチ（全体一致）させたい場合は、定数xlWholeを指定しましょう。また、**引数LookIn**に定数xlValuesを指定することで、セルの数式（数式バーに表示される内容）ではなく、セルの値（セル上に表示される内容）を検索します。数式を検索したい場合は、この引数に定数xlFormulasを指定してください。

Findメソッドは、見つかったセルを実際に選択するわけではなく、そのセルを表すRangeオブジェクトを返すに過ぎないことに注意しましょう。実際にそのセルを選択したい場合でも、このFindメソッドの戻り値に直接Selectメソッドを実行しては問題があります。該当するセルが見つからなかった場合、FindメソッドはNothingという戻り値を返しますが、それをそのまま選択すると、エラーが発生してしまうからです。

選択の操作に限らず、Findメソッドの戻り値は、いったんオブジェクト変数（P.84参照）で受け取るのが基本です。そのためここでは**Setステートメント**で、Findメソッドの実行結果を変数fRngにセットします。

最初の検索を実行したら、**Do ～ Loopステートメント**によるくり返し処理に入ります。変数fRngがNothingの状態、つまり検索の結果該当するセルが見つからなかった場合は、「Exit Do」でくり返しを終了します。該当セルが見つかった場合は、そのRangeオブジェクトの**NumberFormatLocalプロパティ**に「"0.0"」を設定して、小数第一位までの表示形式に変更します。さらに、直前のFindメソッドと同じ検索を再実行する**FindNextメソッド**で、**引数After**に変数fRngを指定して、直前に見つかったセルより後を再検索し、その結果を改めて変数fRngにセットします。この状態で、Do ～ Loopの次のくり返しに移ります。

ファイル「243_1.xlsm」

```
ub Sample243_1()
    Dim fRng As Range
    Set fRng = Cells.Find(What:=".??", _
        LookIn:=xlValues, LookAt:=xlPart)
    Do
        If fRng Is Nothing Then Exit Do
        fRng.NumberFormatLocal = "0.0"
        Set fRng = Cells.FindNext(After:=fRng)
    Loop
End Sub
```

セルの検索を実行

小数点第一位までの形式に変更

再検索を実行

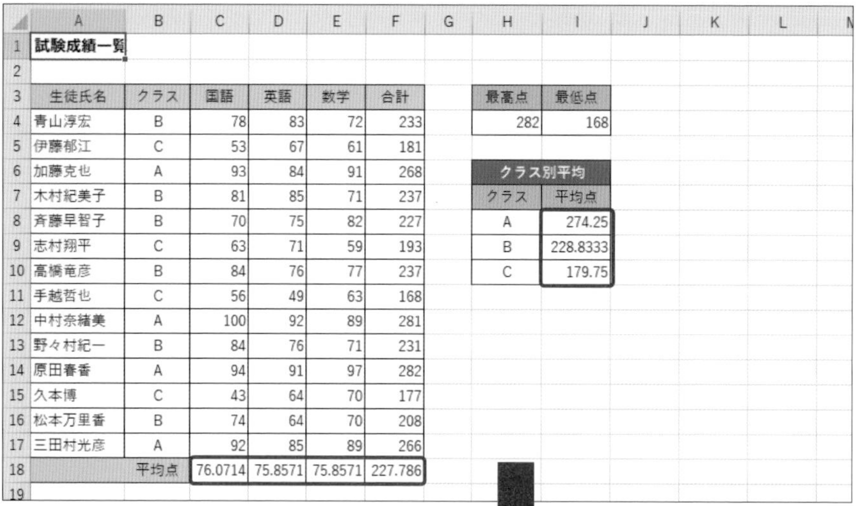

	A	B	C	D	E	F
1	試験成績一覧					
2						
3	生徒氏名	クラス	国語	英語	数学	合計
4	青山淳宏	B	78	83	72	233
5	伊藤郁江	C	53	67	61	181
6	加藤克也	A	93	84	91	268
7	木村紀美子	B	81	85	71	237
8	斉藤早智子	B	70	75	82	227
9	志村翔平	C	63	71	59	193
10	高橋竜彦	B	84	76	77	237
11	手越哲也	C	56	49	63	168
12	中村奈緒美	A	100	92	89	281
13	野々村紀一	B	84	76	71	231
14	原田春香	A	94	91	97	282
15	久本博	C	43	64	70	177
16	松本万里香	B	74	64	70	208
17	三田村光彦	A	92	85	89	266
18		平均点	76.0714	75.8571	75.8571	227.786

最高点	最低点
282	168

クラス別平均	
クラス	平均点
A	274.25
B	228.8333
C	179.75

実行例

	A	B	C	D	E	F
1	試験成績一覧					
2						
3	生徒氏名	クラス	国語	英語	数学	合計
4	青山淳宏	B	78	83	72	233
5	伊藤郁江	C	53	67	61	181
6	加藤克也	A	93	84	91	268
7	木村紀美子	B	81	85	71	237
8	斉藤早智子	B	70	75	82	227
9	志村翔平	C	63	71	59	193
10	高橋竜彦	B	84	76	77	237
11	手越哲也	C	56	49	63	168
12	中村奈緒美	A	100	92	89	281
13	野々村紀一	B	84	76	71	231
14	原田春香	A	94	91	97	282
15	久本博	C	43	64	70	177
16	松本万里香	B	74	64	70	208
17	三田村光彦	A	92	85	89	266
18		平均点	76.1	75.9	75.9	227.8

最高点	最低点
282	168

クラス別平均	
クラス	平均点
A	274.3
B	228.8
C	179.8

ワイルドカードで検索して一括修正する

Excelの通常の「置換」機能では、たとえば、「製品開発室第１グループ」や「製品開発室第２グループ」などの数字部分にワイルドカードを使って検索し、数字部分を残して一括で「プロダクト開発部１課」や「プロダクト開発部２課」などに置換することはできません。そこで、「置換」ではなく「検索」機能をVBAで利用し、ワイルドカードを使って検索した該当セルの値を、すべて上記のように修正するマクロプログラム「Sample245_1」を作成してみましょう。

VBAでの検索や、見つかったセルに対して処理を実行する手順は、P.243の「Sample243_1」とほぼ同様です。ここでは検索する文字列に、任意の1文字を表すワイルドカードの「?」を使って「製品開発室第？グループ」と指定し、**Findメソッド**で検索を実行しましょう。見つかったセルの値に対し、VBAの**Replace関数**を二重に使って、「製品開発室第」を「プロダクト開発部」に、「グループ」を「課」にそれぞれ置換して、あらためて同じセルに入力します。なお、Replace関数では、第1引数に置換対象を、第2引数に置換前の文字列を、第3引数に置換後の文字列を指定します。

ファイル「245_1.xlsm」

```
Sub Sample245_1()
    Dim fRng As Range
    Set fRng = Cells.Find(What:="製品開発室第?グループ")
    Do
        If fRng Is Nothing Then Exit Do
        fRng.Value = Replace(Replace(fRng.Value, _
            "製品開発室第", "プロダクト開発部"), _
            "グループ", "課")
        Set fRng = Cells.FindNext(After:=fRng)
    Loop
End Sub
```

セルの値を二重に置換

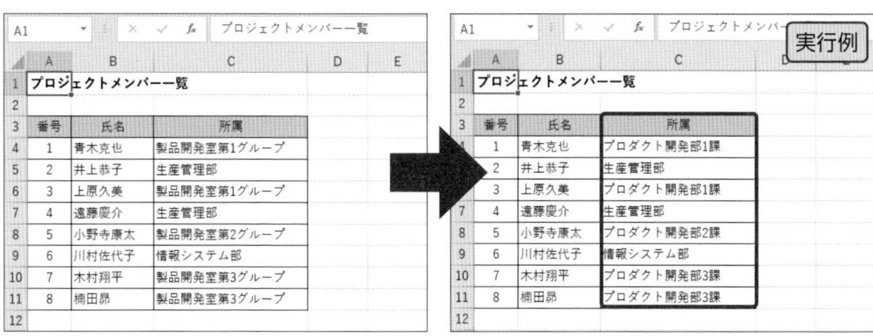

	A	B	C
1	プロジェクトメンバー一覧		
2			
3	番号	氏名	所属
4	1	青木克也	製品開発室第1グループ
5	2	井上恭子	生産管理部
6	3	上原久美	製品開発室第1グループ
7	4	遠藤慶介	生産管理部
8	5	小野寺康太	製品開発室第2グループ
9	6	川村佐代子	情報システム部
10	7	木村翔平	製品開発室第3グループ
11	8	楠田昴	製品開発室第3グループ

実行例

	A	B	C
1	プロジェクトメンバー一覧		
2			
3	番号	氏名	所属
4	1	青木克也	プロダクト開発部1課
5	2	井上恭子	生産管理部
6	3	上原久美	プロダクト開発部1課
7	4	遠藤慶介	生産管理部
8	5	小野寺康太	プロダクト開発部2課
9	6	川村佐代子	情報システム部
10	7	木村翔平	プロダクト開発部3課
11	8	楠田昴	プロダクト開発部3課

通常、マクロプログラム「Sample245_1」を実行すると、「製品開発室第?グループ」(「?」は任意の1文字)という文字列を含むすべてのセルが検索対象となります。前後に余分な文字列のない、「製品開発室第?グループ」という文字列だけが入力されたセルを検索対象としたい場合、Findメソッドにどのような引数を指定すればよいでしょうか。

STEP 07

書式で検索して文字列を追加しよう

Excel の検索機能では書式を検索対象とすることも可能です。この機能を VBA で使用する場合、通常の Find メソッドの使い方とはやや勝手が違うため注意が必要です。

特定の書式のセルを一括で操作する

ここでは、「交通費」として往復の経路が入力されているセルに赤の文字色と太字が設定してある表を例に取り上げます。このセルを書式で検索し、その文字列の後に「(往復)」と追加します。さらに太字の設定を解除し、右隣の「金額」列のセルの数値を 2 倍にします。その後、あらためて同じ書式で検索し、検索結果が見つからなくなるまで処理をくり返します。この一連の処理を行うマクロプログラム「Sample247_1」を作成しましょう。

まず **Application プロパティ**で **Application オブジェクト**を取得し、その **FindFormat プロパティ**で、検索する書式設定を表す **CellFormat オブジェクト**を取得します。事前に別の設定で検索していた場合に備えて、その **Clear メソッド**で現在の検索書式の設定をクリアします。さらに、この CellFormat オブジェクトに対し、通常のセルの書式設定と同様のプロパティを使って、検索対象とする書式を設定していきます。ここでは、**Font プロパティ**でフォントの書式を表す **Font オブジェクト**を取得し、その **Color プロパティ**で文字色を赤に設定します。また、**Bold プロパティ**に True を設定し、太字を設定します。

セルの検索にはやはり **Find メソッド**を使用しますが、文字列に関係なく書式だけで検索するため、**引数 What** には空白（""）を指定し、**引数 SearchFormat** には True を指定します。そして検索の結果、見つかったセルを表す Range オブジェクトを、変数 fRng にセットします。

ここから、やはり **Do ～ Loop ステートメント**のくり返しに入りますが、該当するセルが見つからなかった場合は、このくり返しを終了します。見つかった場合は、**Value プロパティ**でそのセルの文字列を取り出して末尾に「(往復)」と追加し、あらためてこのセルに入力します。次に、やはり Font オブジェクトの Bold プロパティに False を設定し、太字の設定を解除します。また、**Offset プロパティ**で 1 つ右のセルを表す Range オブジェクトを取得し、その値を 2 倍にします。

P.245 解答 Find メソッドの引数 LookAt に、定数 xlWhole（P.243 参照）を指定します。

同じ設定で続けて検索する場合でも、FindNext メソッドでは書式を含めて検索することができません。そのため、ここでは FindNext メソッドは使わず、2 回目以降の検索にも Find メソッドを使用しています。

ファイル「247_1.xlsm」

```
Sub Sample247_1()
    Dim fRng As Range
    With Application.FindFormat
        .Clear
        .Font.Color = rgbRed
        .Font.Bold = True
    End With
    Set fRng = Cells.Find(What:="", SearchFormat:=True)
    Do
        If fRng Is Nothing Then Exit Do
        fRng.Value = fRng.Value & "（往復）"
        fRng.Font.Bold = False
        fRng.Offset(ColumnOffset:=1).Value = _
            fRng.Offset(ColumnOffset:=1).Value * 2
        Set fRng = Cells.Find(What:="", _
            SearchFormat:=True)
    Loop
End Sub
```

検索する書式を設定

書式検索を有効にして検索を実行

書式検索を有効にして検索を再実行

	A	B	C	D	E
1	経費記録				
2					
3	日付	費目	摘要	金額	
4	2019/11/1	通信費	カタログ一式送付	¥1,500	
5	2019/11/3	交通費	神保町ー池袋	¥165	
6	2019/11/6	交通費	タクシー代	¥1,930	
7	2019/11/10	消耗品費	乾電池	¥1,200	
8	2019/11/21	通信費	資料郵送	¥220	
9	2019/11/24	交通費	神保町ー代々木	¥216	
10					

実行例

	A	B	C	D
1	経費記録			
2				
3	日付	費目	摘要	金額
4	2019/11/1	通信費	カタログ一式送付	¥1,500
5	2019/11/3	交通費	神保町ー池袋（往復）	¥330
6	2019/11/6	交通費	タクシー代	¥1,930
7	2019/11/10	消耗品費	乾電池	¥1,200
8	2019/11/21	通信費	資料郵送	¥220
9	2019/11/24	交通費	神保町ー代々木（往復）	¥432
10				

なお、ここでは Find のメソッドの引数 What に空白（""）を指定していますが、この中に文字列を指定して、特定の文字列と書式の組み合わせで検索することも可能です。

STEP 08

複数シートを対象に一括置換を実行しよう

Excelの置換機能を利用して、複数のワークシートに入力されたセルのデータを対象に一括置換を実行しましょう。ただし、特定のシートだけは置換対象から除外します。

指定した条件で複数シートを一括置換する

Excelの検索／置換機能では、作業中のブックに含まれるすべてのワークシートを対象に一括置換を実行することができます。具体的には、「ホーム」タブ→「編集」グループの「検索と選択」→「検索」をクリックすると表示できる「検索と置換」ダイアログボックスで、「検索」タブか「置換」タブから「オプション」を表示し、「検索場所」の「シート」を「ブック」に変更します。

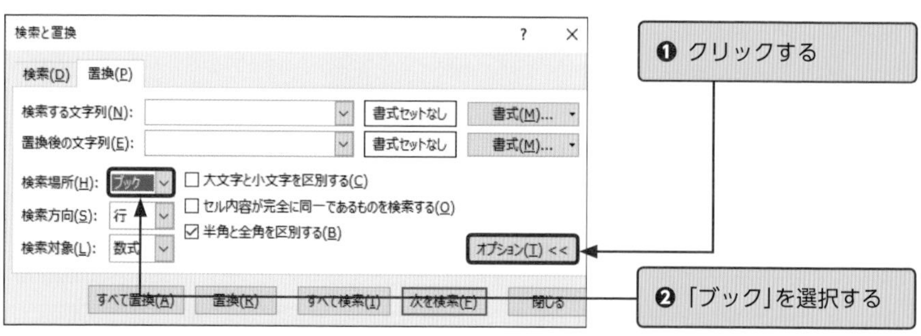

しかし、この「検索場所」に相当する検索オプションは、VBAには用意されていません。ブック内のすべてのシートのデータを置換したい場合は、**全ワークシートを対象としたくり返し処理で、各シートのセルを対象に置換する必要があります**。また、すべてのワークシートを無条件に置換するのではなく、特定のワークシートを除外して一括置換したい場合にも、くり返し処理で各シートを対象に条件の判断をするのが有効な方法です。

それでは、作業中のブックの全ワークシートの中の、「○月分」という名前のワークシートを対象に、「伊藤」を「伊東」に、「中村」を「仲村」に一括置換する、マクロプログラム「Sample249_1」を作りましょう。**Worksheetsプロパティ**で、作業中のブックに含まれるすべてのワークシートを表す**Worksheetsコレクション**を取得し、これを**For Each ~ Nextステートメント**に指定して、各ワークシートを対象としたくり返し処理を実行します。各くり返しでは、まずその**Worksheetオブジェクト**の**Nameプロパティ**でシート名を表す文字列を取り出し、Like演算子で「○月分」という名前かどうかを判定します。その結果がTrueの場合、以降の処理を実行します。

Worksheetオブジェクトの**Cellsプロパティ**で、そのワークシートのすべてのセルを表すRangeコレクションを取得し、その**Replaceメソッド**で、対象のセル範囲を一括置換します。Replaceメソッドの書式は以下のとおりです。

```
Range.Replace(What, Replacement, LookAt, SearchOrder, ⏎
MatchCase, MatchByte, SearchFormat, ReplaceFormat)
```

引数Whatに検索する文字列、**引数Replacement**に置換後の文字列を指定するほか、P.242で解説したFindメソッドと同じ引数は、同様の内容です。また、この機能で書式を一括変更する場合は、**引数ReplaceFormat**にTrueを設定します。

ファイル「249_1.xlsm」

```
Sub Sample249_1()
    Dim ws As Worksheet
    For Each ws In Worksheets
        If ws.Name Like "*月分" Then
            ws.Cells.Replace What:="伊藤", _
                Replacement:="伊東", LookAt:=xlPart
            ws.Cells.Replace What:="中村", _
                Replacement:="仲村", LookAt:=xlPart
        End If
    Next ws
End Sub
```

すべてのワークシートを対象にくり返し

各シートの全セルを対象に一括置換

P.245で出てきたReplace関数は文字列単位の置換に、このReplaceメソッドはセル単位の置換に使うのね。気を付けなくっちゃ。

	A	B	C	D
1	売上記録			
2				
3	日付	時刻	売上金額	受付担当
4	2019/7/1	9:58	¥4,000	伊藤尚美/太田慎一郎
5	2019/7/1	10:37	¥24,000	伊藤尚美/太田慎一郎
6	2019/7/1	11:30	¥3,000	伊藤尚美/太田慎一郎
7	2019/7/1	11:49	¥4,000	高橋真奈美/中村裕子
8	2019/7/1	12:50	¥25,000	高橋真奈美/中村裕子
9	2019/7/1	13:43	¥16,000	伊藤尚美/太田慎一郎
10	2019/7/1	13:54	¥30,000	伊藤尚美/太田慎一郎
11	2019/7/1	14:16	¥9,000	高橋真奈美/中村裕子
12	2019/7/1	16:16	¥17,000	高橋真奈美/中村裕子
13	2019/7/1	16:42	¥2,000	伊藤尚美/太田慎一郎
14	2019/7/1	16:56	¥25,000	高橋真奈美/中村裕子
15	2019/7/2	9:10	¥27,000	斉藤加奈/田中克洋

7月分 8月分 9月分 10月分 11月分 12月分

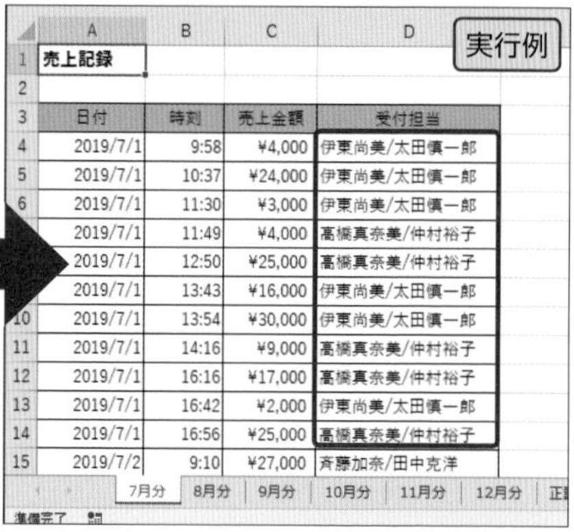

実行例

	A	B	C	D
1	売上記録			
2				
3	日付	時刻	売上金額	受付担当
4	2019/7/1	9:58	¥4,000	伊東尚美/太田慎一郎
5	2019/7/1	10:37	¥24,000	伊東尚美/太田慎一郎
6	2019/7/1	11:30	¥3,000	伊東尚美/太田慎一郎
7	2019/7/1	11:49	¥4,000	高橋真奈美/仲村裕子
8	2019/7/1	12:50	¥25,000	高橋真奈美/仲村裕子
9	2019/7/1	13:43	¥16,000	伊東尚美/太田慎一郎
10	2019/7/1	13:54	¥30,000	伊東尚美/太田慎一郎
11	2019/7/1	14:16	¥9,000	高橋真奈美/仲村裕子
12	2019/7/1	16:16	¥17,000	高橋真奈美/仲村裕子
13	2019/7/1	16:42	¥2,000	伊東尚美/太田慎一郎
14	2019/7/1	16:56	¥25,000	高橋真奈美/仲村裕子
15	2019/7/2	9:10	¥27,000	斉藤加奈/田中克洋

	A	B	C	D
1	売上記録			
2				
3	日付	時刻	売上金額	受付担当
4	2019/12/1	9:07	¥25,300	山田健太/中村裕子
5	2019/12/1	11:00	¥31,900	山田健太/中村裕子
6	2019/12/1	11:10	¥24,200	山田健太/中村裕子
7	2019/12/1	13:30	¥13,200	山田健太/中村裕子
8	2019/12/1	14:23	¥13,200	山田健太/中村裕子
9	2019/12/1	16:43	¥30,800	山田健太/中村裕子
10	2019/12/1	16:51	¥9,900	山田健太/中村裕子
11	2019/12/2	10:43	¥3,300	田中克洋/山田健太
12	2019/12/2	11:19	¥8,800	田中克洋/山田健太
13	2019/12/2	13:29	¥29,700	伊藤尚美/太田慎一郎
14	2019/12/2	14:52	¥15,400	高橋真奈美/中村裕子
15	2019/12/2	16:24	¥11,000	高橋真奈美/中村裕子

7月分 8月分 9月分 10月分 11月分 12月分

実行例

	A	B	C	D
1	売上記録			
2				
3	日付	時刻	売上金額	受付担当
4	2019/12/1	9:07	¥25,300	山田健太/仲村裕子
5	2019/12/1	11:00	¥31,900	山田健太/仲村裕子
6	2019/12/1	11:10	¥24,200	山田健太/仲村裕子
7	2019/12/1	13:30	¥13,200	山田健太/仲村裕子
8	2019/12/1	14:23	¥13,200	山田健太/仲村裕子
9	2019/12/1	16:43	¥30,800	山田健太/仲村裕子
10	2019/12/1	16:51	¥9,900	山田健太/仲村裕子
11	2019/12/2	10:43	¥3,300	田中克洋/山田健太
12	2019/12/2	11:19	¥8,800	田中克洋/山田健太
13	2019/12/2	13:29	¥29,700	伊東尚美/太田慎一郎
14	2019/12/2	14:52	¥15,400	高橋真奈美/仲村裕子
15	2019/12/2	16:24	¥11,000	高橋真奈美/仲村裕子

このブックの中の「7月分」～「12月分」シートのすべての「伊藤」が「伊東」に、「中村」が「仲村」に置換されます。ただし、対象から除外した「正誤表」シートのデータは置換されません。

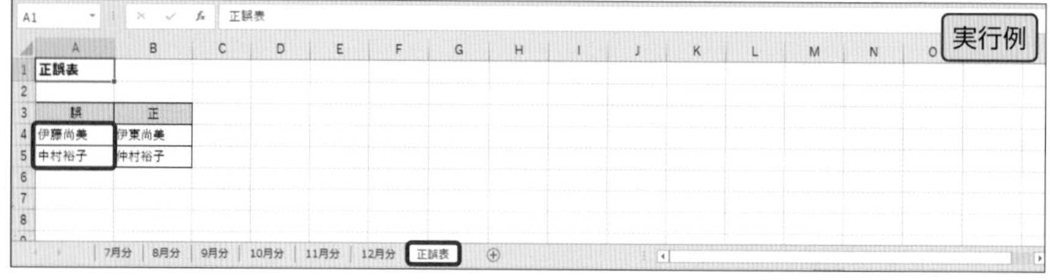

実行例

	A	B
1	正誤表	
2		
3	誤	正
4	伊藤尚美	伊東尚美
5	中村裕子	仲村裕子

7月分 8月分 9月分 10月分 11月分 12月分 正誤表

なお、「検索と置換」ダイアログボックスの「オプション」の「検索場所」で「ブック」を選択している場合、**この「正誤表」シートも含めて一括置換されてしまう**ことに注意してください。

全ブックの全シートを一括置換する

作業中のブックのすべてのワークシートを対象としたくり返し処理を、現在開いているすべてのブックを対象としたくり返し処理の中に組み込むことで、全ブックの全シートを対象に一括置換することができます。

次のマクロプログラム「Sample251_1」では、全ブックで、「○月分」という名前のワークシートだけを対象に、「伊藤」→「伊東」、「中村」→「仲村」の一括置換を実行します。具体的には、**Workbooksプロパティ**で取得した**Workbooksコレクション**を**For Each ~ Next ステートメント**に指定して、各**Workbookオブジェクト**を対象にくり返し処理を実行します。各くり返しの中の処理はP.249の「Sample249_1」とほぼ同様ですが、ワークシート単位のくり返しを指定するFor Each ~ Next ステートメントのWorksheetsプロパティの前に**各ブックを表す変数wbを付ける**ことで、各ブックの各ワークシートで、以降の処理をくり返します。

ファイル「251_1.xlsm」

```
Sub Sample251_1()
    Dim wb As Workbook, ws As Worksheet
    For Each wb In Workbooks
        For Each ws In wb.Worksheets
            If ws.Name Like "*月分" Then
                ws.Cells.Replace What:="伊藤", _
                    Replacement:="伊東", LookAt:=xlPart
                ws.Cells.Replace What:="中村", _
                    Replacement:="仲村", LookAt:=xlPart
            End If
        Next ws
    Next wb
End Sub
```

すべてのブックでくり返し

各ブックの全ワークシートでくり返し

MEMO ふりがなに関する注意点

Excelで、セルにキーから入力した漢字の文字列には自動的にふりがなが設定され、並べ替えなどで利用できます。しかし、VBAで各セルの値を入力・修正した場合、ふりがなは自動設定されず、もともと設定されていたふりがなも消えてしまう場合があります。置換でも同様で、Excelの通常の置換機能でもVBAのReplaceメソッドでも、変更された部分のふりがなは失われてしまうため、並べ替えでは注意が必要です。

STEP 09

複数のデータのセットで連続置換しよう

複数の検索文字列と置換後の文字列の組み合わせをあらかじめ別表に入力しておき、それに基づいて対象の表のデータを連続して一括置換できるようにしてみましょう。

複数の検索語と置換語のセットで一括置換する

P.249の「Sample249_1」では、対象のワークシートに対し、検索する文字列（検索語）と置換後の文字列（置換語）の組み合わせとして、「伊藤」と「伊東」、「中村」と「仲村」の2セットを指定し、それぞれ一括置換しています。置換したい検索語と置換語のセットがさらに増えた場合や、現在のセットを変更したい場合、そのつどプログラムを追加・修正するのは面倒です。そこで、検索語と置換語の複数のセットをあらかじめ別表にまとめ、この表を参照して置換を実行するマクロに修正すれば、プログラム自体に手を加えることなく、検索語と置換語のセットを柔軟に追加・変更できるようになります。

検索語と置換語の対応表は、実際に置換するワークシートとは別のシートに作成したほうが便利です。そのうえで、VBAのプログラムでの指定のしやすさと、セットの追加のしやすさを考慮して、あらかじめテーブルに変換しておきます。ここでは、このテーブルに「置換セット」というテーブル名を付けています。

テーブル名: 置換セット

	A	B
1	正誤表	
2		
3	誤	正
4	伊藤	伊東
5	中村	仲村
6	高橋	髙橋
7	斉藤	斎藤

このテーブルに基づいて、作業中のワークシートで連続置換を実行するマクロプログラムが、次の「Sample253_1」です。

まず、**Rangeプロパティ**の引数にこのテーブル名を指定し、テーブルのデータ行の範囲を表す**Rangeオブジェクト**を取得します。テーブル名はブック全体で有効なので、対象シートの指定は不要です。さらにその**Rowsプロパティ**で、対象のセル範囲を行単位のまとまりに区切り直し、**For Each ～ Nextステートメント**に指定してくり返し処理を行います。各くり返しでは、変数tRowにセットされた行単位のRangeオブジェクトを**Cellsプロパティ**でセル単位のRangeコレクションに区切り直し、その1番目のセルの値を検索語に、2番目のセルの値を置換語に指定して、**Replaceメソッド**で一括置換します。

ファイル「253_1.xlsm」

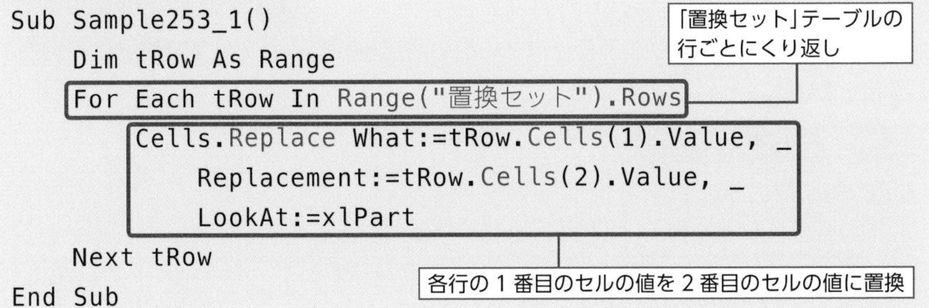

```
Sub Sample253_1()
    Dim tRow As Range
    For Each tRow In Range("置換セット").Rows
        Cells.Replace What:=tRow.Cells(1).Value, _
            Replacement:=tRow.Cells(2).Value, _
            LookAt:=xlPart
    Next tRow
End Sub
```


	A	B	C	D	E
1	売上記録				
2					
3	日付	時刻	売上金額	受付担当	
4	2019/10/1	9:34	¥9,900	高橋真奈美/伊藤尚美	
5	2019/10/1	10:11	¥20,900	高橋真奈美/伊藤尚美	
6	2019/10/1	10:58	¥8,800	高橋真奈美/伊藤尚美	
7	2019/10/1	11:44	¥14,300	斉藤加奈/田中克洋	
8	2019/10/1	11:55	¥30,800	山田健太/中村裕子	
9	2019/10/1	12:13	¥8,800	斉藤加奈/田中克洋	
10	2019/10/1	13:12	¥31,900	斉藤加奈/田中克洋	
11	2019/10/1	13:31	¥30,800	斉藤加奈/田中克洋	
12	2019/10/1	14:40	¥3,300	斉藤加奈/田中克洋	
13	2019/10/1	15:13	¥12,100	山田健太/中村裕子	
14	2019/10/1	16:20	¥31,900	斉藤加奈/田中克洋	
15	2019/10/1	16:54	¥24,200	高橋真奈美/伊藤尚美	
16	2019/10/1	17:00	¥15,400	山田健太/中村裕子	

実行例

	A	B	C	D
1	売上記録			
2				
3	日付	時刻	売上金額	受付担当
4	2019/10/1	9:34	¥9,900	髙橋真奈美/伊東尚美
5	2019/10/1	10:11	¥20,900	髙橋真奈美/伊東尚美
6	2019/10/1	10:58	¥8,800	髙橋真奈美/伊東尚美
7	2019/10/1	11:44	¥14,300	斎藤加奈/田中克洋
8	2019/10/1	11:55	¥30,800	山田健太/仲村裕子
9	2019/10/1	12:13	¥8,800	斎藤加奈/田中克洋
10	2019/10/1	13:12	¥31,900	斎藤加奈/田中克洋
11	2019/10/1	13:31	¥30,800	斎藤加奈/田中克洋
12	2019/10/1	14:40	¥3,300	斎藤加奈/田中克洋
13	2019/10/1	15:13	¥12,100	山田健太/仲村裕子
14	2019/10/1	16:20	¥31,900	斎藤加奈/田中克洋
15	2019/10/1	16:54	¥24,200	髙橋真奈美/伊東尚美
16	2019/10/1	17:00	¥15,400	山田健太/仲村裕子

このように検索語と置換語のセットを別シートのテーブルにまとめておけば、VBAがわからない人でもセットを修正できるから、とても便利だよ！

複数のワークシートで連続置換を実行する

続いて、P.253の「Sample253_1」の処理を、作業中のブックのすべてのワークシートを対象に実行するマクロプログラム「Sample254_1」を作ってみましょう。まず、**Worksheetsプロパティ**で取得したすべてのワークシートを表す**Worksheetsコレクション**を**For Each ~ Nextステートメント**に指定します。さらに、**If ~ Thenステートメント**でそのシート名が「○月分」かどうかを判定し、その結果がTrueの場合に、「置換セット」テーブルの行ごとにFor Each ~ Nextステートメントでくり返し処理します。置換を行う**Replaceメソッド**の対象は、各ワークシートを表す**WorksheetオブジェクトのCellsプロパティ**で取得した、各シートのセル全体を表すRangeオブジェクトです。そのため、Cellsプロパティの前に**各ワークシートを表す変数wsを付けましょう。**

ファイル「254_1.xlsm」

```
Sub Sample254_1()
    Dim ws As Worksheet, tRow As Range
    For Each ws In Worksheets
        If ws.Name Like "*月分" Then
            For Each tRow In Range("置換セット").Rows
                ws.Cells.Replace What:=tRow.Cells(1) _
                    .Value, Replacement:=tRow.Cells(2) _
                    .Value, LookAt:=xlPart
            Next tRow
        End If
    Next ws
End Sub
```

すべてのワークシートでくり返し

各ワークシートのセル全体を対象に置換を実行

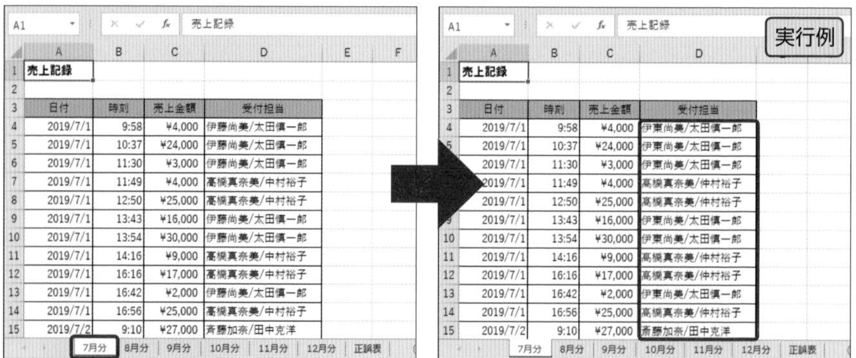

	A	B	C	D
1	売上記録			
2				
3	日付	時刻	売上金額	受付担当
4	2019/12/1	9:07	¥25,300	山田健太/中村裕子
5	2019/12/1	11:00	¥31,900	山田健太/中村裕子
6	2019/12/1	11:10	¥24,200	山田健太/中村裕子
7	2019/12/1	13:30	¥13,200	山田健太/中村裕子
11		10:43	¥3,300	田中克洋/山田健太
12	2019/12/2	11:19	¥8,800	田中克洋/山田健太
13	2019/12/2	13:29	¥29,700	伊藤尚美/太田慎一郎
14	2019/12/2	14:52	¥15,400	高橋真奈美/中村裕子
15	2019/12/2	16:24	¥11,000	高橋真奈美/中村裕子

7月分 8月分 9月分 10月分 11月分 12月分 正誤

実行例

	A	B	C	D
1	売上記録			
2				
3	日付	時刻	売上金額	受付担当
4	2019/12/1	9:07	¥25,300	山田健太/仲村裕子
5	2019/12/1	11:00	¥31,900	山田健太/仲村裕子
6	2019/12/1	11:10	¥24,200	山田健太/仲村裕子
7	2019/12/1	13:30	¥13,200	山田健太/仲村裕子
12	2019/12/2	11:19	¥8,800	田中克洋/山田健太
13	2019/12/2	13:29	¥29,700	伊東尚美/太田慎一郎
14	2019/12/2	14:52	¥15,400	髙橋真奈美/仲村裕子
15	2019/12/2	16:24	¥11,000	髙橋真奈美/仲村裕子

7月分 8月分 9月分 10月分 11月分 12月分 正誤

■全ブックの全シートを対象に連続置換する

P.254の「Sample254_1」の処理を、現在開いているすべてのブックを対象としたくり返し処理の中に組み込めば、全ブックの全シートを対象に連続置換できます。これが、次のマクロプログラム「Sample255_1」です。

ファイル「255_1.xlsm」

```
Sub Sample255_1()
    Dim wb As Workbook, ws As Worksheet, tRow As Range
    For Each wb In Workbooks
        For Each ws In wb.Worksheets
            If ws.Name Like "*月分" Then
                For Each tRow In Range("置換セット").Rows
                    ws.Cells.Replace _
                        What:=tRow.Cells(1).Value, _
                        Replacement:=tRow.Cells(2) _
                        .Value, LookAt:=xlPart
                Next tRow
            End If
        Next ws
    Next wb
End Sub
```

For Each wb In Workbooks：すべてのブックでくり返し

For Each ws In wb.Worksheets：各ブックの全ワークシートでくり返し

マクロプログラム「Sample255_1」で、シート名が「正誤表」以外のすべてのワークシートを対象に置換を実行したい場合、「If ws.Name Like "*月分" Then」をどう変えればよいでしょうか。P.76がヒントです。

MEMO 書式を一括で変更する

P.246で解説したとおり、セルの書式を検索対象にしたい場合、VBAでは、ApplicationオブジェクトのFindFormatプロパティでCellFormatオブジェクトを取得し、そのプロパティとして検索対象の書式を設定します。また、このオブジェクトで設定した書式を検索するには、Findメソッドの引数SearchFormatにTrueを指定します。
同様に、検索で見つかったセルの書式を別の書式に変更したい場合は、ApplicationオブジェクトのReplaceFormatプロパティで、変更後の書式設定を表すCellFormatオブジェクトを取得し、そのプロパティとして変更後の書式を設定します。Replaceメソッドでこの設定を使って書式を変更するには、引数ReplaceFormatにTrueを指定します。このとき、引数Replacementに空白（""）を指定してもセルの検索語は消去されず、セルの書式だけが変更されます。これを利用して、特定のデータが入力されたセルの書式を一括で設定したり、複数のセルに設定された書式を一括で別の書式に変更したりできます。
次のマクロプログラム「Sample256_1」は、「交通費」と入力されたセルの背景色を、一括で明るい緑に変更します。

ファイル「256_1.xlsm」

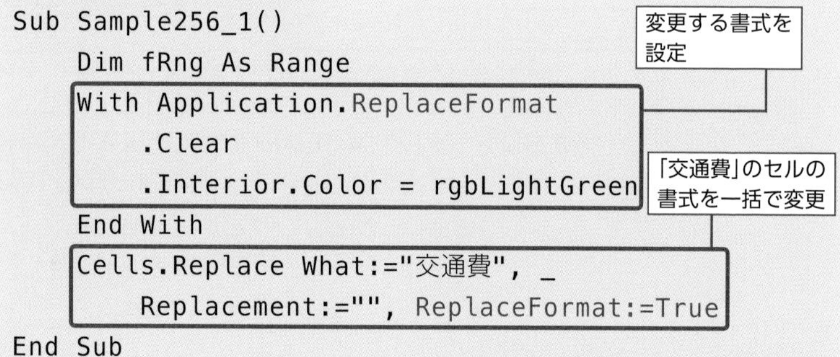


```
Sub Sample256_1()
    Dim fRng As Range
    With Application.ReplaceFormat
        .Clear
        .Interior.Color = rgbLightGreen
    End With
    Cells.Replace What:="交通費", _
        Replacement:="", ReplaceFormat:=True
End Sub
```

	A	B	C	D	E
1	経費記録				
2					
3	日付	費目	摘要	金額	
4	2019/11/1	通信費	カタログ一式送付	¥1,500	
5	2019/11/3	交通費	神保町ー池袋	¥165	
6	2019/11/6	交通費	タクシー代	¥1,930	
7	2019/11/10	消耗品費	乾電池	¥1,200	
8	2019/11/21	通信費	資料郵送	¥220	
9	2019/11/24	交通費	神保町ー代々木	¥216	
10					
11					

実行例

	A	B	C	D	E
1	経費記録				
2					
3	日付	費目	摘要	金額	
4	2019/11/1	通信費	カタログ一式送付	¥1,500	
5	2019/11/3	交通費	神保町ー池袋	¥165	
6	2019/11/6	交通費	タクシー代	¥1,930	
7	2019/11/10	消耗品費	乾電池	¥1,200	
8	2019/11/21	通信費	資料郵送	¥220	
9	2019/11/24	交通費	神保町ー代々木	¥216	
10					
11					

P.255 解答 「If ws.Name <> "正誤表" Then」のように変更すればOKです。

第7章

データの保存や印刷をスムーズに行おう

この章では、作成したデータの保存や印刷に関するテクニックを紹介します。ワークシートごとに別ファイルとして保存したり、複数の表を個別に印刷したりすることができるため、ブックやワークシートに多くのデータがまとまっている場合などはとくに便利です。印刷設定も自動で変更し、時短に活用しましょう。

お先に
失礼しまーす
失礼しまーす
ああ…
お疲れ様

鹿島さん…
そろそろ退勤の
時間だよな

最近頑張ってる
から…ご褒美に
ディナーでも…
ん？

あの～
鹿島さん？
スリ
スリ
はい
退勤間際で申しわけ
ないんだけれど
この納品書のデータを
各担当者にメールで
送ってほしくてね？

納品書
No.1101
株式会社夏目物産
御中
2019年11月20日
総務部
山田健一
様
件名
Webプログラミング
〒110-0000
御請求金額
東京都新宿区古宿0-1-2
¥300,000
株式会社牧倉ソフトサービス
消費税額
¥24,000
AI事業部
合計請求額
¥324,000
担当：鈴木真由美
納品書1 納品書2 納品書3 納品書4 納品書5 納品書6 納品書7 納品書8 納品書9
えっ…これ
各納品書のシートが
1つのブックに
まとまってるんですけど…

ツンツン

だから鹿島さんに
チャチャーっとね
いつものアレで

それぞれの納品書を
全部別ファイルにして
送ってもらえたり
なんかしてもらえるの
かな〜？って

じゃあ、各シートを別の
ブックにコピーして
それぞれ別名で
保存するマクロでも
作りましょうかね

——

う〜ん…
わかりました！

さっすが鹿島さん
よろしくねん♪

カタ カタ カタ
(General)
Sub ブック分割()
Dim tSht As Worksheet
For Each tSht In Worksheets
tSht.Copy
With ActiveWorkbook
.Sheets(1).Name = "納品書"
.SaveAs tSht.Name
.Close
End With
Next tSht
End Sub
ファイル名は
シート名をそのまま
使えばいいかな…っと
これで、完成！

…さすが鹿島さん
腕を上げたな
山崎部長できましたー！

STEP 01

シートごとに分割してファイルを保存しよう

ここでは、1つのブックの中に含まれている複数のワークシートを、それぞれ別のブックとして保存し直すマクロプログラムを紹介します。

各ワークシートをブックとして保存する

複数のワークシートを1つのブックで管理していて、各取引先や担当者宛に個別に送付する場合など、1つずつ別のブックとして保存し直したいこともあるでしょう。そこで、作業中のブックに含まれるすべてのワークシートをそれぞれ新しいブックに複製し、名前を付けて保存するマクロプログラム「Sample261_1」を作成しましょう。

まず**Worksheetsプロパティ**で、作業中のブックに含まれるすべてのワークシートを表す**Worksheetsコレクション**を取得します。これを**For Each ～ Nextステートメント**に指定し、各ワークシートを表すWorksheetオブジェクトを変数wsにセットして、以降の処理をくり返します。各くり返しでは、まずWorksheetオブジェクトの**Copyメソッド**で、そのワークシートを複製します。同じブック内、または既存のブックの特定の位置に複製するには、**引数Before**か**After**にシートを表すオブジェクトを指定します。これらの引数をどちらも省略すると、複製されたワークシートだけの新しいブックが作成されます。

Copyメソッドを実行すると、通常、複製されたワークシートがアクティブになるので、**ActiveWorkbookプロパティ**で、そのブックを表す**Workbookオブジェクト**を取得します。ブックに名前を付けて保存するには、対象のWorkbookオブジェクトの**SaveAsメソッド**を使用します。このメソッドには13の引数（省略可能）が指定できますが、ここでは**引数Filename**で保存するファイル名の指定だけを行います。「販売数1月分.xlsx」などファイル名だけを指定すると、現在作業中のフォルダーに保存されますが、「C:¥」などのドライブ名からファイル名までの保存経路（パス）全体を表す「絶対パス」で指定するほうがよいでしょう。そのためには、複製元のWorksheetオブジェクトの**Parentプロパティ**で、その親オブジェクト、つまりブックを表すWorkbookオブジェクトを取得し、その**Pathプロパティ**でブックの保存経路の文字列を取得します。その後「¥」を挟んで、表のタイトルが入力されたセルA1の値、シート名、「.xlsx」を文字列としてつなげ、保存するファイル名とします。

ファイル「261_1.xlsm」

```
Sub Sample261_1()
    Dim ws As Worksheet
    For Each ws In Worksheets
        ws.Copy
        ActiveWorkbook.SaveAs Filename:=ws.Parent.Path _
            & "¥" & Range("A1").Value _
            & ActiveSheet.Name & ".xlsx"
    Next ws
End Sub
```

各ワークシートを複製

ブックに名前を付けて保存

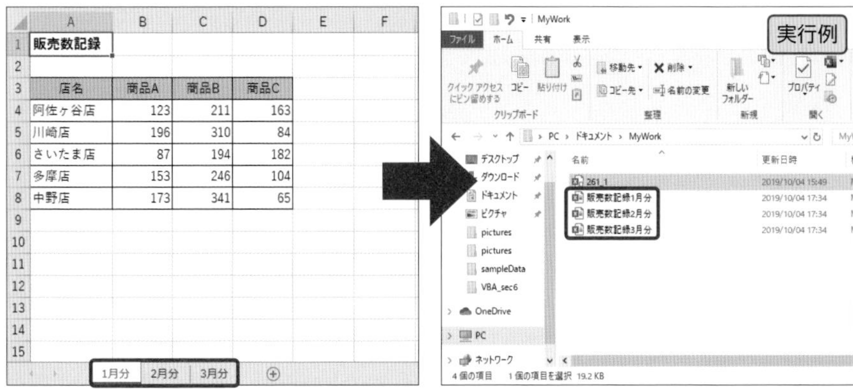

MEMO ワークシート以外のシートの処理

ここでは、WorksheetsプロパティでWorksheetsコレクションを取得しているため、作業中のブックの中のワークシートだけがくり返し処理の対象となります。しかし、ブックの中に作成できるシートの種類としては、ワークシート以外にグラフシートもあります（それ以外のシートもありますが、旧バージョンのExcelで使われていたもののため、考慮する必要はほぼありません）。

グラフシートも含むすべてのシートを処理の対象としたい場合は、Worksheetsプロパティのかわりに**Sheetsプロパティ**を使用し、すべてのシートを表すSheetsコレクションを取得します。ただし、Sheetsコレクションに含まれるのは、ワークシートを表す**Worksheetオブジェクト**と、グラフシートを表す**Chartオブジェクト**だけで、種類を問わずにシートを表す単体の「Sheetオブジェクト」は存在しません。なお、ブックには最低１つのワークシートを含める必要があるため、ここで紹介したようなマクロプログラムでグラフシートを複製し、ブックとして保存することはできません。

STEP 02

ファイルをPDF形式で出力しよう

Excelでは、ワークシートをPDF形式のファイルとして保存することも可能です。ここでは、VBAで各シートをPDF形式で出力する方法を紹介します。

各シートをPDFとして保存する

■作業中のワークシートをPDF形式で出力する

作業中のワークシートをPDF形式（またはXPS形式）で出力するには、WorksheetオブジェクトのExportAsFixedFormatメソッドを実行します。

```
Worksheet.ExportAsFixedFormat Type, Filename, Quality, ⏎
IncludeDocProperties, IgnorePrintAreas, From, To, ⏎
OpenAfterPublish, FixedFormatExtClassPtr, WorkIdentity
```

必須の引数Typeでは、出力するファイルの形式を指定します。PDF形式なら定数xlTypePDF（実際の値は0）、XPS形式なら定数xlTypeXPS（実際の値は1）を指定します。出力の開始ページと終了ページは、引数Fromと引数Toに、それぞれページ番号で指定します。ファイル名は引数Filenameに指定します。また、PDF作成後にそのファイルを開きたい場合は、引数OpenAfterPublishにTrueを指定します。

次のマクロプログラム「Sample262_1」では、作業中のワークシートを表すWorksheetオブジェクトのExportAsFixedFormatメソッドで、セルA1の値と「.pdf」をつなげたファイル名のPDFを出力し、そのファイルを開きます。なお、保存フォルダーは絶対パスでも指定できますが、ここではファイル名だけを指定しているため、カレントフォルダー（通常は「ドキュメント」）に保存されます。

ファイル「262_1.xlsm」

作業中のシートをPDFに出力

```
Sub Sample262_1()
    ActiveSheet.ExportAsFixedFormat Type:=xlTypePDF, _
        Filename:=Range("A1").Value & ".pdf", _
        OpenAfterPublish:=True
```

```
End Sub
```

	A	B	C	D
1	経費記録			
2				
3	日付	費目	摘要	金額
4	2019/11/1	通信費	カタログ一式送付	¥1,50
5	2019/11/3	交通費	神保町ー池袋	¥165
6	2019/11/6	交通費	タクシー代	¥1,930
7	2019/11/10	消耗品費	乾電池	¥1,200

実行例

経費記録

日付	費目	摘要	金額
2019/11/1	通信費	カタログ一式送付	¥1,500
2019/11/3	交通費	神保町ー池袋	¥165
2019/11/6	交通費	タクシー代	¥1,930

■すべてのワークシートをPDF形式で出力する

複数のワークシートを含むブックで、各ワークシートを別の PDF ファイルとして保存したい場合は、次のマクロプログラム「Sample263_1」のように、**Worksheets プロパティ**ですべてのワークシートを表す **Worksheets コレクション**を取得し、**For Each ～ Next ステートメント**の対象に指定すればよいでしょう。ファイル名は、セル A1 の値、シート名、「.pdf」をつなげて指定します。

ファイル「263_1.xlsm」

```
Sub Sample263_1()
    Dim ws As Worksheet
    For Each ws In Worksheets
        ws.ExportAsFixedFormat Type:=xlTypePDF, _
            Filename:=Range("A1").Value & ws.Name & ".pdf"
    Next ws
End Sub
```

各ワークシートをPDFに出力

また、ExportAsFixedFileFormat メソッドは、ブックを表す Workbook オブジェクトを対象として実行することも可能です。この場合、そのブックに含まれるすべてのシートが、1 つの PDF ファイルに出力されます。

次のマクロプログラム「Sample263_2」では、**ActiveWorkbook プロパティ**で取得した作業中のブックを表す **Workbook オブジェクト**を対象としたこのメソッドで、セル A1 の値と「.pdf」をつなげたファイル名の PDF を出力します。

ファイル「263_2.xlsm」

```
Sub Sample263_2()
    ActiveWorkbook.ExportAsFixedFormat Type:=xlTypePDF, _
        Filename:=Range("A1").Value & ".pdf"
End Sub
```

作業中のブックをPDFに出力

STEP 03

Excelだけで差し込み印刷を実行しよう

請求書のフォーマットに、別表の各請求情報を差し込み、案件ごとの請求書を印刷します。Excel の関数なども組み合わせれば、プログラムはより簡潔になります。

Excelだけで差し込み印刷を実行する

Word には「差し込み印刷」の機能があり、Excel などで作成した表のデータを Word のフォーマットの各部分に差し込んで、連続印刷することができます。しかし、請求書などのフォーマットを Excel で作成し、この各部分に Excel で作成した表のデータを差し込んで印刷したい場合もあるでしょう。

そのための VBA のプログラムを考える前に、まず Excel の標準機能での処理を考えてみましょう。数式で **VLOOKUP 関数**を使用すれば、請求書番号などを「検索値」として、各部分の表示内容を別シートの表から取り出すことが可能です。今回は、請求関連の情報をまとめた表はテーブルに変換し、「請求」というテーブル名を設定しておきます。また、請求書のシートで、請求書番号を入力する B1 セルには「番号」という名前を付けておきます。

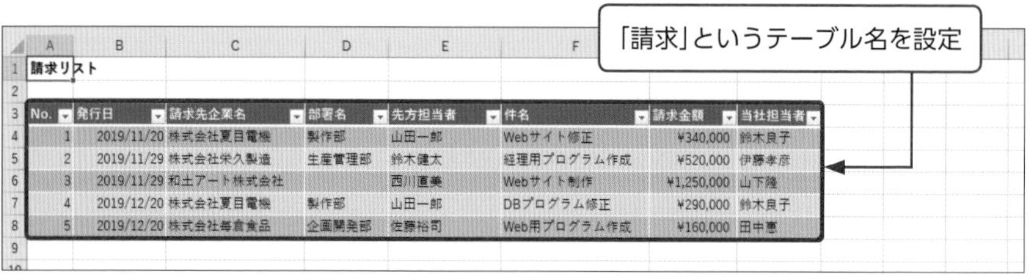

請求リスト

No.	発行日	請求先企業名	部署名	先方担当者	件名	請求金額	当社担当者
1	2019/11/20	株式会社夏目電機	製作部	山田一郎	Webサイト修正	¥340,000	鈴木良子
2	2019/11/29	株式会社栄久製造	生産管理部	鈴木健太	経理用プログラム作成	¥520,000	伊藤孝彦
3	2019/11/29	和土アート株式会社		西川直美	Webサイト制作	¥1,250,000	山下隆
4	2019/12/20	株式会社夏目電機	製作部	山田一郎	DBプログラム修正	¥290,000	鈴木良子
5	2019/12/20	株式会社毎倉食品	企画開発部	佐藤裕司	Web用プログラム作成	¥160,000	田中恵

❶	=VLOOKUP(番号,請求,2,FALSE)	❺	=VLOOKUP(番号,請求,6,FALSE)&""
❷	=VLOOKUP(番号,請求,3,FALSE)&""	❻	=VLOOKUP(番号,請求,7,FALSE)
❸	=VLOOKUP(番号,請求,4,FALSE)&""	❼	=VLOOKUP(番号,請求,8,FALSE)&""
❹	=VLOOKUP(番号,請求,5,FALSE)&""		

この請求書の❶～❼の各セル（一部は結合セル）には、上記の数式が入力されています。これにより、「番号」という名前を付けたB1セルの数値を変更すれば、その番号に対応する請求情報が各セルに表示されます。なお、VLOOKUP関数では、取り出す対象のセルが未入力だった場合、その戻り値「0」が表示されてしまいます。そのため、取り出すデータが文字列の場合は、この関数の前または後に「""」をつなげることで、「0」ではなく空白文字列（""）をセルに表示することができます。

差し込み印刷を実行するためのマクロプログラム「Sample265_1」では、**Rangeプロパティ**の引数に「"請求[No.]"」と指定することで、「請求」テーブルの「No.」列のデータ行の範囲を表す**Rangeコレクション**を取得し、**For Each ～ Nextステートメント**の対象に指定します。各くり返しでは、その各セルを表すRangeオブジェクトの値を、「請求書」シートの「番号」という名前を付けたセルに入力し、この「請求書」シートを表すWorksheetオブジェクトの**PrintOutメソッド**で、このシートを印刷します。

```
Worksheet.PrintOut From, To, Copies, Preview, ⏎
ActivePrinter, PrintToFile, Collate, PrToFileName, ⏎
IgnorePrintAreas
```

このメソッドの引数はすべて省略可能です。**引数From**で開始ページ、**引数To**で終了ページ、**引数Copies**で部数を指定できます。また、ここでは動作の検証用として、**引数Preview**にTrueを指定し、実際にプリンターでは印刷せず、印刷プレビューの画面を表示しています。

ファイル「265_1.xlsm」

```
Sub Sample265_1()
    Dim rng As Range
    For Each rng In Range("請求[No.]")
        Range("番号").Value = rng.Value
        Sheets("請求書").PrintOut Preview:=True
    Next rng
End Sub
```

テーブルのすべての行を対象にくり返し

「請求書」シートを印刷プレビュー

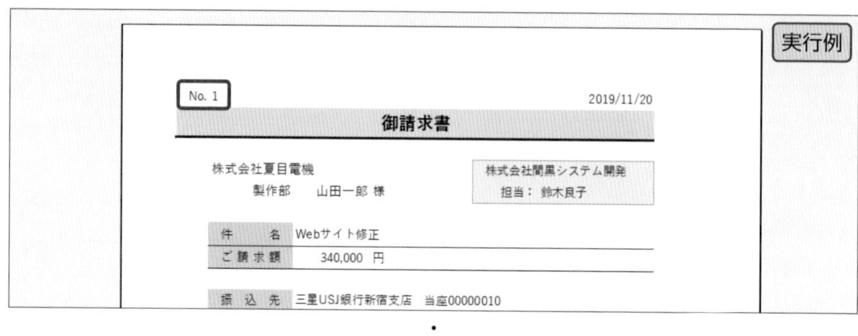

⋮

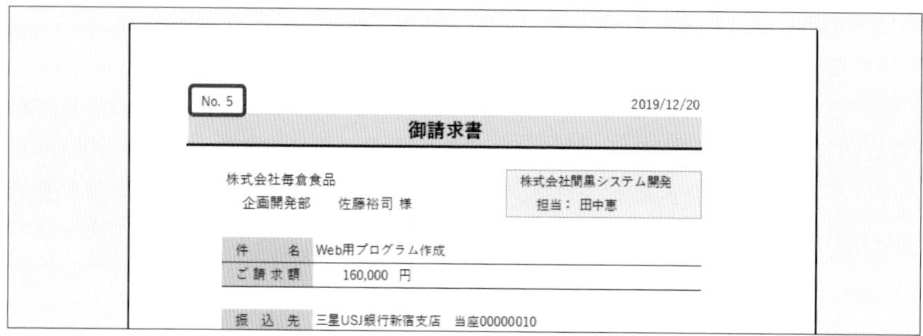

なお、この方法で表示されるのは、Excel の以前のバージョンで使用されていた印刷プレビュー専用の画面です。最新の Excel では、印刷プレビューは「ファイル」タブの「印刷」画面の右側で確認するようになっているため、通常の操作では上の画面は表示されません。

このマクロプログラムで印刷結果を確認したら、PrintOut メソッドの引数 Preview の指定部分「Preview:=True」を削除するか、その前に「'」を付けてコメントに変えて、プリンターで印刷しましょう。

■印刷対象の行を絞り込む

P.265 の「Sample265_1」では、「請求」テーブルのすべての行についてくり返し処理を実行しています。しかし、全データではなく、一部の行だけの情報に基づいて請求書を作成したい場合もあるでしょう。

次のマクロプログラム「Sample267_1」は、「Sample265_1」を改良し、フィルターなどで非表示にした行を除外して、表示されている行だけを印刷できるようにしたものです。取得したテーブルの列全体を表す Range コレクションに対し、さらに **SpecialCells メソッド**で、その中の表示セルだけを表す Range コレクションを取得し直します。また、今回も引数 Preview を指定し、印刷プレビューを表示しています。

ファイル「267_1.xlsm」

```
Sub Sample267_1()
    Dim rng As Range
    For Each rng In Range("請求[No.]") _
        .SpecialCells(xlCellTypeVisible)
        Range("番号").Value = rng.Value
        Sheets("請求書").PrintOut Preview:=True
    Next rng
End Sub
```

テーブルの表示行を対象にくり返し

Excelのテーブルの列見出しには最初からフィルターボタンが表示されており、かんたんにフィルターを適用することができます。ここでは、「請求先企業名」列のフィルターボタンをクリックし、「株式会社夏目電機」だけにチェックを付けて、この会社宛の請求情報が入力された行だけを表示させます。

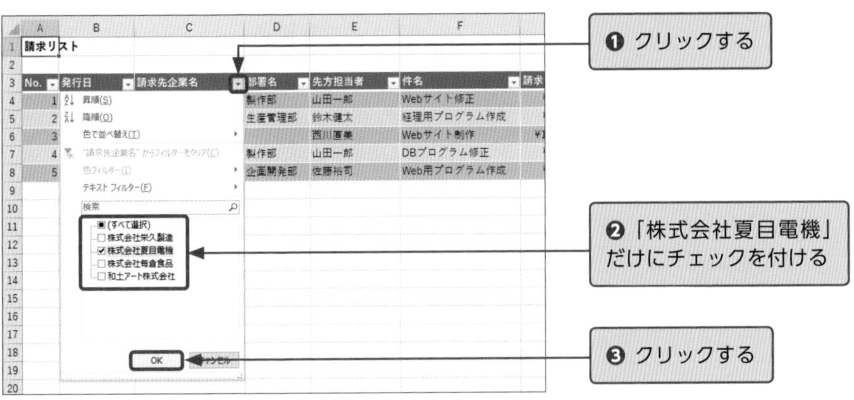

❶ クリックする
❷「株式会社夏目電機」だけにチェックを付ける
❸ クリックする

この状態で、マクロ「Sample267_1」を実行すると、「No.」が「1」と「4」の請求書だけが印刷プレビューで表示されます。実際にプリンターで印刷してもよければ、やはり「Preview:=True」の部分を削除するかコメントにします。

実行例

A1 請求リスト

請求リスト

No.	発行日	請求先企業名	部署名	先方担当者	件名	請求金額	当社担当者
1	2019/11/20	株式会社夏目電機	製作部	山田一郎	Webサイト修正	¥340,000	鈴木良子
4	2019/12/20	株式会社夏目電機	製作部	山田一郎	DBプログラム修正	¥290,000	鈴木良子

STEP 04

全シートの印刷設定を自動的に変更しよう

ワークシートの印刷に関する設定をVBAで変更する操作を覚えましょう。用紙サイズや印刷の向き、余白の設定などを、複数シートに対して一括設定できます。

ワークシートのページ設定を変更する

Excelの印刷に関する設定（ページ設定）は、VBAでは**PageSetupオブジェクト**に対するプロパティとして表されます。PageSetupオブジェクトは、対象のワークシートを表すWorksheetオブジェクトの**PageSetupプロパティ**で取得できます。このPageSetupオブジェクトのプロパティとして設定できる主なページ設定の種類は以下のとおりです。

ページ設定	プロパティ	設定値
用紙サイズ	PaperSize	用紙サイズを表す数値(定数)
先頭ページ番号	FirstPageNumber	最初のページ番号を表す数値
拡大縮小印刷	Zoom	印刷の拡大/縮小率を表す10～400の数値
印刷の向き	Orientation	印刷の向きを表す数値(定数)
印刷品質	PrintQuality	縦・横の印刷品質を表す2要素の数値配列
印刷範囲	PrintArea	A1形式のセル参照を表す文字列
タイトル行	PrintTitleRow	A1形式のセル参照を表す文字列
タイトル列	PrintTitleColumn	A1形式のセル参照を表す文字列
上余白	TopMargin	余白を表すポイント単位の数値
左余白	LeftMargin	余白を表すポイント単位の数値
下余白	BottomMargin	余白を表すポイント単位の数値
右余白	RightMargin	余白を表すポイント単位の数値
左右中央	CenterHorizontally	論理値True/False
上下中央	CenterVertically	論理値True/False

いくつかのプロパティについて、補足説明しておきましょう。

PaperSizeプロパティの設定値は各種の用紙サイズを表す数値ですが、設定用の定数も用意されています。ただし、プリンターの種類によっても設定できる値は異なります。使用可能な主な定数を確認しましょう。

定数	値	用紙サイズ
xlPaperA3	8	A3
xlPaperA4	9	A4（既定値）
xlPaperB4	12	B4
xlPaperB5	13	B5
xPaperLetter	1	レター
xlPaperLegal	5	リーガル

用紙に縦向きに印刷したい場合は **Orientation プロパティ**に定数 xlPortrait（実際の値は 1）を、横向きに印刷したい場合は定数 xlLandscape（実際の値は 2）を設定します。既定値は xlPortrait です。また、ページの左右中央に印刷したい場合は **CenterHorizontally プロパティ**、ページの上下中央に印刷したい場合は **CenterVertically プロパティ**に、それぞれ True を設定します。いずれも既定値は False です。

次のマクロプログラム「Sample269_1」では、作業中のブックに含まれるすべてのワークシートのうち、シート名が「請求書」で始まっているものを、用紙サイズを B5 に、印刷の向きを横向きにして、ページの左右中央に、120 パーセントで拡大印刷します。

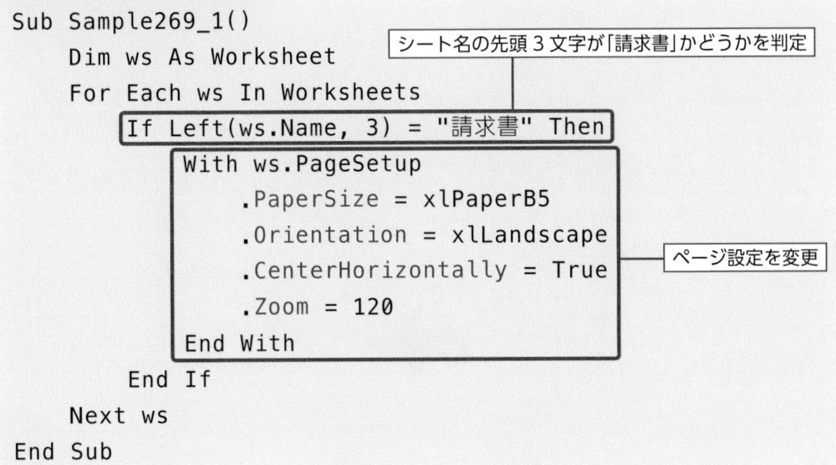
ファイル「269_1.xlsm」

```
Sub Sample269_1()
    Dim ws As Worksheet
    For Each ws In Worksheets
        If Left(ws.Name, 3) = "請求書" Then
            With ws.PageSetup
                .PaperSize = xlPaperB5
                .Orientation = xlLandscape
                .CenterHorizontally = True
                .Zoom = 120
            End With
        End If
    Next ws
End Sub
```

このマクロプログラム「Sample269_1」を実行すると、印刷関連の設定がまとめて変更されます。どのように変わったかを、対象のワークシートの「ページ設定」ダイアログボックスの「ページ」タブと「余白」タブで確認してみましょう。

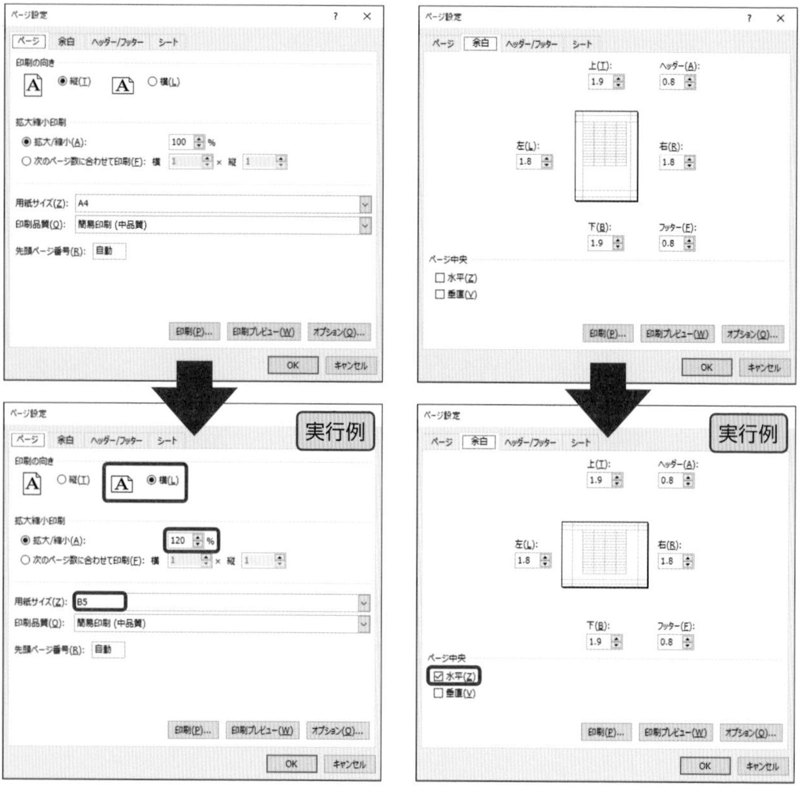

また、実際の印刷結果がどのように変化するかを、印刷プレビューの画面で比較してみましょう。

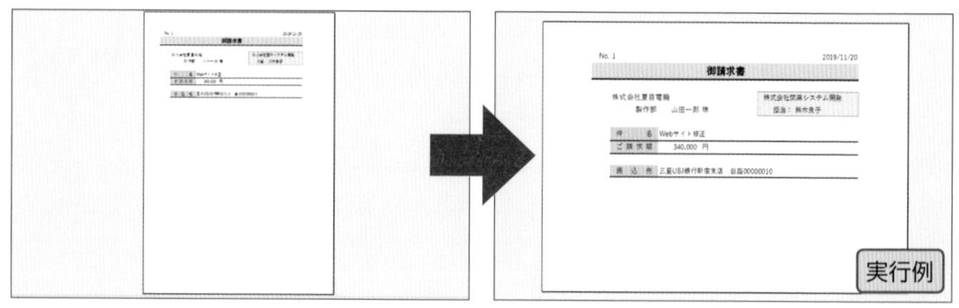

MEMO 複数シートのページ設定の一括変更

Excelの通常操作では、「Shift」キーまたは「Ctrl」キーを押しながらシート見出しをクリックし、複数のワークシートを選択した状態（作業グループ）にして、一括でページ設定を変更できます。VBAでも同様に、複数のワークシートに対して一括でページ設定を変更できます。ただし、複数のワークシートを表すオブジェクト(Worksheetsコレクション）を対象にPageSetupプロパティを使用することはできません。やはり対象の複数シートを作業グループにして、その中の1つのシートを表すWorksheetオブジェクトの**PageSetupプロパティ**から、ページ設定を変更します。複数シートを選択するには、Sheetsコレクション（またはWorksheetsコレクション）に、インデックスとして、目的のシートの番号またはシート名を配列として指定します。なおこの際、Applicationオブジェクトの**PrintCommunicationプロパティ**をFalseにする必要があります。このプロパティは、VBAのヘルプでは、プリンターとの通信の有効/無効を切り替えることでページ設定の実行速度を向上させるためのものと説明されていますが、この値がTrueの状態では、なぜか対象のワークシートのページ設定しか変更できません。

次のマクロプログラム「Sample271_1」では、作業中のブックの1、2、4番目のシートを選択し、1番目のシートに対する操作として用紙サイズと印刷の向きを変更します。最後に、再び1番目のシートだけを選択し直して作業グループを解除しています。

ファイル「271_1.xlsm」

```
Sub Sample271_1()
    Sheets(Array(1, 2, 4)).Select
    Application.PrintCommunication = False
    With Sheets(1).PageSetup
        .PaperSize = xlPaperB5
        .Orientation = xlLandscape
    End With
    Application.PrintCommunication = True
    Sheets(1).Select
End Sub
```

複数シートを選択

プリンターとの通信をオフ

プリンターとの通信をオン

作業グループを解除

マクロプログラム「Sample269_1」で、印刷する用紙サイズをA5に変更するには、どの行をどのように変更すればよいでしょうか。

STEP 05

シート内の複数の表を個別に印刷しよう

シート全体ではなく、ワークシート内に作成された各表の範囲をそれぞれ印刷することもできます。これを実現する方法にも、いろいろなアプローチがあります。

表の範囲ごとに印刷を実行する

１つのワークシート内に複数の表を作成している場合、その各表をそれぞれ１ページずつ印刷したいということもあるでしょう。これをVBAで実現するには、まず各表の範囲をどのように取得するかが問題となります。それぞれの範囲が空白の行・列で区切られていれば、プログラムで自動的に検出することも不可能ではありません。しかし、これにはやや複雑なプログラムが必要になります。

そこで、Excel自体の操作や機能と組み合わせて、より簡潔なプログラムで実現しましょう。具体的には、各範囲に対して事前に、**①選択する**、**②名前を付ける**、**③テーブルに変換する**、という操作のいずれかを行っておきます。この各操作に応じて、ワークシートの各表の範囲を連続印刷するマクロプログラムを、それぞれ確認していきましょう。

複数の選択範囲を印刷する

「Ctrl」キーを押しながらセル範囲をドラッグすることで、複数の領域を同時に選択できます。こうして選択された各範囲を個別に印刷するマクロを見ていきましょう。

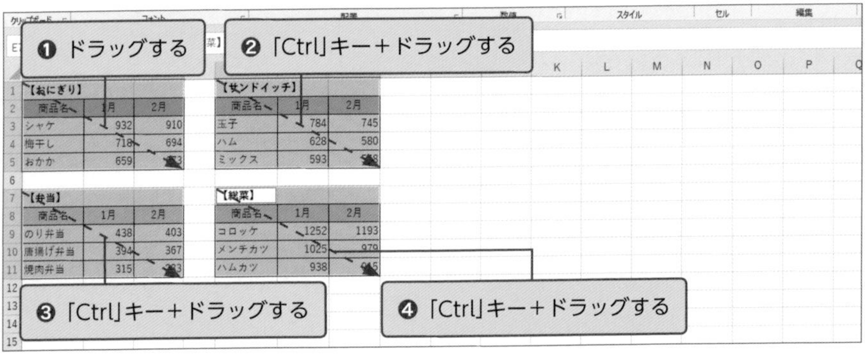

❶ ドラッグする

❷「Ctrl」キー＋ドラッグする

❸「Ctrl」キー＋ドラッグする

❹「Ctrl」キー＋ドラッグする

	A	B	C	D	E	F	G
1	【おにぎり】				【サンドイッチ】		
2	商品名	1月	2月		商品名	1月	2月
3	シャケ	932	910		玉子	784	745
4	梅干し	718	694		ハム	628	580
5	おかか	659	[illegible]		ミックス	593	[illegible]
6							
7	【弁当】				【総菜】		
8	商品名	1月	2月		商品名	1月	2月
9	のり弁当	438	403		コロッケ	1252	1193
10	唐揚げ弁当	394	367		メンチカツ	1025	979
11	焼肉弁当	315	[illegible]		ハムカツ	938	[illegible]

P.271 解答 「.PaperSize = xlPaperB5」の行を「.PaperSize = xlPaperA5」に変更します。

まず、**Selection プロパティ**で選択範囲を表す Range オブジェクトを取得し、その **Areas プロパティ**で、この各領域の集合を表す **Areas コレクション**を取得します。Areas コレクションのメンバーは各領域のセル範囲を表す Range オブジェクトであり、単体の Area オブジェクトは存在しません。この Areas コレクションを **For Each ～ Next ステートメント**に指定することで、各領域を対象としたくり返し処理を行います。

印刷に使うのは **PrintOut メソッド**です。このメソッドは Worksheet オブジェクトだけでなく、Range オブジェクトを対象に実行することも可能で、この場合、対象の Range オブジェクトが表すセル範囲だけが印刷されます。

次のマクロプログラム「Sample273_1」では、以上の手順で、選択範囲の各領域をそれぞれ 1 ページずつ印刷プレビューに表示します。印刷してもよい場合は、「Preview:=True」の部分を削除するかコメントにしましょう。

ファイル「273_1.xlsm」

```
Sub Sample273_1()
    Dim rng As Range
    For Each rng In Selection.Areas      ' 選択範囲の領域ごとにくり返し
        rng.PrintOut Preview:=True       ' 各領域を印刷プレビュー
    Next rng
End Sub
```

実行例

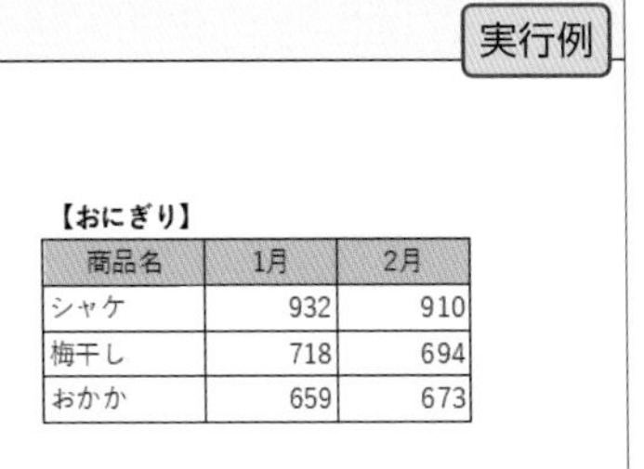

【おにぎり】

商品名	1月	2月
シャケ	932	910
梅干し	718	694
おかか	659	673

実行例

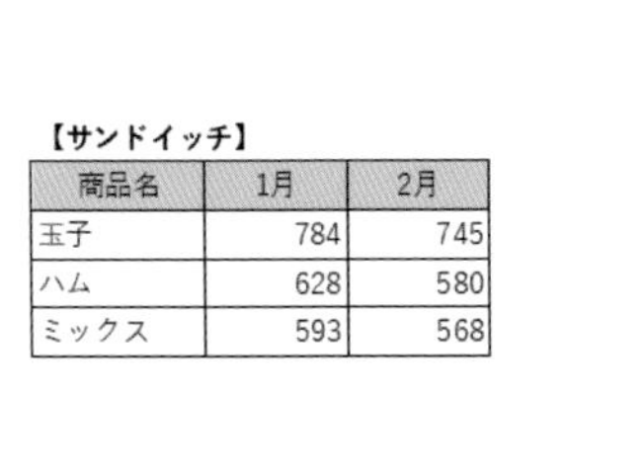

【サンドイッチ】

商品名	1月	2月
玉子	784	745
ハム	628	580
ミックス	593	568

実行例

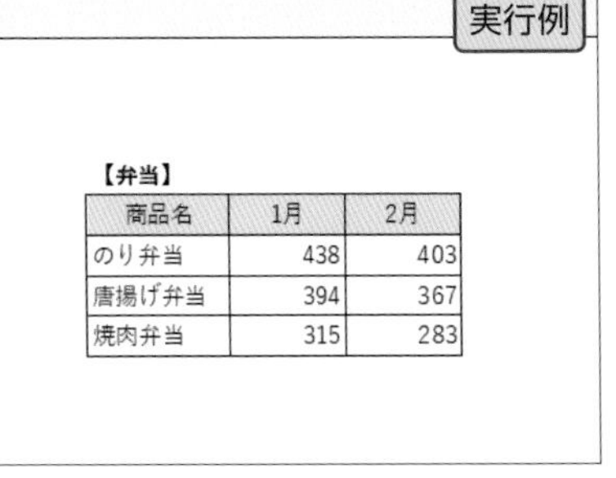

【弁当】

商品名	1月	2月
のり弁当	438	403
唐揚げ弁当	394	367
焼肉弁当	315	283

実行例

【総菜】

商品名	1月	2月
コロッケ	1252	1193
メンチカツ	1025	979
ハムカツ	938	915

■名前を付けた範囲を印刷する

同じ表を何度も印刷する場合、そのつど選択し直すのも面倒です。このような範囲には「名前」を付けておくことで、VBA のプログラムでも簡単に指定できるようになります。

セル範囲に名前を付けるには、対象のセル範囲を選択し、名前ボックスをクリックして付けたい名前を入力し、「Enter」キーを押します。下の例では、まずセル範囲 A1:C5 に「おにぎり」という名前を付けてみます。

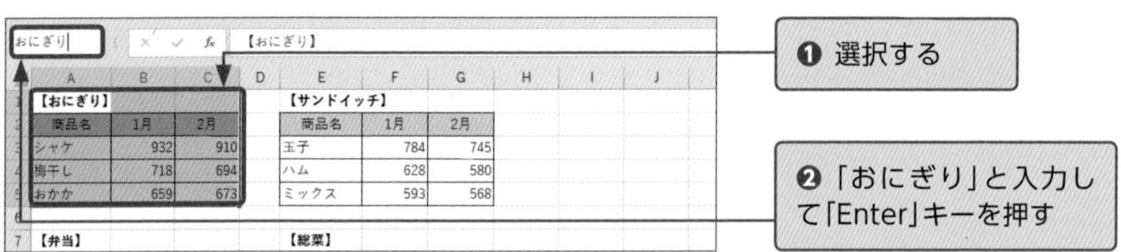

同様にして、セル範囲 E1:G5 に「サンドイッチ」、セル範囲 A7:C11 に「弁当」、セル範囲 E7:G11 に「総菜」という名前を付けます。この方法で付けた名前は、ほかのシートからでも参照できるブックレベルの名前になります。名前にはこのほかにシートレベルの名前もありますが、そちらはそのワークシート内だけでしか参照できません。

ブックレベルで設定されたすべての名前は、VBA では、その Workbook オブジェクトの **Names プロパティ**で、**Names コレクション**として取得できます。これを **For Each ～ Next ステートメント**に指定することで、1 つ 1 つの名前を表す **Name オブジェクト**が変数にセットされ、以降の処理がくり返されます。そして、その各 Name オブジェクトの **RefersToRange プロパティ**で、その名前のセル範囲を表す Range オブジェクトを取得できます。

次のマクロプログラム「Sample274_1」では、以上の手順で取得した各範囲の印刷プレビューを表示します。

ファイル「274_1.xlsm」

```
Sub Sample274_1()
    Dim nam As Name
    For Each nam In ActiveWorkbook.Names
        nam.RefersToRange.PrintOut Preview:=True
    Next nam
End Sub
```

ブック内の名前についてくり返し

各名前の範囲を印刷プレビュー

■各テーブルの範囲を印刷する

各表をあらかじめテーブルに変換しておけば、P.208 で紹介したグラフの作成と同様の手順で、各テーブルの範囲を印刷することができます。ここでは、次のような表の範囲を連続印刷してみましょう。

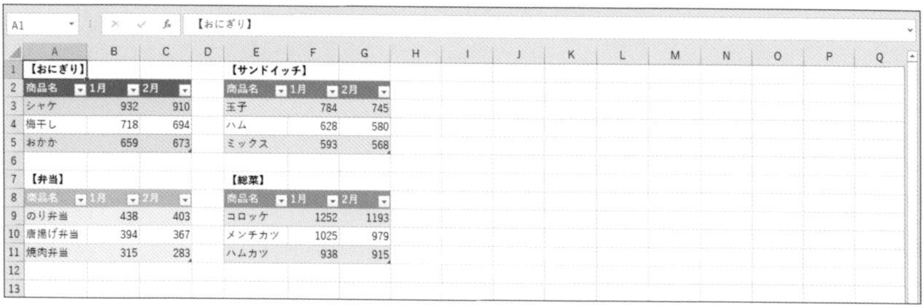

	A	B	C	D	E	F	G
1	【おにぎり】				【サンドイッチ】		
2	商品名	1月	2月		商品名	1月	2月
3	シャケ	932	910		玉子	784	745
4	梅干し	718	694		ハム	628	580
5	おかか	659	673		ミックス	593	568
6							
7	【弁当】				【総菜】		
8	商品名	1月	2月		商品名	1月	2月
9	のり弁当	438	403		コロッケ	1252	1193
10	唐揚げ弁当	394	367		メンチカツ	1025	979
11	焼肉弁当	315	283		ハムカツ	938	915
12							
13							

対象のワークシートを表す Worksheet オブジェクトの **ListObjects プロパティ**で、そのシートのすべてのテーブルを表す **ListObjects コレクション**を取得できます。これを **For Each ～ Next ステートメント**に指定すると、各テーブルを表す **ListObject オブジェクト**が変数にセットされ、以降の処理がくり返されます。

テーブルのセル範囲を表す Range オブジェクトは、ListObject オブジェクトの **Range プロパティ**で取得します。ただし、この例では各テーブルの左上のセルに入力されたタイトルまで含めて印刷したいので、**Offset プロパティ**でその範囲を 1 行上にずらした Range オブジェクトを取得しましょう。これと元の範囲を表す Range オブジェクトを、さらに **Range プロパティ**の引数に指定することで、タイトルの行から表の範囲の最下行までを含むセル範囲を、改めて Range オブジェクトとして取得できます。

マクロプログラム「Sample275_1」では、その各範囲の印刷プレビューを表示します。

ファイル「275_1.xlsm」

```
Sub Sample275_1()
    Dim tbl As ListObject
    For Each tbl In ActiveSheet.ListObjects
        Range(tbl.Range.Offset(-1), tbl.Range).PrintOut _
            Preview:=True
    Next tbl
End Sub
```

シート内のテーブルについてくり返し

各テーブルとタイトルを印刷プレビュー

STEP 06

商品ごとに自動で切り替えて印刷しよう

大量のデータが入力されたリスト形式の表で、特定の商品名が入力された行だけ表示して印刷するマクロを紹介します。これにはフィルター機能を利用します。

フィルターを適用して印刷する

リスト形式の表（P.190 参照）やテーブルに対しては、特定の列で条件を設定して、行の表示を絞り込む**フィルター**（オートフィルター）機能を適用できます。たとえば、大量の売上記録が入力されたリストの中で、「商品名」列のデータが「商品 A」の行だけを印刷したい場合などに、フィルター機能を印刷と組み合わせます。

VBA でフィルターを実行するには、Range オブジェクトの **AutoFilter メソッド**を使用します。このメソッドの書式は以下のとおりです。

```
Range.AutoFilter Field, Criteria1, Operator, Criteria2, ⏎
VisibleDropDown, SubField
```

対象の Range オブジェクトには、リストかテーブルの範囲全体を指定するのが確実ですが、その中の 1 つのセルを指定しても、自動的にそのアクティブセル領域が対象となります。フィルターの条件に使う列は、リストの左端列から数えた番号で**引数 Field** に指定します。

引数 Criteria1 には、抽出条件となる値を直接指定できます。数値や文字列だけを指定した場合、対象の列でその値が表示されているセルの行だけが表示されます。また、比較演算子と数値を組み合わせて、「">3"」などのように指定することも可能です。この例の場合、対象の列で 3 より大きいセルの行だけが抽出されます。2 つの条件を組み合わせる場合は、**引数 Criteria2** に 2 つ目の条件を指定し、**引数 Operator** に組み合わせ方を数値（定数）で指定します。AND 条件（A かつ B）には定数 xlAnd、OR 条件（A または B）には定数 xlOr を使います。後述しますが、フィルターの特殊な条件設定も、この引数 Operator に指定できます。

AutoFilter メソッドを実行すると、リストの各列見出しのセルにフィルターボタンが表示されます（テーブルでは最初から表示されています）。また、すべての引数を省略して AutoFilter メソッドを実行すると、フィルターが解除され、フィルターボタンも非表示になります。

次のマクロプログラム「Sample277_1」では、「商品名」列のセルの値が「商品B」の行だけを表示し、その状態で印刷プレビューを表示します。印刷プレビューを閉じたら、フィルターボタンも非表示の状態に戻します。

ファイル「277_1.xlsm」

```
Sub Sample277_1()
    Range("A3").AutoFilter Field:=2, Criteria1:="商品B"
    ActiveSheet.PrintOut Preview:=True
    Range("A3").AutoFilter
End Sub
```

フィルターを実行

フィルターを解除してボタンを消す

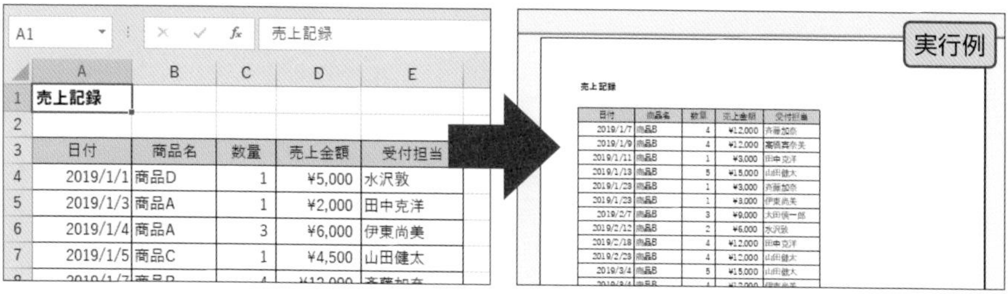

	A	B	C	D	E
1	売上記録				
2					
3	日付	商品名	数量	売上金額	受付担当
4	2019/1/1	商品D	1	¥5,000	水沢敦
5	2019/1/3	商品A	1	¥2,000	田中克洋
6	2019/1/4	商品A	3	¥6,000	伊東尚美
7	2019/1/5	商品C	1	¥4,500	山田健太

実行例

なお、2つの条件を設定するには、先ほど解説したように引数Criteria1とCriteria2に指定し、引数OperatorでAND条件またはOR条件を指定します。3つ以上の条件を設定したい場合は、**引数Criteria1に配列として条件を指定し、引数Operatorに定数xlFilterValuesを指定します**。ただし、この方法では各条件の組み合わせ方はOR条件だけで、比較演算子を組み合わせて指定することもできません。

次のマクロプログラム「Sample277_2」では、「受付担当」列のデータが「水沢敦」「斉藤加奈」「山田健太」のいずれかである行だけをフィルターで表示し、印刷プレビューを表示します。AutoFilterメソッドの引数Criteria1には、**Array関数**を使って作成した各担当者名の配列を直接指定しています。

ファイル「277_2.xlsm」

```
Sub Sample277_2()
    Range("A3").AutoFilter Field:=5, _
        Criteria1:=Array("水沢敦", "斉藤加奈", _
            "山田健太"), Operator:=xlFilterValues
    ActiveSheet.PrintOut Preview:=True
    Range("A3").AutoFilter
End Sub
```

フィルターを実行

フィルターの条件を切り替えて連続印刷する

最後に、「商品名」列を対象に、抽出条件となる商品名を次々に切り替えて個別にフィルターを適用し、各商品の売り上げデータだけを表示している状態で、それぞれ印刷してみましょう。

For Each ～ Next ステートメントは、コレクションだけでなく配列を対象として実行することもできるため、これでくり返し処理を行います。このとき、**使用する変数は必ずバリアント型にします**。次のマクロプログラム「Sample278_1」では、「商品 A」「商品 C」「商品 D」を各条件とし、それぞれの行だけを表示した状態にして、印刷プレビューを表示します。

ファイル「278_1.xlsm」

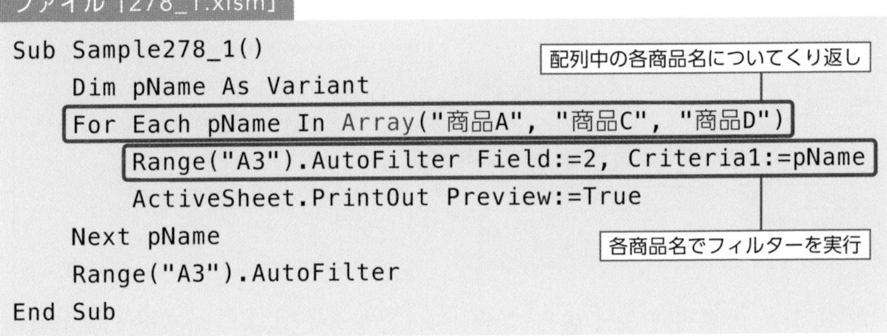

```
Sub Sample278_1()
    Dim pName As Variant
    For Each pName In Array("商品A", "商品C", "商品D")
        Range("A3").AutoFilter Field:=2, Criteria1:=pName
        ActiveSheet.PrintOut Preview:=True
    Next pName
    Range("A3").AutoFilter
End Sub
```

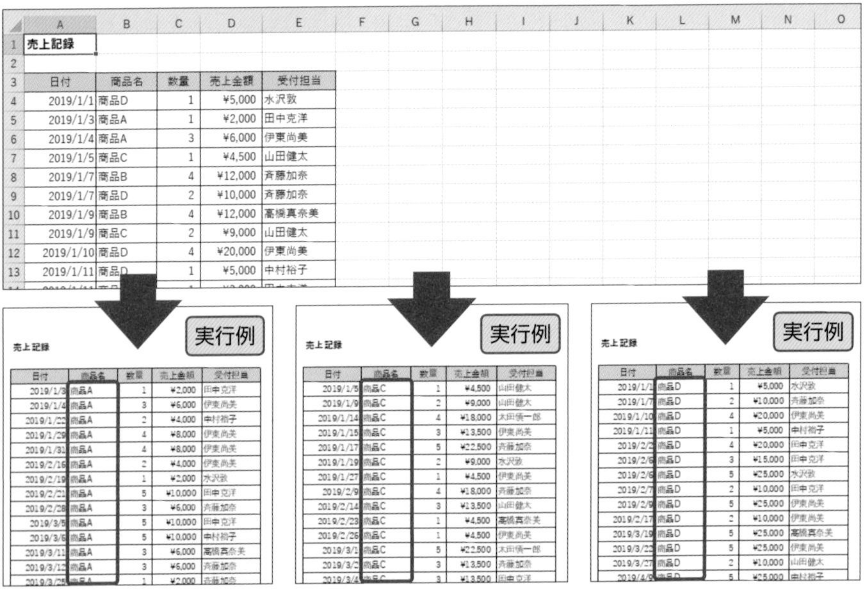

	A	B	C	D	E
1	売上記録				
2					
3	日付	商品名	数量	売上金額	受付担当
4	2019/1/1	商品D	1	¥5,000	水沢敦
5	2019/1/3	商品A	1	¥2,000	田中克洋
6	2019/1/4	商品A	3	¥6,000	伊東尚美
7	2019/1/5	商品C	1	¥4,500	山田健太
8	2019/1/7	商品B	4	¥12,000	斉藤加奈
9	2019/1/7	商品D	2	¥10,000	斉藤加奈
10	2019/1/9	商品B	4	¥12,000	高橋真奈美
11	2019/1/9	商品C	2	¥9,000	山田健太
12	2019/1/10	商品D	4	¥20,000	伊東尚美
13	2019/1/11	商品D	1	¥5,000	中村裕子

実行例

売上記録

日付	商品名	数量	売上金額	受付担当
2019/1/3	商品A	1	¥2,000	田中克洋
2019/1/4	商品A	3	¥6,000	伊東尚美
2019/1/22	商品A	2	¥4,000	中村裕子
2019/1/29	商品A	4	¥8,000	伊東尚美
2019/1/31	商品A	4	¥8,000	伊東尚美
2019/2/16	商品A	2	¥4,000	伊東尚美
2019/2/19	商品A	1	¥2,000	水沢敦
2019/2/21	商品A	5	¥10,000	田中克洋
2019/2/28	商品A	3	¥6,000	斉藤加奈
2019/3/5	商品A	5	¥10,000	田中克洋
2019/3/6	商品A	5	¥10,000	中村裕子
2019/3/11	商品A	3	¥6,000	高橋真奈美
2019/3/12	商品A	3	¥6,000	斉藤加奈
2019/3/25	商品A	1	¥2,000	斉藤加奈

実行例

売上記録

日付	商品名	数量	売上金額	受付担当
2019/1/5	商品C	1	¥4,500	山田健太
2019/1/9	商品C	2	¥9,000	山田健太
2019/1/14	商品C	4	¥18,000	太田慎一郎
2019/1/15	商品C	3	¥13,500	伊東尚美
2019/1/17	商品C	5	¥22,500	斉藤加奈
2019/1/19	商品C	2	¥9,000	水沢敦
2019/1/27	商品C	1	¥4,500	伊東尚美
2019/2/9	商品C	4	¥18,000	斉藤加奈
2019/2/14	商品C	3	¥13,500	山田健太
2019/2/23	商品C	1	¥4,500	高橋真奈美
2019/2/26	商品C	1	¥4,500	伊東尚美
2019/3/1	商品C	5	¥22,500	太田慎一郎
2019/3/2	商品C	3	¥13,500	斉藤加奈
2019/3/4	商品C	3	¥13,500	田中克洋

実行例

売上記録

日付	商品名	数量	売上金額	受付担当
2019/1/1	商品D	1	¥5,000	水沢敦
2019/1/7	商品D	2	¥10,000	斉藤加奈
2019/1/10	商品D	4	¥20,000	伊東尚美
2019/1/11	商品D	1	¥5,000	中村裕子
2019/2/2	商品D	4	¥20,000	田中克洋
2019/2/6	商品D	3	¥15,000	田中克洋
2019/2/6	商品D	5	¥25,000	水沢敦
2019/2/7	商品D	2	¥10,000	田中克洋
2019/2/9	商品D	5	¥25,000	伊東尚美
2019/2/17	商品D	2	¥10,000	伊東尚美
2019/3/19	商品D	5	¥25,000	高橋真奈美
2019/3/22	商品D	5	¥25,000	伊東尚美
2019/3/27	商品D	2	¥10,000	山田健太
2019/4/9	商品D	5	¥25,000	中村裕子

第8章

自動的に実行されるマクロを作成しよう

この章では、特定の操作や動作をきっかけとして自動的に実行されるプログラム「イベントマクロ」を作成します。イベントマクロはプログラムを記述する場所がこれまでのマクロと異なりますが、プログラムの内容自体はこれまでと同様のため、怖がらずにチャレンジしてみましょう。

ちょっと
聞いてます～？
速水センパイ！
さっきから人の
顔ばっか見て！
…あ、ん？
き、聞いてる
聞いてる
アセ
アセ
もう！このブックには
作業を開始した時刻を
毎回記録しなきゃ
なんですよね
でも、つい忘れちゃうし
結構面倒なんですよ
あ、ああ……それなら
VBAを使えばいいよ

VBA ？でも、やっぱり毎回マクロを実行しないといけないんでしょう？
あらかじめ決めたタイミングで自動的にプログラムが実行される「イベントマクロ」っていう機能があるんだよ
標準モジュールじゃなくてプロジェクトに最初から含まれている「Sheet1」や「ThisWorkbook」などに書くんだ
へえー、そんな便利なものが

ブックを開いたときに自動的に実行させたい場合は「ThisWorkbook」に「Workbook_Open」というSubプロシージャを作成すればいい
プログラムの中身は…ここまで言えばもう大丈夫かな？
お任せあれ

```
Private Sub Workbook_Open()
    With Sheets("作業時間記録").Range("A1048576").End(xlUp)
        .Range("A2").Value = Date
        .Range("B2").Value = Time
        .Range("B2").NumberFormatLocal = "h:mm"
    End With
End Sub
```

さくさくっと

さすがだね

まあ、こんなもんですよん

コホンッ

ところで
あの…
鹿島さん

…はいっ？

？

今週の金曜の
夜って…

あ、鹿島さん！

こんなところに
いたのか！ちょっと
ミーティングルーム
までいいかな

えっ…あ、はい！
それじゃセンパイ！

なんかやらかした
かな、私…

あはは…

……ま、またね

…急に呼び出したり
して、すまないんだ
けれどね
…は、はい
ごくん
実は鹿島さん
に……
——
——
…ええーっ！
わわわ、私が
ですかぁーっ⁉
どうなる
鹿島玲香！

STEP 01

「イベント」でマクロを自動的に実行しよう

まずは、特定のタイミングで自動的にプログラムを実行できる「イベント」の基本的な考え方と、イベントを使ったプログラムを作成する手順を確認しましょう。

イベントの基礎知識

VBAには、これまで学習してきた一般的な「マクロ」、つまり標準モジュールに記述されたSubプロシージャ（P.40参照）のほかにも、特定のタイミングで自動的に実行できるプログラムがあります。プログラムを自動実行する引き金となるユーザーの操作やExcelの動作のことを**イベント**といい、イベントの発生に応じて自動的に実行されるプログラムを**イベントマクロ**、または**イベントプロシージャ**と呼びます。

オブジェクトで使用できるプロパティやメソッドを、そのオブジェクトの**メンバー**と呼びますが、こうしたプロパティなどと同様、イベントもいくつかのオブジェクトのメンバーとして用意されています。メンバーとしてのイベントを持つ代表的なオブジェクトには、**Worksheetオブジェクト**（ワークシート）と**Workbookオブジェクト**（ブック）があります。

VBEを表示してプロジェクトエクスプローラーを見ると、開いているブックやそのワークシートに対応する各オブジェクトのモジュールが、プロジェクトの中に最初から用意されていることがわかります。イベントマクロもSubプロシージャですが、標準モジュールではなく、この**WorksheetオブジェクトやWorkbookオブジェクトのモジュールに記述する**点が異なります。

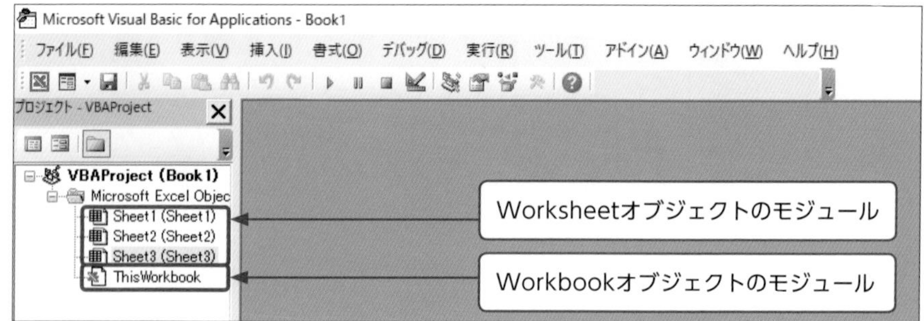

Worksheet オブジェクトで利用できる主なイベントには、次のようなものがあります。

イベント	自動実行のタイミング
Activate	シートがアクティブになった後
Deactivate	シートがアクティブでなくなった後
SelectionChange	選択セルが変更された後
Change	セルの値が変更された後
Calculate	再計算された後
BeforeDoubleClick	ダブルクリックの機能が実行される前
BeforeRightClick	右クリックの機能が実行される前

一方、Workbook オブジェクトで利用できる主なイベントには、次のようなものがあります。

イベント	自動実行のタイミング
Open	ブックが開かれた後
BeforeClose	ブックが閉じられる前
BeforeSave	ブックが保存される前
AfterSave	ブックが保存された後
BeforePrint	印刷が開始される前
Activate	ブックがアクティブになった後
Deactivate	ブックがアクティブでなくなった後
NewSheet	新しいシートが作成された後
SheetSelectionChange	シートの選択セルが変更された後
SheetChange	シートのセルの値が変更された後
SheetActivate	シートがアクティブになった後
SheetDeactivate	シートがアクティブでなくなった後
SheetCalculate	シートが再計算された後

イベントマクロを作成する

それでは、実際にイベントマクロのプログラムを作成する手順を確認していきましょう。イベントマクロは、Sub プロシージャ名の命名ルールが最初から決まっており、「オブジェクト名 _ イベント」の形で指定します。たとえば、Workbook オブジェクトの BeforeClose イベントを使ったイベントマクロは、「Workbook_BeforeClose」という Sub プロシージャ名になります。この Sub プロシージャ名は、ユーザーが直接入力しなくとも、次の手順で自動入力が可能です。

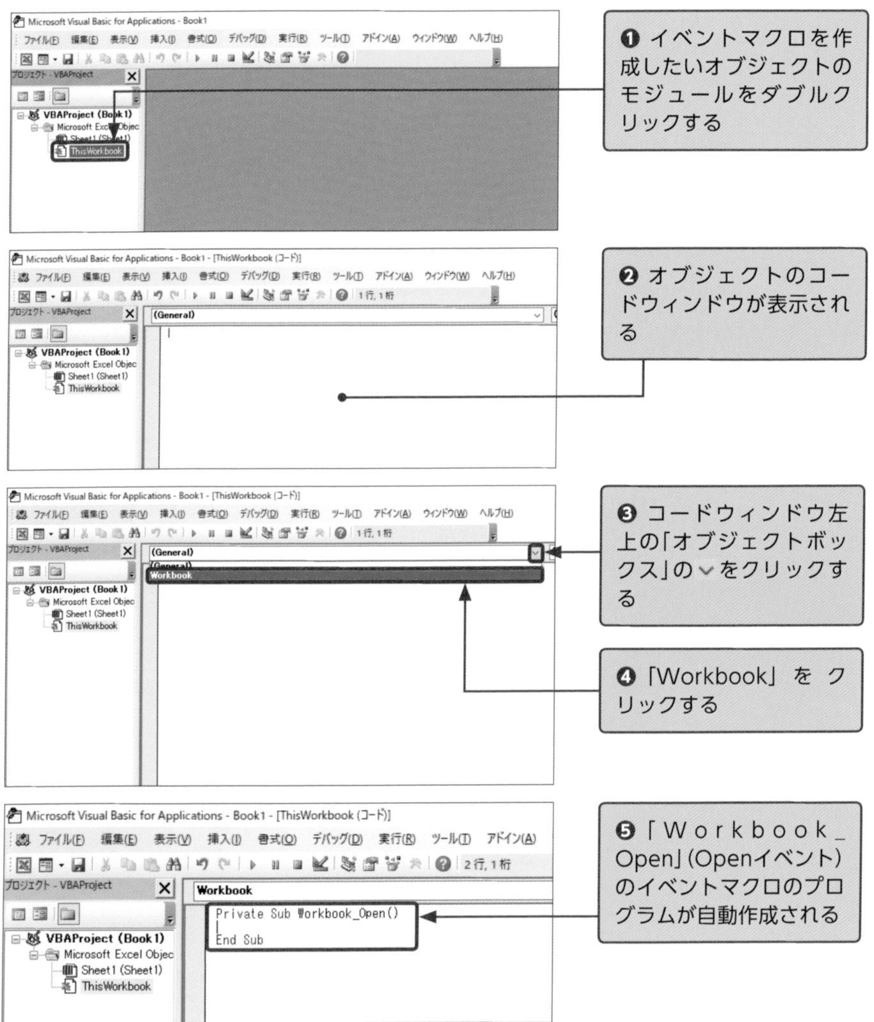

❶ イベントマクロを作成したいオブジェクトのモジュールをダブルクリックする
❷ オブジェクトのコードウィンドウが表示される
❸ コードウィンドウ左上の「オブジェクトボックス」の ∨ をクリックする
❹ 「Workbook」をクリックする
❺ 「Workbook_Open」(Openイベント)のイベントマクロのプログラムが自動作成される
Private Sub Workbook_Open()
End Sub

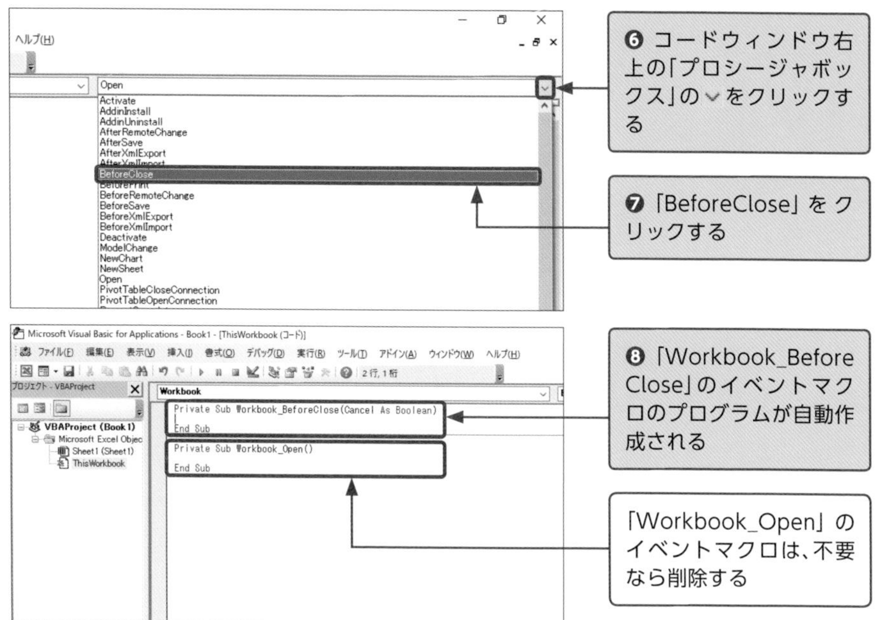
❻ コードウィンドウ右上の「プロシージャボックス」の⌄をクリックする
❼「BeforeClose」をクリックする
❽「Workbook_BeforeClose」のイベントマクロのプログラムが自動作成される
「Workbook_Open」のイベントマクロは、不要なら削除する

この作成手順の詳細を確認しましょう。まず、オブジェクトのモジュールのコードウィンドウで**オブジェクトボックス**の⌄をクリックすると、そのモジュールでイベントを利用できるオブジェクトが一覧表示されます。ThisWorkbook モジュールのコードウィンドウの場合は「Workbook」が表示されるので選択します。すると、そのオブジェクトの既定のイベントを使用したイベントマクロのプログラムが自動作成されます。この例のように、Workbook オブジェクトの既定のイベントは **Open** です。

なお、この Sub プロシージャの冒頭に **Private** が付いていますが、これはこのプログラムを、このモジュールのプログラム以外からは呼び出せないようにする指定です。

次に、コードウィンドウの**プロシージャボックス**の⌄をクリックすると、カーソルのあるイベントマクロの対象オブジェクトで使用可能なイベントの一覧が表示されます。この中から目的のイベントを選択すると、そのイベントマクロが自動作成されます。

また、自動作成されるイベントマクロでは、Sub プロシージャ名の後の「()」の中に、自動的に引数が設定される場合もあります。この「Workbook_BeforeClose」のイベントマクロの場合、「Cancel」というブール型（P.73 参照）の引数が設定されています。**このように付けられた引数は、コード内での操作に利用できます**。たとえば、この「Cancel」の初期値は False ですが、これに True を設定すると、このイベントを発生させた操作の本来の結果、つまりブックを閉じることをキャンセルできます。

次の STEP から、イベントマクロのプログラムの詳細を見ていきましょう。

STEP 02

選択した範囲に応じてメッセージを表示しよう

選択範囲を変更したときに実行されるイベントマクロを作りましょう。選択したのが特定の範囲の中か外かに応じて、それぞれ異なるメッセージを表示します。

セル選択時にその位置を判定する

ワークシート上で、現在の選択セルとは別のセル（範囲）を選択すると、そのWorksheetオブジェクトの**SelectionChangeイベント**が発生します。選択セルを変更するたびに自動的にプログラムを実行したい場合は、このイベントマクロ**Worksheet_SelectionChange**を使用します。

対象のワークシートのモジュールのコードウィンドウを開き、オブジェクトボックスから「Worksheet」を選ぶだけで、このイベントマクロが作成されます。また、そのSubプロシージャには、自動的に「Target」という引数が設定されます。その前に付く「ByVal」は、ここでは無視して構いません。この引数のデータ型は「Range」で、選択されたセル（範囲）を表しています。つまり、**このTargetを利用して、ユーザーが選択したセルをコードの中で取得・操作できる**わけです。

選択したセル（範囲）が、特定の範囲内かどうかを判定するには、**Intersectメソッド**を利用します。複数のRangeオブジェクトを引数に指定し、それらすべての共通部分を、Rangeオブジェクトとして返すメソッドです。まず、Targetと、あらかじめ設定した範囲をこのメソッドの引数に指定し、戻り値をオブジェクト変数で受け取ります。2つの範囲に共通部分がない場合、つまり設定範囲外のセルが選択された場合は、その変数はNothingになります。変数がNothingでなく何らかのRangeオブジェクトがセットされている場合は、**Addressプロパティ**を使用し、変数の範囲とTargetの範囲それぞれの参照範囲を表す文字列を取得して、両者が同じ範囲かを調べます。両者が同じセル範囲であれば、選択セル（範囲）全体が、設定範囲に含まれていることを意味します。また、両者が異なっている場合は、選択セル（範囲）の一部が設定範囲からはみ出していることを意味します。

このイベントマクロの例では、それぞれのケースに応じて、MsgBox関数でそれぞれ異なるメッセージを表示させています。また、Targetの**Countプロパティ**で、選択されたセルの個数を求め、それが1の場合は「選択したセル」、そうでない複数の場合は「選択した範囲」のようにメッセージを変えています。

ファイル「287_1.xlsm」

選択セル変更時に自動実行

```
Private Sub Worksheet_SelectionChange(ByVal Target As _
    Range)
    Dim sRng As Range
    Set sRng = Intersect(Target, Range("B4:E8"))
    If sRng Is Nothing Then
        MsgBox "対象範囲外が選択されました"
    ElseIf sRng.Address <> Target.Address Then
        MsgBox "選択範囲が対象範囲を超えています"
    ElseIf Target.Count = 1 Then
        MsgBox "選択したセルは対象範囲内です"
    Else
        MsgBox "選択した範囲は対象範囲内です"
    End If
End Sub
```

2つの範囲の共通部分を取得

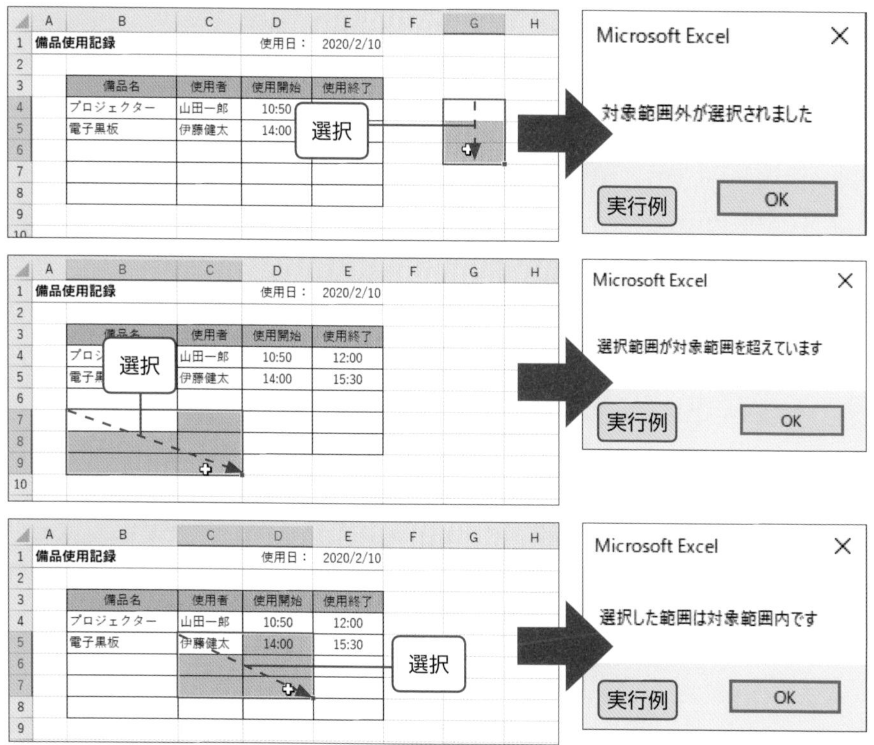

第8章 自動的に実行されるマクロを作成しよう

STEP 03

変更されたデータを自動的に別シートに転記しよう

セルに入力されたり、入力済みのセルが変更されたりしたときに実行されるイベントマクロも作成できます。変更内容を記録するプログラムを作成しましょう。

セル変更時の情報を記録する

ワークシート上のセルにデータが入力されたり、既存のデータが変更されたりすると、Worksheet オブジェクトの **Change イベント**が発生します。そのたびに自動的にプログラムを実行するには、このイベントマクロ **Worksheet_Change** を使用します。

まず、対象のワークシートのモジュールのコードウィンドウを開き、オブジェクトボックスから「Worksheet」を選択します。そして、プロシージャボックスから「Change」を選択すると、このイベントマクロが作成されます。その Sub プロシージャには、やはり変更されたセル（範囲）の Range オブジェクトを表す「Target」という引数が自動的に設定されます。

このイベントマクロを利用して、特定の範囲内のセル（範囲）が変更されたときに、そのセル番地と変更内容を、別のワークシートに記録していくプログラムを作成しましょう。対象のワークシートのセル範囲 B4:E8 の中のセルが変更されると、「変更記録」シートの列 A にそのセルの番地を、列 B に変更されたデータを記録していきます。変更されたのが対象の範囲内かどうかを判定するには、やはり **Intersect メソッド**を利用します。対象範囲内でない場合は、**Exit Sub** でプログラムを終了します。

まず、「変更記録」シートの列 A の最終行のセルを表す Range オブジェクトの **End プロパティ**で、この列でデータが入力されたもっとも下のセルを取得します。その Range オブジェクトの **Range プロパティ**で、引数に「A2」というセル参照を指定します。これにより、対象の Range オブジェクトをセル A1 とした場合の相対的なセル A2、つまり、1 行下にあるセルを表す Range オブジェクトが取得できます。このセルに、Target で取得した変更されたセルを表す Range オブジェクトの **Address プロパティ**で取得した、セル番地を表す文字列を入力します。なお、行・列の番号をいずれも相対参照の形で求めるには、この引数に 2 つの「False」を指定します。

次に、Range プロパティの引数に「B2」を指定して、1 行下で 1 列右のセルを表す Range オブジェクトを取得し、そのセルに Target の Value プロパティ、つまり、変更されたセルの値（数式の場合はその計算結果）を入力します。

ファイル「289_1.xlsm」

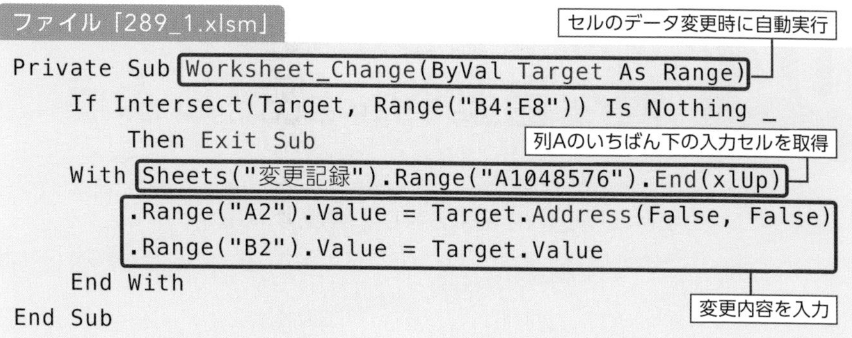


```
Private Sub Worksheet_Change(ByVal Target As Range)
    If Intersect(Target, Range("B4:E8")) Is Nothing _
        Then Exit Sub
    With Sheets("変更記録").Range("A1048576").End(xlUp)
        .Range("A2").Value = Target.Address(False, False)
        .Range("B2").Value = Target.Value
    End With
End Sub
```

作業シート

	A	B	C	D	E
1	備品使用記録			使用日：	2020/2/10
2					
3		備品名	使用者	使用開始	使用終了
4		プロジェクター	山田一郎	10:50	12:00
5		電子黒板	伊藤健太	14:00	15:30
6					
7					
8					

「変更記録」シート

	A	B
1	変更箇所	変更内容

↓

	A	B	C	D	E
1	備品使用記録			使用日：	2020/2/10
2					
3		備品名	使用者	使用開始	使用終了
4		プロジェクター	山田一郎	10:50	12:00
5		電子黒板	伊藤健太	14:00	15:30
6		DVDプレイヤー			

実行例

	A	B
1	変更箇所	変更内容
2	B6	DVDプレイヤー

↓

	A	B	C	D	E
1	備品使用記録			使用日：	2020/2/10
2					
3		備品名	使用者	使用開始	使用終了
4		プロジェクター	山田一郎	10:50	12:00
5		電子黒板	伊藤健太	14:00	15:30
6		DVDプレイヤー	鈴木由美	16:00	17:30

実行例

	A	B
1	変更箇所	変更内容
2	B6	DVDプレイヤー
3	C6	鈴木由美
4	D6	0.666666667
5	E6	0.729166667

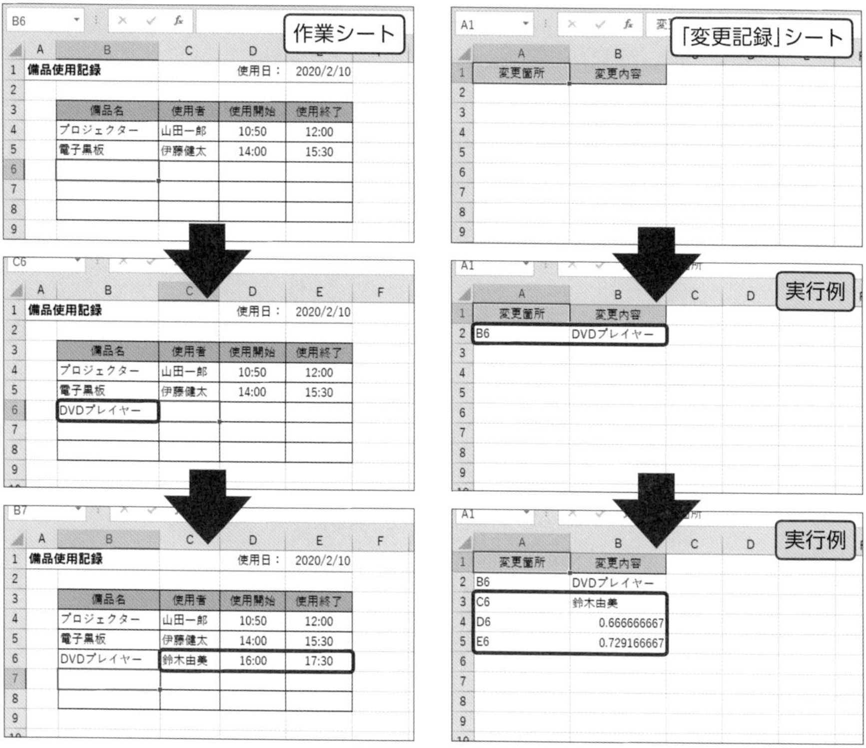

なお、このプログラムではセルの書式まではコピーされないため、時刻のデータは、転記先では小数になっています。また、セル範囲を選択し、「Delete」キーで選択範囲のデータを消去した場合、「変更記録」シートの「変更箇所」列にはそのセル範囲の番地が入力され、「変更内容」列には何も入力されません。

STEP 04

クリックしたセルの値を自動的に変更しよう

ここでは、セルをダブルクリック、またはセル範囲を右クリックする操作に対応して、自動的に対象のセルの値を変更するイベントマクロの例を紹介します。

ダブルクリックした列に応じた値を自動入力する

ワークシート上のセルをダブルクリックすると、Worksheetオブジェクトの**BeforeDoubleClickイベント**が発生します。すでにダブルクリックされているのに「Before」と付くのは、「セルが編集状態になる」というこの操作の本来の結果の前に、イベントマクロ**Worksheet_BeforeDoubleClick**が実行されるからです。

対象のワークシートのモジュールのコードウィンドウを開き、オブジェクトボックスから「Worksheet」を選択します。そして、プロシージャボックスから「BeforeDoubleClick」を選択すると、このイベントマクロが作成されます。そのSubプロシージャには、ダブルクリックされたセルのRangeオブジェクトを表す「Target」と、ダブルクリックの本来の結果をキャンセルするかどうかを指定する「Cancel」という引数が自動設定されます。

このイベントマクロを利用して、ワークシート上に作成したテーブルの各セルに、その列に応じたデータをダブルクリックで自動入力できるプログラムを作成します。

	A	B	C	D	E	F	G	H	I
1	売上記録							商品リスト	
2									
3	日付	時刻	商品名	単価	数量	金額		商品名	価格
4	2020/1/15	10:25	商品C	¥2,000	2	¥4,000		商品A	¥1,500
5								商品B	¥1,800
6								商品C	¥2,000
7								商品D	¥2,200
8								商品E	¥2,500

自動入力の対象となるのは、左側の「売上」テーブルです。その「日付」列のセルでは今日の日付を、「時刻」列のセルでは現在の時刻を、「商品名」列では主力商品の「商品A」を、それぞれダブルクリックで自動入力します。なお、「商品A」以外の商品名は、Excelの「データの入力規則」の機能により、ドロップダウンリストで表示される商品名の一覧から選んで入力できるようにしています。

また、「数量」列のセルでダブルクリックすると、そのセルに現在入力されている数値を「1」増加させます。未入力の状態は「0」と同じなので、「1」が入力されます。

なお、この表の「単価」列には、右側の「商品」テーブルから商品名に応じた価格を取り出す数式が、「金額」列には、同じ行の単価と数量の積を求める数式が、それぞれあらかじめ入力されています。

テーブルの各列のデータ行の範囲を表すRangeオブジェクトは、Rangeプロパティに「"テーブル名[列名]"」のように指定することで取得できます。今回は、**Intersectメソッド**にTargetとあわせて各列を指定することで、ダブルクリックされたセルがどの列なのかを確かめます。その結果、「日付」列なら**Date関数**で今日の日付を、「時刻」列なら**Time関数**で現在の時刻を、「商品名」列なら主力の「商品A」という文字列を、「数量」列ならそのセルの現在の値に1を加算した数値を、それぞれダブルクリックされたセルに入力します。

さらに、引数のCancelには、初期状態ではFalseが設定されており、操作の本来の結果をキャンセルしません。つまり、ダブルクリックされたセルが編集状態になります。ここではCancelにTrueを設定し、対象のセルが編集状態にならないようにします。

ファイル「291_1.xlsm」

```
Private Sub Worksheet_BeforeDoubleClick(ByVal Target _
    As Range, Cancel As Boolean)
    If Not Intersect(Target, Range("売上[日付]")) _
        Is Nothing Then
        Target.Value = Date
        Cancel = True
    ElseIf Not Intersect(Target, Range("売上[時刻]")) _
        Is Nothing Then
        Target.Value = Time
        Cancel = True
    ElseIf Not Intersect(Target, Range("売上[商品名]")) _
        Is Nothing Then
        Target.Value = "商品A"
        Cancel = True
    ElseIf Not Intersect(Target, Range("売上[数量]")) _
        Is Nothing Then
        Target.Value = Target.Value + 1
        Cancel = True
    End If
End Sub
```

セルのダブルクリック時に自動実行

セルを編集状態にしない

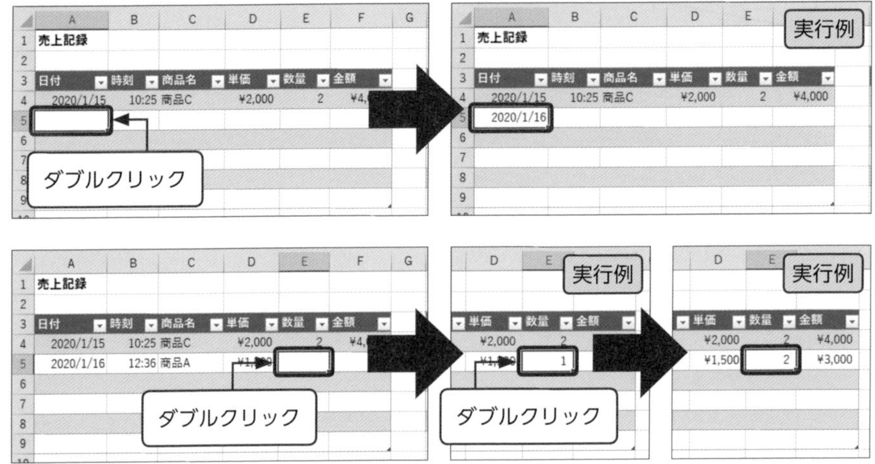

右クリックした範囲の各セルに値を入力

ダブルクリックだけではなく、右クリックに対応したイベントマクロも作成可能です。ダブルクリックの場合、基本的に対象となるのは1つのセルだけですが、右クリックであれば、セル範囲に対して一括で操作を実行することもできます。

右クリックで発生するのは、Worksheetオブジェクトの**BeforeRightClickイベント**です。右クリックしたときに自動的に実行したいプログラムは、イベントマクロ**Worksheet_BeforeRightClick**に記述します。

対象のワークシートのモジュールのコードウィンドウを開き、オブジェクトボックスから「Worksheet」を選択します。そして、プロシージャボックスから「BeforeRightClick」を選択すると、このイベントマクロが作成されます。ダブルクリックのときと同様、右クリックされたセル（範囲）のRangeオブジェクトを表す「Target」と、右クリックの本来の結果をキャンセルするかどうかを指定する「Cancel」という引数が自動設定されます。

このイベントマクロでも、ダブルクリックと同様、対象のワークシート上に作成したテーブルの各セルに、その列に応じたデータを右クリックで自動入力します。ただし、セル範囲を選択して操作の対象にできるため、複数のセルに対し、その列に応じたデータを入力することが可能です。具体的には、引数Targetを**For Each ～ Next ステートメント**のくり返し対象とし、その各セルで、ダブルクリックの例と同様の入力処理を実行します。また、右クリックの本来の結果は、その対象を操作するショートカットメニューの表示ですが、今回は引数CancelにTrueを設定して、この表示をキャンセルします。

ファイル「293_1.xlsm」

```
Private Sub Worksheet_BeforeRightClick(ByVal Target _
    As Range, Cancel As Boolean)
    Dim tRng As Range
    For Each tRng In Target
        If Not Intersect(tRng, Range("売上[日付]")) _
            Is Nothing Then
            tRng.Value = Date
            Cancel = True
        ElseIf Not Intersect(tRng, Range("売上[時刻]")) _
            Is Nothing Then
            tRng.Value = Time
            Cancel = True
        ElseIf Not Intersect(tRng, Range _
            ("売上[商品名]")) Is Nothing Then
            tRng.Value = "商品A"
            Cancel = True
        ElseIf Not Intersect(tRng, Range("売上[数量]")) _
            Is Nothing Then
            tRng.Value = tRng.Value + 1
            Cancel = True
        End If
    Next tRng
End Sub
```

セル範囲の右クリック時に自動実行

ショートカットメニューを表示しない

「単価」列と「金額」列には数式が入力されているため、セル範囲 A6:C7 とセル範囲 E6:E7 という離れた領域を「Ctrl」キーを押しながらドラッグして選択してから、右クリックで実行します。

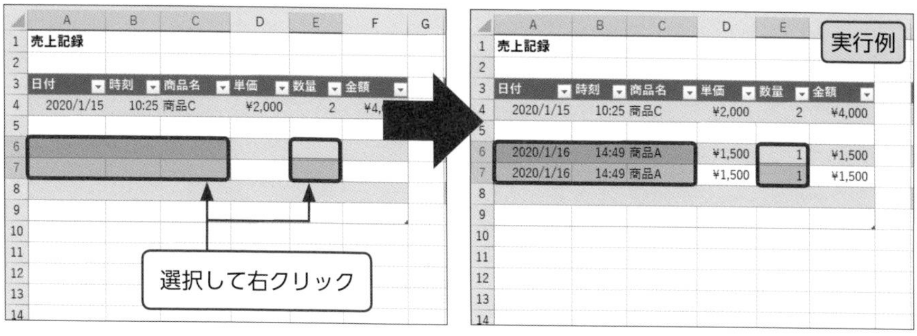

STEP 05

ブックの作業の開始時刻と終了時刻を記録しよう

ブックを開いたときと閉じるときに、それぞれ自動的に時刻を記録するイベントマクロを作成しましょう。これによって、そのブックでの作業時間を記録できます。

ブックを開いたときに日時を記録する

ブックを開くときに発生するのは、Workbook オブジェクトの **Open イベント**です。「ThisWorkbook」モジュールのコードウィンドウを開き、オブジェクトボックスから「Workbook」を選択すると、イベントマクロ **Workbook_Open** が作成されます。

このイベントマクロでは、まず **End プロパティ**を使用して、「作業時間記録」シートの列 A の、データが入力されているもっとも下のセルを取得します。その **Range プロパティ**で取得した 1 行下のセルに、**Date 関数**で今日の日付を入力します。さらに、1 行下で 1 列右のセルに、**Time 関数**で現在の時刻を入力し、**NumberFormatLocal プロパティ**でこのセルの表示形式を「10:25」のような時刻の形式に変更します。

ファイル「294_1.xlsm」

```
Private Sub Workbook_Open()
    With Sheets("作業時間記録").Range("A1048576").End(xlUp)
        .Range("A2").Value = Date
        .Range("B2").Value = Time
        .Range("B2").NumberFormatLocal = "h:mm"
    End With
End Sub
```

ブックのオープン時に自動実行

列Aのもっとも下の入力セルを取得

実行例

	A	B	C	D	E	F	G	H
1	作業日	開始時刻	終了時刻	作業時間				
2	2020/1/15	10:25						
3								
4								
5								
6								
7								
8								

ブックのオープン時に自動入力

ブックを閉じるときに時刻を記録する

ブックを閉じるときには、Workbook オブジェクトの **BeforeClose イベント**が発生します。「ThisWorkbook」モジュールのコードウィンドウを開き、オブジェクトボックスから「Workbook」を選択し、プロシージャボックスで「BeforeClose」を選択すると、イベントマクロ **Workbook_BeforeClose** が作成されます。

このイベントマクロでは、まず **Me** というキーワード（P.80 参照）でこのコードのあるオブジェクト、つまり Workbook オブジェクトを取得し、その **Saved プロパティ**で、ブックが保存されているかどうかを表す論理値（True/False）を求め、変数 sState に代入します。これは、ブックを閉じようとした時点で、そのブックが保存されているかどうかを調べるためで、最後の保存の仕方に関係します。

次に、「作業時間記録」シートの列 B の、データが入力されているもっとも下のセルを取得します。その Range プロパティで取得した 1 列右のセルに現在の時刻を入力し、さらに 2 列右のセルに、同じ行の終了時刻から開始時刻を引く数式を、入力位置に関係のない R1C1 形式（P.137 参照）で入力します。そして、この 2 つのセルの範囲に時刻の表示形式を設定します。

ブックを閉じようとした時点でブックが保存されていた場合は、その後に入力した時刻を記録するため、Workbook オブジェクトの **Save メソッド**で保存を実行してから、このプログラムを終了します。このメソッドを使えば、保存するかどうかを確認されずにブックが閉じます。事前に保存されていない場合は、保存するかどうかを確認されます。

ファイル「295_1.xlsm」

```
Private Sub Workbook_BeforeClose(Cancel As Boolean)
    Dim sState As Boolean
    sState = Me.Saved
    With Sheets("作業時間記録").Range("B1048576").End(xlUp)
        .Range("B1").Value = Time
        .Range("C1").FormulaR1C1 = "=RC[-1]-RC[-2]"
        .Range("B1:C1").NumberFormatLocal = "h:mm"
    End With
    If sState Then Me.Save
End Sub
```

ブックのクローズ時に自動実行

現在の保存状態を確認

あらためて保存を実行

実行例

	A	B	C	D	E
1	作業日	開始時刻	終了時刻	作業時間	
2	2020/1/15	10:25	16:29	6:04	

ブックのクローズ時に自動入力

第8章 自動的に実行されるマクロを作成しよう

STEP 06

ワークシート上のボタンからマクロを実行しよう

VBA では、各種のコントロール（操作用の部品）も利用できます。ここでは、ActiveX コントロールのボタンからマクロを実行する方法を紹介しましょう。

ActiveXコントロールを利用する

コントロールとは、コマンド実行用のボタンやチェックボックス、オプションボタン、コンボボックス（ドロップダウンリスト）といった、操作用の部品のことです。VBA では、ワークシート上にこれらのコントロールを配置して、マクロの呼び出しに利用したり、プログラムの中でその設定値を利用したりできます。

Excel で利用できるコントロールには、大きく分けて、**フォームコントロール**（Excel コントロール）と **ActiveX コントロール**の 2 種類があります。フォームコントロールはやや古い機能で、VBA で使用可能な機能はあまり多くありませんが、VBA に詳しくない人でも比較的利用しやすくなっています。一方の ActiveX コントロールは、設定などをすべて VBA のプロパティとして操作するもので、使いこなすには VBA の知識が不可欠ですが、その分、プログラムから柔軟に各種の操作を実行することができます。

ActiveX コントロールにもいろいろな種類がありますが、ここではコマンド実行用の**コマンドボタン**の作成方法と、このボタンをクリックしてプログラムを実行する方法を解説します。コマンドボタンをクリックして実行されるプログラムは、その CommandButton オブジェクトの Click イベントとして、そのコントロールのあるワークシートのモジュールのコードウィンドウに記述します。ここでは、P.264 で紹介した差し込み印刷のプログラムを、コマンドボタンから実行できるようにしましょう。

■ActiveXコントロールのコマンドボタンを作成する

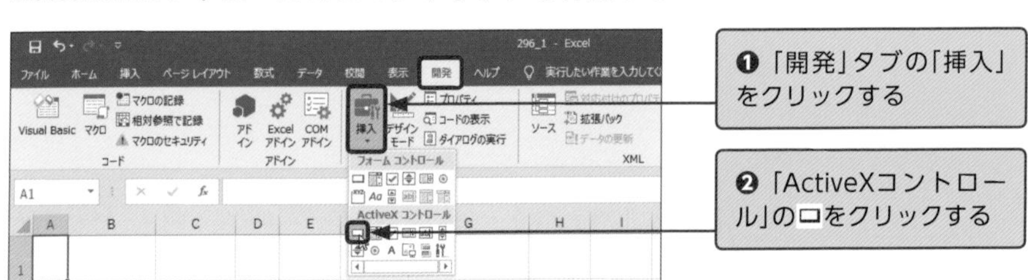

❶「開発」タブの「挿入」をクリックする
❷「ActiveXコントロール」の□をクリックする

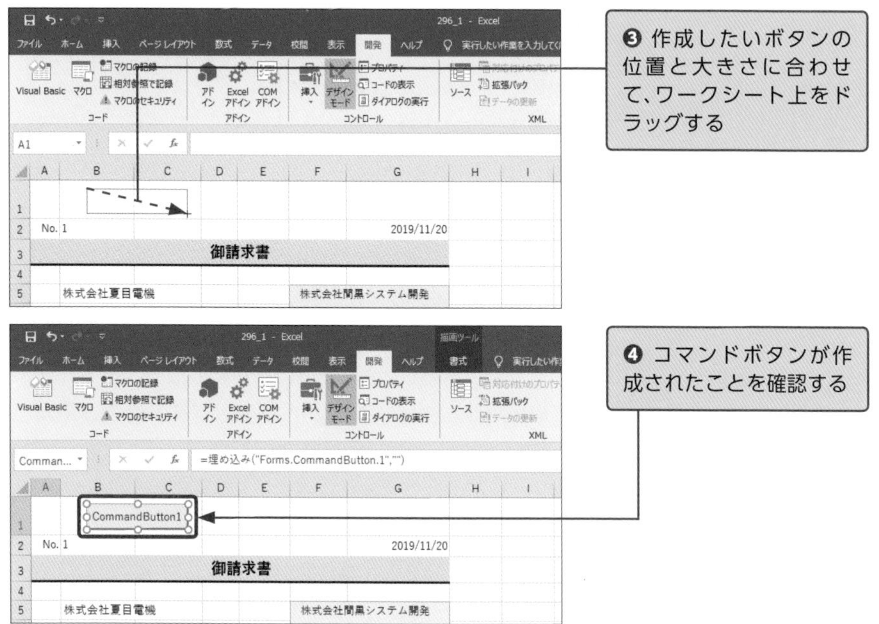

■コマンドボタンにイベントマクロを記述する

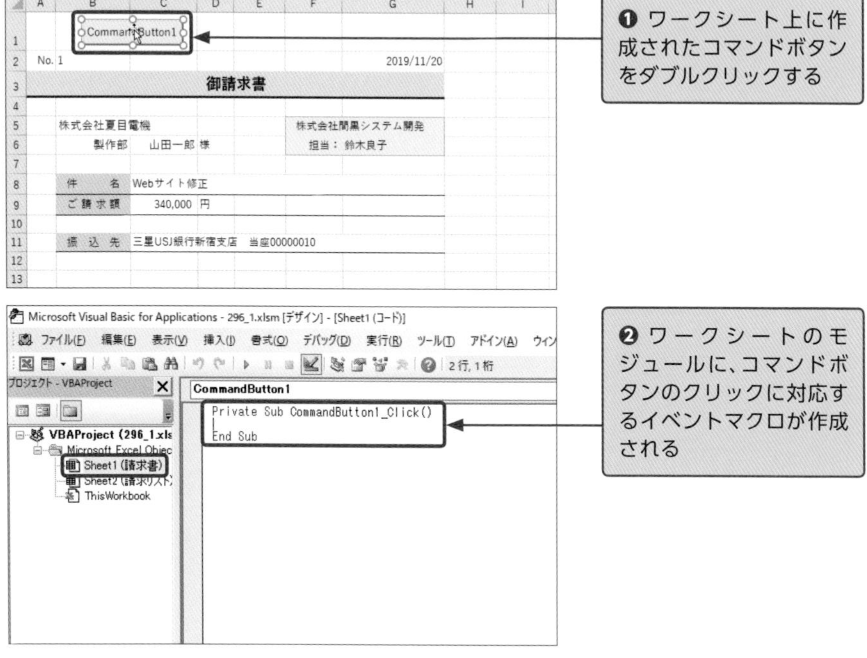

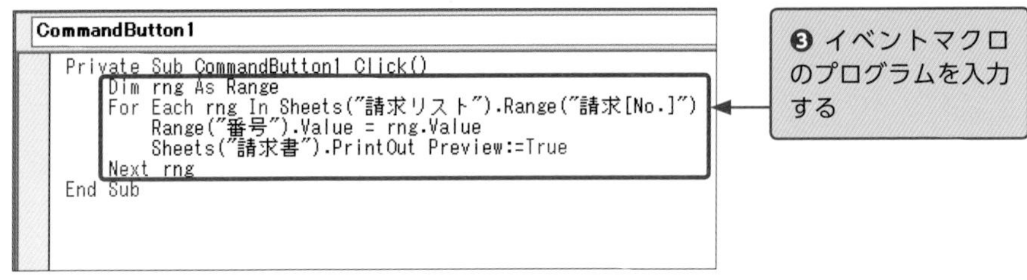

イベントマクロ **CommandButton1_Click** のプログラムは以下のとおりですが、処理の内容は P.265 のマクロ「Sample265_1」とほぼ同様です。ただし、Worksheet モジュールのコードウィンドウに記述する場合、他シートのセル範囲は、テーブル名や名前を使用する場合でも、**必ず Worksheet オブジェクトから指定する必要がある**ことに注意してください。

ファイル「296_1.xlsm」

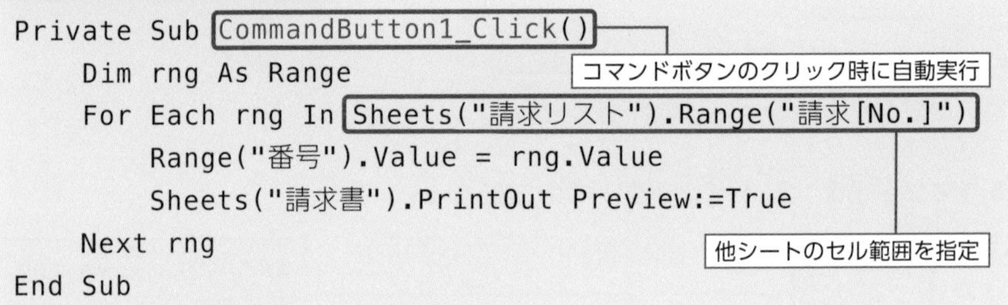

```
Private Sub CommandButton1_Click()
    Dim rng As Range
    For Each rng In Sheets("請求リスト").Range("請求[No.]")
        Range("番号").Value = rng.Value
        Sheets("請求書").PrintOut Preview:=True
    Next rng
End Sub
```


■ コマンドボタンの表示文字列を変更する

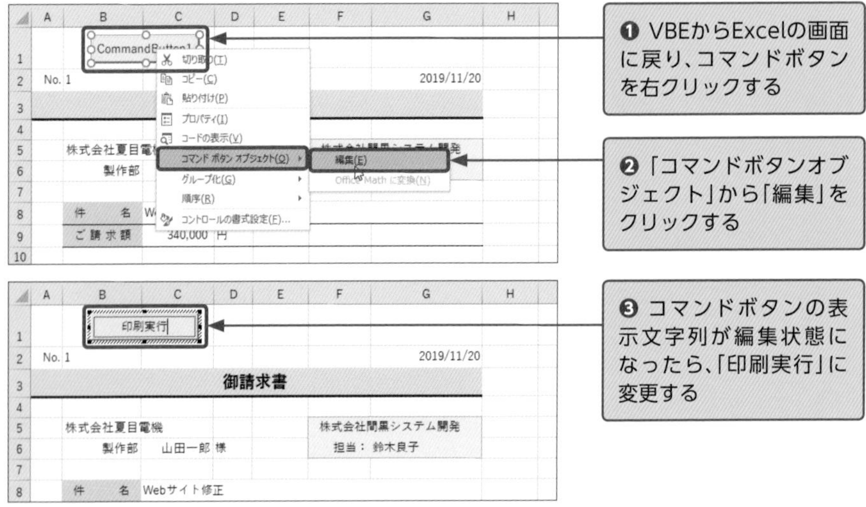

■コマンドボタンからマクロを実行する

コマンドボタンを作成した直後は、**デザインモード**と呼ばれる状態になっています。これはコントロールを編集するためのモードであり、クリックしてもイベントマクロは実行されないため、デザインモードをオフにして、実行できるようにしましょう。

❶「開発」タブの「デザインモード」をクリックしてオフにする
❷「印刷実行」ボタンをクリックする
イベントマクロが実行され、各請求書の印刷プレビューが表示される
印刷実行
No. 1
2019/11/20
御請求書
株式会社夏目電機
製作部　山田一郎 様
株式会社間黒システム開発
担当：鈴木良子
件名
Webサイト修正
ご請求額
340,000 円

反対に、作成済みのコントロールの位置や大きさ、表示文字列などを変更したり、コントロールを削除したりしたい場合は、手順❶の「デザインモード」を再度クリックしてオンにします。

なお、この作例では、請求書のフォーマット部分だけに「印刷範囲」を設定しています。コマンドボタンを配置した部分はその範囲に含まれないため、印刷はされません。

MEMO ユーザーフォームについて

VBAには、独自のダイアログボックス（設定画面）や操作用のツールを作成できる「ユーザーフォーム」という機能も用意されています。
ユーザーフォームの作成・編集も、やはりVBEで行います。新しいユーザーフォームを作成するには、VBEの「挿入」メニューから「ユーザーフォーム」をクリックします。すると、コードウィンドウが表示される領域に、ユーザーフォームのデザイン画面が表示されます。

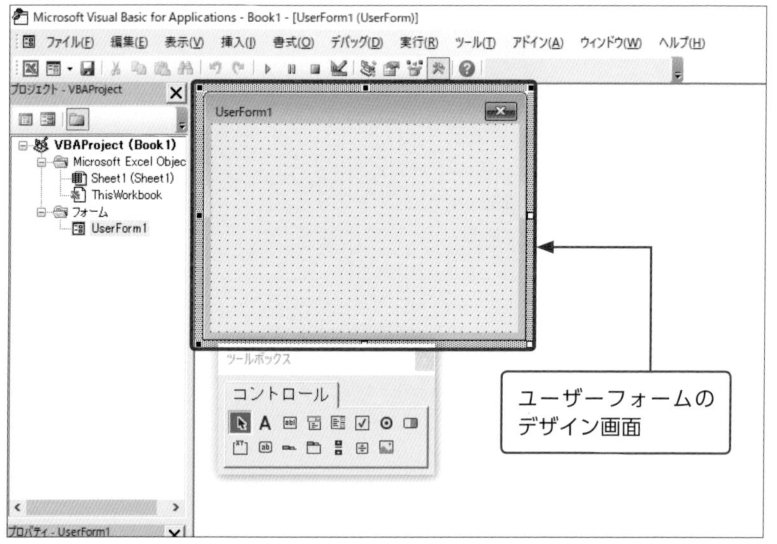

同時に「ツールボックス」が表示され、ここから各種のコントロールをユーザーフォーム上に配置して、ダイアログボックスや操作用のツールを設計していきます。この各コントロールは、ワークシート上に配置できるActiveXコントロールと同様の機能を持っています。
ユーザーフォーム上にコマンドボタンを配置した場合、ワークシートのときと同様に、ダブルクリックするとユーザーフォームのコードウィンドウが表示され、そのClickイベントに対応するイベントマクロを作成することができます。つまり、ユーザーフォームは、フォームのデザイン画面とプログラミング用のコードウィンドウという、2 つの編集画面を持っているのです。
デザインとプログラムが完成したユーザーフォームは、Excelの作業中、ほかのマクロプログラムなどから「UserForm1.Show」といったコードを実行することで、画面に表示させることができます。もちろん、配置された各コントロールも操作可能で、これらを使ってフォームの作業を実行していきます。

第9章

VBAプログラミングのトラブルに対処しよう

最後に、VBAのプログラミングでどのようなトラブルが発生するのかを確認しておきましょう。そうしたトラブルの原因とその回避方法をあらかじめ覚えておけば、万一のときにもスムーズに対処できます。ヘルプの参照方法やかんたんなコードのチェック方法などもあわせて確認しましょう。

```
Sub グラフ自動作成()
    Dim sTbl As ListObject, pRng As Range
    For Each sTbl In ActiveSheet.ListObjects
        With ActiveSheet.Shapes.AddChart2(227, xlLine)
            With .Chart
                .SetSourceData Source:=sTbl.Range
                .PlotBy = xlRows
                .ApplyLayout 12
            End With
            Set pRng = sTbl.Range.Offset(5).Resize(6)
            .Top = pRng.Top
            .Left = pRng.Left
            .Width = pRng.Width
            .Height = pRng.Height
        End With
    Next sTbl
End Sub
```

調べたい
メソッドを
選択して…

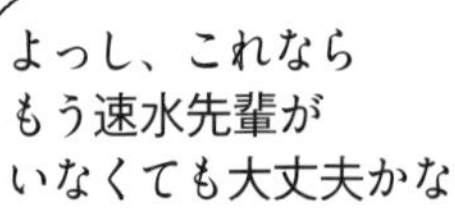

Microsoft | Office デベロッパー センター 参照 製品 リソース プログラム サポート ダッシュボード

Docs / Office VBA リファレンス / Excel / オブジェクト モデル / Shapes オブジェクト / メソッド / AddChart2 共有 テーマ 英語で読む

① このトピックの一部は機械翻訳で処理されている場合があります。

タイトルでフィルター

AddChart2
AddConnector
AddCurve
AddFormControl
AddLabel
AddLine
AddOLEObject
AddPicture
AddPicture2
AddPolyline
AddShape
AddSmartArt
AddTextbox
AddTextEffect
Add3DModel
BuildFreeform

Shapes.AddChart2 メソッド (Excel)

2019年05月15日 ·

ドキュメントにグラフを追加します。グラフを表す**Shape** オブジェクトを返し、指定されたコレクションに追加します。

構文

式。**Shapes.addchart2**(*Style*、*xlcharttype* クラス、*Left*、*Top*、*Width*、*Height*、*newlayout*)

表現 Shapes オブジェクトを表す変数です。

パラメーター

名前	必須 / オプション	データ型	説明
Style	省略可能	**Variant**	グラフのスタイルです。**Xlcharttype** クラスで指定されているグラフの種類の既定のスタイルを取得するには、"-1" を使用します。

…すみません
鹿島センパイ

おろおろ
山崎部長から
納品データが
送られてきて…
納品書をすぐ
50も作ってくれって
いわれたんですけど…
どうしたらいいか
わからなくって…

よろしく頼むよ
新人教育係さん！
ぴぃすぴぃす
──マクロを
勉強しはじめて1年

その甲斐あっていつしか
仕事ぶりを評価され、
こんな私がまさかの
新人教育係に大抜擢！
大丈夫、安心して！
こういうときは
マクロを使いましょう！

……
マク…ロ？
そう！
マクロって
いうのはね…
これもマクロを
教えてくれた速水先輩の
おかげだけれど、きっと
私はもう一人でも大丈夫
速水先輩、これからも
私のことを遠くから
見守っていてくださいね
ちょっと出張
行ってるだけだぞ！
お〜い！

STEP 01

VBAのヘルプを使いこなそう

記録機能で自動生成されたコードなどで、よくわからない単語が出てきたときは、VBAのヘルプを活用して、その機能や使い方を確認してみましょう。

わからない用語の使い方を調べる

Excelの特定の操作を、VBAでどのように記述すればよいかよくわからない場合は、まず記録機能（P.26参照）でその操作をマクロ化してみてください。これでVBEにコードが記述されます。しかし、VBEで自動的に生成されたマクロプログラムを確認しても、そのコードで使われているプロパティやメソッドがどのような機能で、どう使えばよいかが理解できないこともよくあります。

そのような用語の意味を調べたい場合は、まずその用語に関する**ヘルプ**を見てみるとよいでしょう。例として、選択したセル範囲のふりがなを表示する操作を記録したマクロプログラムを開き、使用されている用語の意味を調べる手順を解説します。まずは、「Selection」という用語を調べてみます。

「Selection」のヘルプを表示する

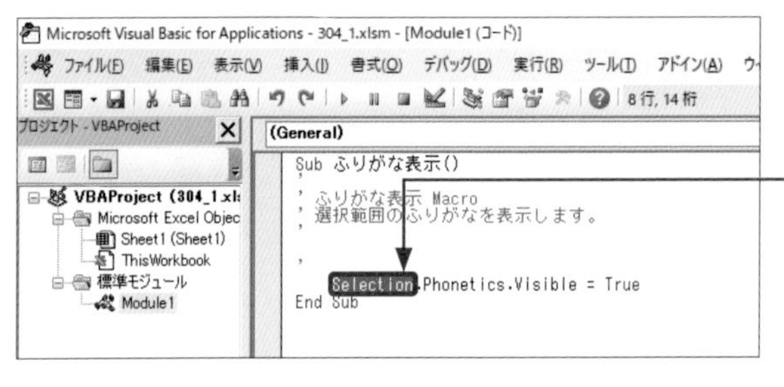

❶「304_1.xlsm」のマクロプログラムをVBEで開き、調べたい用語（ここでは「Selection」）を選択する

❷「F1」キーを押す

タイトルでフィルター
Selection
Sheets
SheetsInNewWorkbook
ShowChartTipNames
ShowChartTipValues
ShowDevTools
ShowMenuFloaties
ShowQuickAnalysis
ShowSelectionFloaties
ShowStartupDialog

Application. Selection プロパティ (Excel)

2019/04/05

Applicationオブジェクトの作業中のワークシートで現在選択されているオブジェクト します。オブジェクトが選択されていない場合は**Nothing**を返します。**Select**メソッ 用して選択範囲を設定し、**TypeName** 関数を使用して、選択されているオブジェクト 類を調べます。

構文

式。選択

既定のWebブラウザーで、選択した項目のヘルプのページが表示されるただし、このヘルプの多くは英語から機械翻訳されたもので、日本語として不自然だったり、意味がわかりにくかったりする部分も少なくありません。このような例を確認するため、同じプログラムの中の「Phonetics」のヘルプを調べてみましょう。

■「Phonetics」のヘルプを表示する

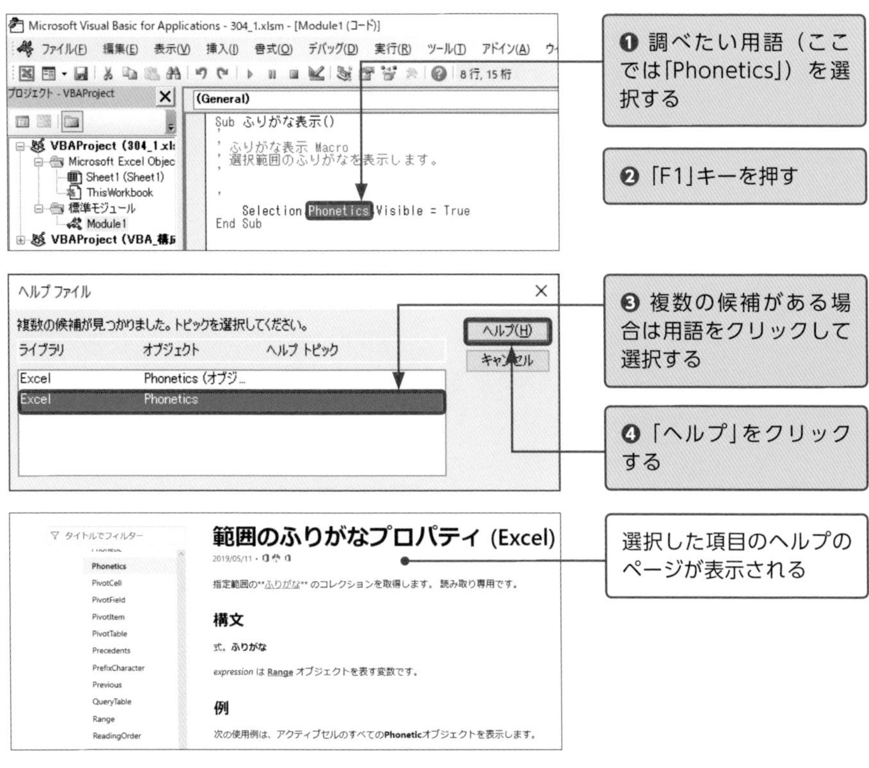

表示されたページでは、本来は「Range.Phonetics プロパティ」と表示されるはずのタイトルが、なぜか日本語に訳されており、「範囲のふりがなプロパティ」と表示されてしまいました。

また、用語によっては複数の解説ページがあり、手順❸のように最初にいずれかの候補を選択する必要があります。この例の候補は「Phonetics オブジェクト」と「Phonetics プロパティ」ですが、これだけではどちらを選べばよいかよくわかりません。ヘルプにはこのような弱点があることに注意しましょう。

さらに、選択して「F1」キーを押しても、目的のヘルプのページが表示されない項目もあります。このようなときは、項目を選択せずに「F1」キーを押してヘルプのトップページを表示し、オブジェクトの一覧から目的の項目を探していってください。

STEP 02

エラーが発生したときの基本的な対処方法

マクロのコードやユーザーの操作に問題があると、「実行時エラー」が発生してプログラムが止まってしまいます。この事態への基本的な対処方法を紹介します。

実行時エラーに対応する

実行時エラーが発生するのにはさまざまなケースが考えられますが、わかりやすい例としては、バリアント型ではないデータ型を指定した変数にそれ以外のデータを代入した場合や、本来演算できない文字列のデータを演算しようとした場合などがあります。実際に、このようなケースでの実行時エラーの発生例を紹介しましょう。

次のマクロプログラム「Sample306_1」は、入力ボックスを表示してユーザーに金額を入力させ、それを 1.1 倍にしてアクティブセルに入力するというプログラムです。ここで使われている入力ボックスを表示する **InputBox 関数**（P.114 参照）の戻り値は文字列型ですが、数値と見なせるデータであれば、整数型の変数に代入する際に自動的に型が変換されるため、ユーザーが数値を入力した場合は、とくに問題は起こりません。

ファイル「306_1.xlsm」

```
Sub Sample306_1()
    Dim iPrc As Integer
    iPrc = InputBox("本体価格を入力してください。", "価格入力")
    ActiveCell.Value = iPrc * 1.1
End Sub
```

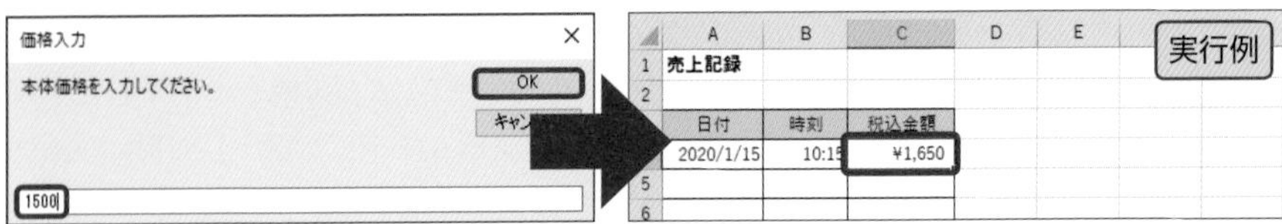

しかし、この入力ボックスに数値以外のデータを入力した場合はもちろん、単に「キャンセル」をクリックしただけでも、実行時エラーが発生し、プログラムが止まってしまいます。

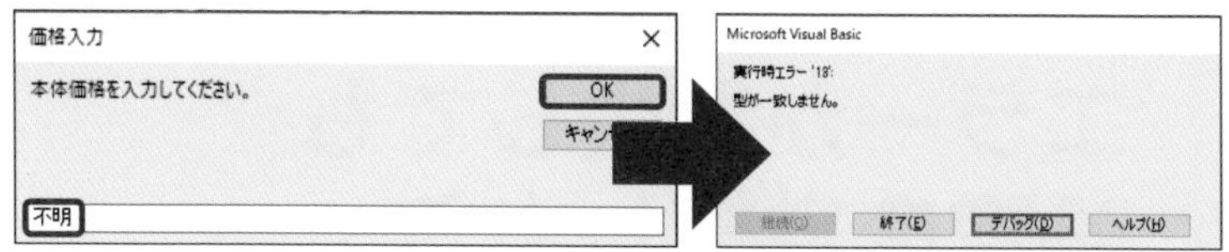

この例の場合、表示された実行時エラーのダイアログでは、発生したエラーの種類が「13」という番号で示され、「型が一致しません。」と説明されます。

このダイアログで「終了」をクリックすると、プログラムの実行が終了し、通常の作業状態に戻ります。一方、「デバッグ」をクリックすると、プログラムが終了ではなく**中断**し、VBE が表示されて、**ステップ実行モード**に入ります。これは、プログラムが途中で停止し、引き続き実行できる状態です。ただし、この場合はエラーで止まっているため、継続するにはその原因を解消する必要があります。プログラムが中断された行は、通常、黄色く反転して表示されます。

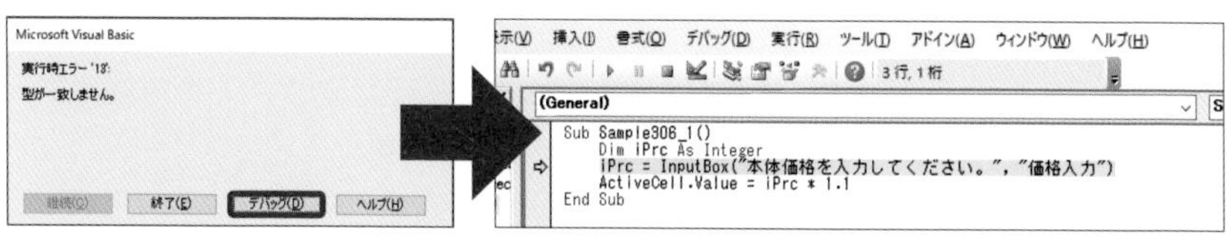

ステップ実行モードでは、コード中の変数にマウスポインターを近付けるとその変数の現在の値がポップヒントとして表示されるなど、プログラムの問題を解決するための機能が利用できます。

問題点を修正したら、ツールバーの▶をクリックすれば、中断したプログラムを再開することができます。また、中断されているプログラムの実行を継続せずに終了するには、ツールバーの■をクリックします。

このマクロプログラム「Sample306_1」の場合、まず、変数 iPrc のデータ型を「Integer」にしていることが問題で、入力ボックスに入力された数値以外のデータがこの変数に代入された時点でエラーが発生します。そこで、まず「Integer」を「Variant」に変更します。なお、この変更を行うと、ステップ実行モードがリセットされ、停止中のプログラムが終了します。

データ型を変更しても、この変数に文字列が代入された場合、その値を 1.1 倍しようとした段階で、やはりエラーが発生します。これを解決するには、指定した値を数値型に変換できるか判定する **IsNumeric 関数**を使用し、「ActiveCell.Value ～」の行の前に「If IsNumeric(iPrc) Then」を、行の後に「End If」を追記するなどし、入力された値が数値かどうかを判定してから演算処理を行うようにします。

STEP 03

エラーが発生しても処理を継続しよう

実行時エラーの中には、どうしても避けられないエラーもあります。このようなエラーの発生時に、プログラムを止めずに処理を継続する方法を紹介します。

エラーの発生に対処する

実行時エラーには、プログラムの不備や予期していなかった原因によるもののほかに、事前に想定できていても避けることが難しいものもあります。前者はプログラムを修正してエラーを出ないようにすることも可能ですが、後者の場合、エラーの発生を防ぐこと自体が困難です。

VBAには、エラーが発生したときに、プログラムの実行を止めず、処理を継続する方法が用意されています。具体的には、以下の方法があります。

①エラーが発生した次の行からコードの実行を継続する

②エラー発生時に指定したラベルへジャンプする

次の「Sample308_1」は、エラーの発生を回避できないマクロプログラムの例です。入力ボックスに指定されたセル範囲の各セルが日付データなら、セルの表示形式を「○月○日」のように変更するものです。

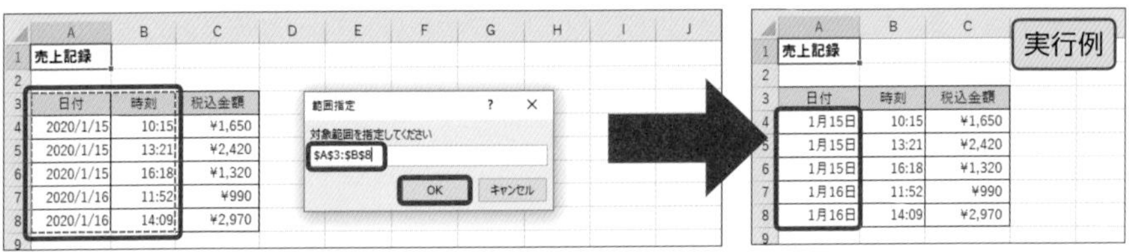

ファイル「308_1.xlsm」

```
Sub Sample308_1()
    Dim tRng As Range, tCell As Range
    Set tRng = Application.InputBox( _
        Prompt:="対象範囲を指定してください", _
        Title:="範囲指定", Type:=8)
```

戻り値のRangeオブジェクトを変数にセット

```
    For Each tCell In tRng
        If IsDate(tCell) Then tCell.NumberFormatLocal _
            = "m月d日"
    Next tCell
End Sub
```

まず、Application オブジェクトの**InputBox メソッド**で入力ボックスを表示します。この入力ボックスの形状は、InputBox 関数（P.114 参照）のものとは少し異なります。InputBox メソッドの書式は次の通りです。

```
Applicationオブジェクト.InputBox(Prompt, Title, Default, ⏎
Left, Top, HelpFile, HelpContextID, Type)
```

引数には InputBox 関数と共通するものも多いのですが、もっとも大きな違いは、**引数 Type** が指定できることです。この引数に右のような数値を指定することで、戻り値のデータの種類を特定できます。複数のデータの種類を指定したい場合は、それらの指定値の和をこの引数に指定します。

指定値	データの種類
0	数式
1	数値
2	文字列
4	論理値
8	セル参照
16	エラー値
64	配列

引数 Type に「8」を指定した場合、入力ボックスにセル参照を入力することで、そのセル（範囲）を表す Range オブジェクトを戻り値として取得できます。

この戻り値の Range オブジェクトを変数 tRng にセットし、これを For Each ～ Next ステートメントのくり返し処理の対象とします。その各セルに対し、IsDate 関数で日付データかどうかを判定し、日付であればそのセルの表示形式を「○月○日」のように変更するのです。

このマクロは、作成者の意図通り、入力ボックスにセル参照を指定して「OK」をクリックする場合は問題ありません。しかし、作業を中止したくなって「キャンセル」をクリックした場合に問題が発生します。InputBox メソッドで「キャンセル」をクリックした場合の戻り値は、InputBox 関数の空白文字列（""）とは違って、論理値の False だからです。

引数 Type が「8」以外の場合は、バリアント型の変数にその戻り値を代入して、それが False かどうかを調べることで、キャンセルされた場合の処理を用意することができます。しかし、引数 Type に「8」を指定して Range オブジェクトの戻り値を受け取る場合は、それがオブジェクトのため、Set ステートメント（P.85 参照）を使用する必要があります。この操作で False を変数に代入することはできないため、実行時エラーが発生してしまうのです。

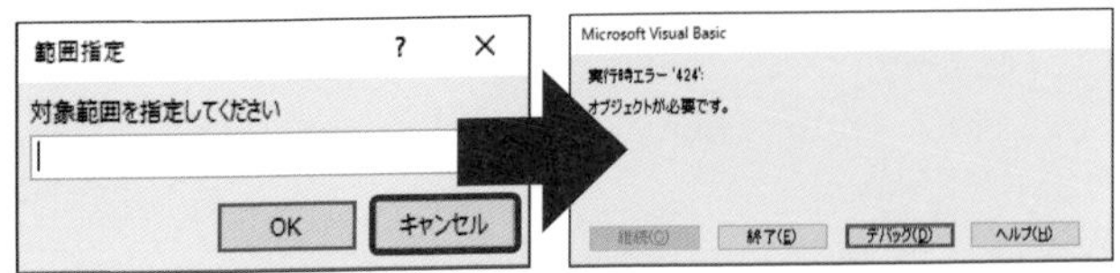

■エラーを無視して処理を継続する

実行時エラーが発生しても、問題が起きた行の次の行から処理を継続することができます。そのためには、プログラム中のその問題の発生が想定される行よりも前に、On Error Resume Next という行を追加します。これによって今回の例では、InputBox メソッドの入力ボックスで「キャンセル」がクリックされても、そのまま次の行へ処理が移ります。

ただし、この例の場合、単に処理を継続したのでは、変数 tRng に Range オブジェクトがセットされていないため、再びエラーになります。こちらも On Error Resume Next の効力でそのまま処理が継続されますが、このエラーは変数 tRng が Nothing かどうかを判定することで対応可能なため、その対処をコードに組み込んでおいたほうがスマートでしょう。

ここでは、入力ボックスで「キャンセル」がクリックされた場合、MsgBox 関数で「キャンセルされました」というメッセージを表示した後、Exit Sub でプロシージャを終了するようにしています。

ファイル「310_1.xlsm」

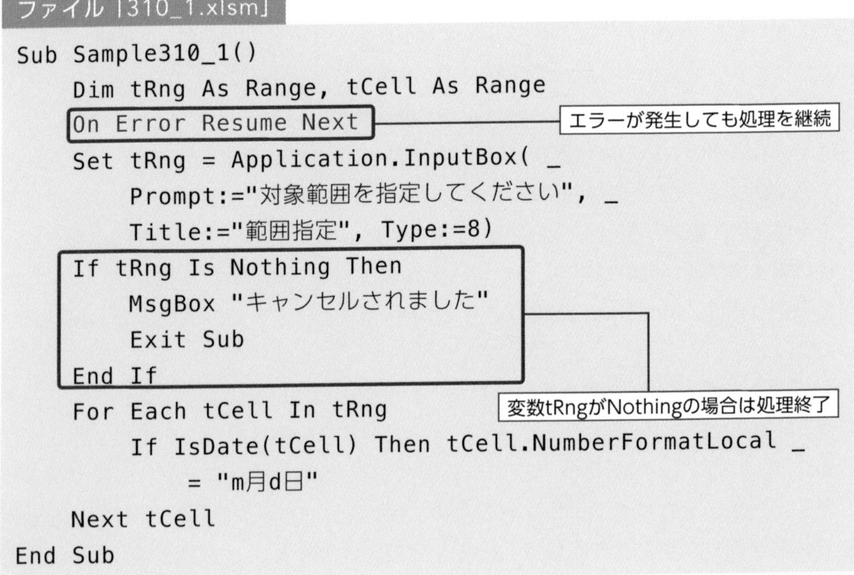

```
Sub Sample310_1()
    Dim tRng As Range, tCell As Range
    On Error Resume Next
    Set tRng = Application.InputBox( _
        Prompt:="対象範囲を指定してください", _
        Title:="範囲指定", Type:=8)
    If tRng Is Nothing Then
        MsgBox "キャンセルされました"
        Exit Sub
    End If
    For Each tCell In tRng
        If IsDate(tCell) Then tCell.NumberFormatLocal _
            = "m月d日"
    Next tCell
End Sub
```

■エラー発生時に特定の行へジャンプする

実行時エラー発生時に、次の処理を特定の行へジャンプさせることも可能です。ジャンプ先には、任意の名前の後に「:」を付けた**ラベル**を指定します。そして、エラーが想定される行より前に、**On Error GoTo ラベル名**という行を追加しておきます。

下の例では、エラーが発生したときのジャンプ先として、「Ext」というラベルをSub プロシージャの末尾に用意しておき、「キャンセルされました」というメッセージを表示するようにしています。また、正しくセル参照が指定されて「OK」がクリックされた場合の処理はこの「Ext」のラベルの前までなので、そこで Exit Sub でプロシージャを終了し、エラー処理用の部分のコードが実行されないようにしています。

ファイル「311_1.xlsm」

```
Sub Sample311_1()
    Dim tRng As Range, tCell As Range
    On Error GoTo Ext                    ' エラー発生時のジャンプ先を指定
    Set tRng = Application.InputBox( _
        Prompt:="対象範囲を指定してください", _
        Title:="範囲指定", Type:=8)
    For Each tCell In tRng
        If IsDate(tCell) Then tCell.NumberFormatLocal _
            = "m月d日"
    Next tCell
    Exit Sub                             ' 通常の処理はここまでで終了
Ext:                                     ' エラー時の処理
    MsgBox "キャンセルされました"
End Sub
```

次のマクロプログラム「Sample311_2」を実行すると、どのような結果になるでしょうか。ただし、アクティブセルには「Excel」と入力されています。

ファイル「311_2.xlsm」

```
Sub Sample311_2()
    ActiveCell.Value =  ActiveCell.Value * 1.1
    On Error Resume Next
End Sub
```

STEP 04

オブジェクトブラウザーを活用しよう

オブジェクトやそのメンバー（プロパティやメソッド）にどのようなものがあるかを調べるには、ヘルプだけでなく、「オブジェクトブラウザー」も有用です。

オブジェクトブラウザーでメンバーを調べる

現在のExcel VBAの環境で使用可能なオブジェクトの種類や、各オブジェクトに含まれているプロパティやメソッドなどのメンバーの種類を調べたいときは、**オブジェクトブラウザー**を利用してみましょう。ヘルプのような具体的な使い方の情報はありませんが、メソッドなどの場合、その引数の種類まで確認することができます。

■オブジェクトブラウザーを表示する

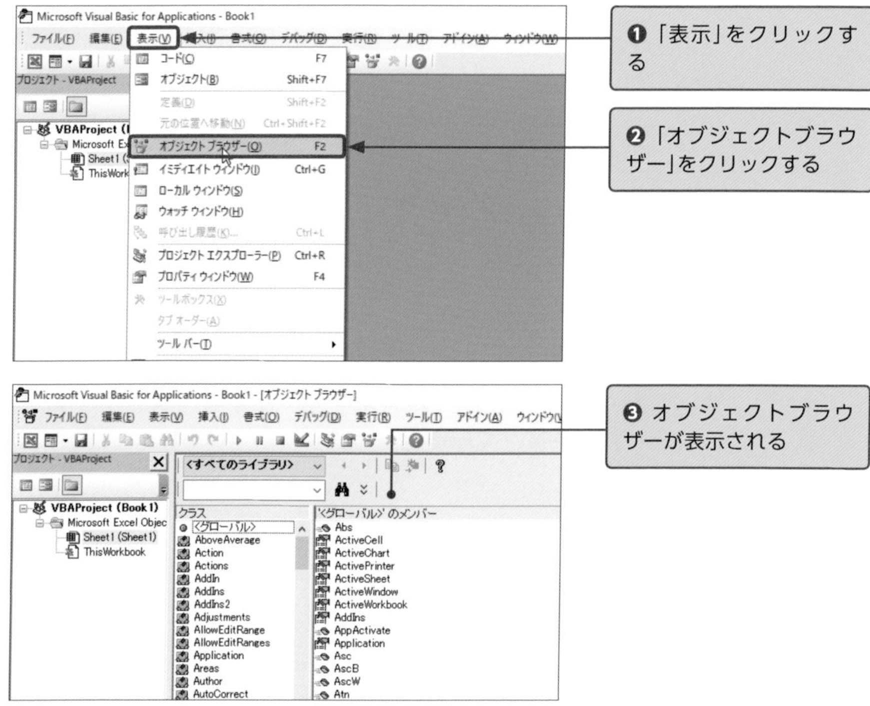
❶「表示」をクリックする
❷「オブジェクトブラウザー」をクリックする
❸ オブジェクトブラウザーが表示される

P.311 解答　文字列と数値を演算したため、実行時エラーが発生します。「On Error Resume Next」は、エラーが発生する行よりも前に記述する必要があります。

■オブジェクトのメンバーを表示する

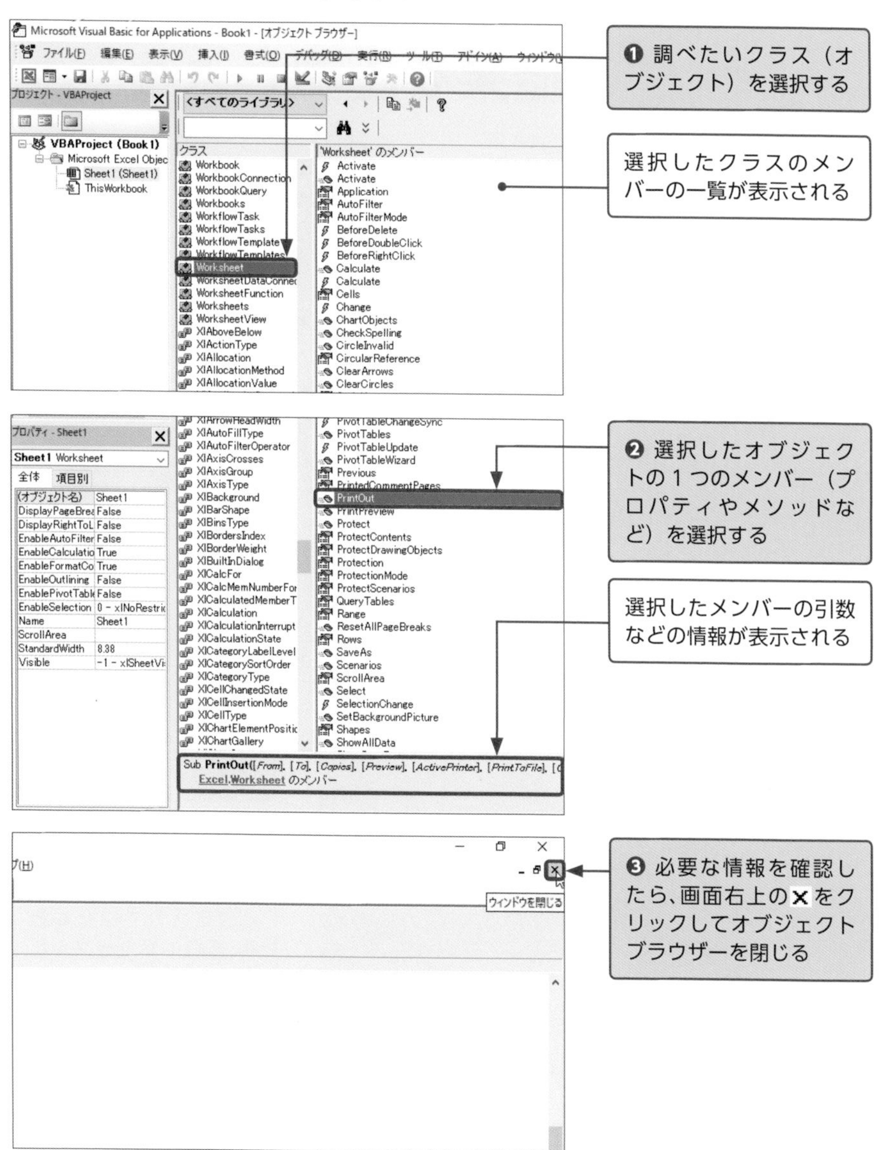

❶ 調べたいクラス（オブジェクト）を選択する
選択したクラスのメンバーの一覧が表示される
❷ 選択したオブジェクトの１つのメンバー（プロパティやメソッドなど）を選択する
選択したメンバーの引数などの情報が表示される
❸ 必要な情報を確認したら、画面右上の✖をクリックしてオブジェクトブラウザーを閉じる
Sub PrintOut([From], [To], [Copies], [Preview], [ActivePrinter], [PrintToFile], [C
Excel.Worksheet のメンバー
ウィンドウを閉じる

なお、オブジェクトブラウザーでオブジェクト、またはそのメンバーであるプロパティやメソッドなどを選択し、「F1」キーを押すと、選択した項目のヘルプが既定のWebブラウザーで表示されます。

STEP 05

1行のコードの実行結果を確認しよう

1 行のコードの実行結果を手軽に確認したいときは、「イミディエイトウィンドウ」を利用しましょう。式を指定して、各種の情報を取得することもできます。

イミディエイトウィンドウでコードを実行する

複数行からなるプログラムではなく、1 行だけのコードがどのように機能するかを確認したいときに、いちいち標準モジュールを挿入し、Sub プロシージャを作成して実行させるのも面倒です。よりかんたんにコードを実行するには、こうした確認ができる**イミディエイトウィンドウ**を利用しましょう。

■イミディエイトウィンドウを表示する

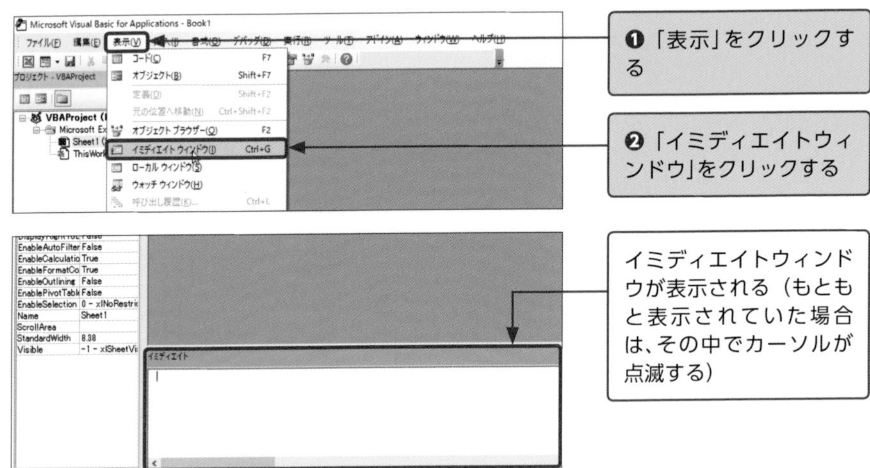

■1行のステートメントを実行する

イミディエイトウィンドウに、完結したコードであるステートメントを入力し、「Enter」キーを押すだけで、そのコードを実行できます。入力する文字のアルファベットの大文字／小文字は問われません。たとえば、次のように入力して、アクティブセルの値を 1.1 倍してメッセージボックスに表示させてみましょう。

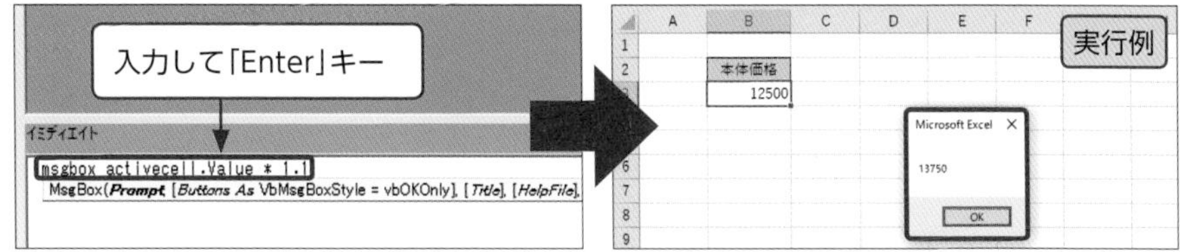

■複数行のステートメントを実行する

VBA では、ステートメントの区切りを改行ではなく「:」で表し、**同じ行に複数のステートメントを入力することもできます**。この方法を利用して、通常は複数行にわたる処理を、イミディエイトウィンドウで実行することが可能です。たとえば、次のように入力し、選択範囲の各セルを対象としたくり返し処理で、各氏名に一括で「様」を追加してみましょう。

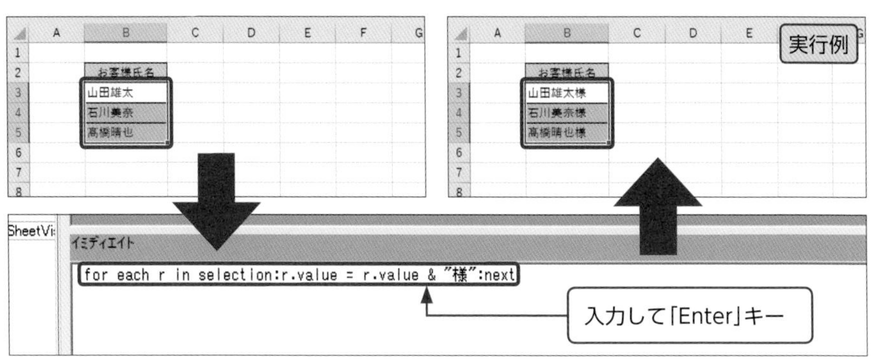

■式の結果を求める

イミディエイトウィンドウでは、実行可能な形式のステートメントではなく、**式を入力して、その結果を求めることも可能**です。式の結果を求めたい場合は、先頭に「?」を付けて入力し、「Enter」キーを押します。その結果は、入力した行の下に表示されます。ここでは、次のように入力し、作業中のブックに含まれるシートの数を求めてみましょう。

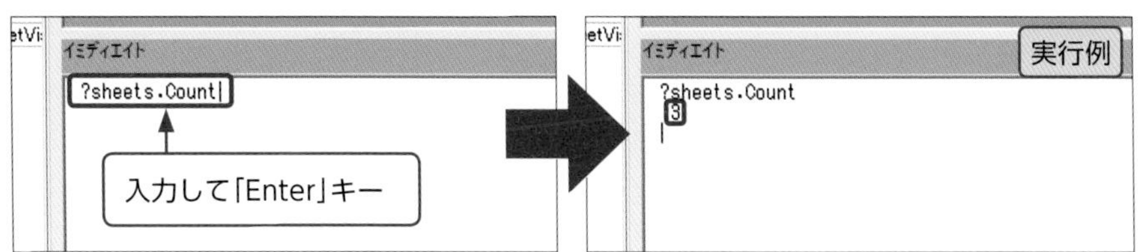

第9章 VBAプログラミングのトラブルに対処しよう

索引

記号・数字

A～E

F～I

V~X

あ行

●著者●

土屋　和人

フリーランスのライター・編集者。Excel や VBA 関連の著書多数。「日経パソコン」「日経 PC21」（日経 BP 社）などで Excel 関連の記事を多数執筆。近著に『Excel［実践ビジネス入門講座］【完全版】』（SB クリエイティブ）、『Excel でできる！ Web データの自動収集＆分析実践入門』『今すぐ使えるかんたん Ex Excel マクロ＆ VBA プロ技 BEST セレクション』（技術評論社）などがある。

●スタッフ●

本文デザイン　リンクアップ
編集協力　リンクアップ
イラスト・マンガ　ナナペン
編集担当　小高　真梨（ナツメ出版企画株式会社）

1日10分でぐんぐんわかる！
Excel自動化の入門教室

2020 年 4 月 1 日　初版発行

著　者　土屋和人
発行者　田村正隆

発行所　株式会社ナツメ社
東京都千代田区神田神保町1-52　ナツメ社ビル1F（〒 101-0051）
電話　03(3291)1257（代表）　FAX　03(3291)5761
振替　00130-1-58661
制　作　ナツメ出版企画株式会社
東京都千代田区神田神保町1-52　ナツメ社ビル3F（〒 101-0051）
電話　03(3295)3921（代表）
印刷所　ラン印刷社

ISBN978-4-8163-6801-1　Printed in Japan

本書に関するお問い合わせは、上記、ナツメ出版企画株式会社までお願いいたします。

〈定価はカバーに表示してあります〉
〈乱丁・落丁本はお取り替えします〉